电力信息系统测评技术与应用

林为民　余　勇　蒋诚智　石聪聪　等编著

中国电力出版社
CHINA ELECTRIC POWER PRESS

内 容 提 要

本书详细介绍了信息系统测评技术及其在电力信息系统中的应用。全书分为六章，包括概述、信息系统测评技术、电力信息系统测评标准与规范、电力信息系统测评的生态环境、电力信息系统测评过程和电力信息系统测评案例。

本书可供从事信息系统测评技术研究与应用工作的人员阅读使用。

图书在版编目（CIP）数据

电力信息系统测评技术与应用 / 林为民等编著. —北京：中国电力出版社，2015.10

ISBN 978-7-5123-8167-4

Ⅰ. ①电… Ⅱ. ①林… Ⅲ. ①电力系统－信息系统－系统测试 Ⅳ. ①TM7

中国版本图书馆 CIP 数据核字（2015）第 197753 号

中国电力出版社出版、发行

（北京市东城区北京站西街 19 号 100005 http://www.cepp.sgcc.com.cn）

汇鑫印务有限公司印刷

各地新华书店经售

*

2015 年 10 月第一版 2015 年 10 月北京第一次印刷

787 毫米×1092 毫米 16 开本 15.25 印张 364 千字

印数 0001—2000 册 定价 **65.00** 元

编著人员名单

主　编　林为民

副主编　余　勇　蒋诚智　石聪聪

参　编　李尼格　曹宛恬　郭　骞　俞庚申

范　杰　高　鹏　叶　云　冯　谷

车建华

前　言

随着信息系统规模的不断扩大和复杂性的日益增加，信息系统质量成为信息系统生命周期过程中越来越重要的问题。信息系统测评是保证信息系统质量的主要手段，是信息系统开发过程中必不可少的环节，近年来受到人们越来越多的重视。信息系统测评是应用测评工具和方法按照测评方案和流程对所开发的信息系统产品进行功能、性能和安全性测试，以确保所开发的信息系统产品满足用户的需求。

信息系统测评的目的包括：①确认信息系统的质量，即确认信息系统是否能做用户所期望的事情（do the right thing）和是否以正确的方式来做用户所期望的事情（do it right）；②提供有关信息系统的信息，比如为项目经理或开发人员提供反馈信息，为风险评估准备所需信息；③帮助改进信息系统研发的方法和过程。信息系统测评是一项专业性较强的工作，要求测评人员具备许多理论知识和较为丰富的工程实践经验。缺少这些知识和经验，测评的深度和广度就不够，信息系统的质量也就难以保证。因此，软件测试人员需要接受专门的培训并在实践中不断积累经验。

随着建设坚强智能电网发展战略目标的提出，电力行业对信息系统的质量要求也越来越高。电力工业作为一种涉及国计民生的基础能源产业，对社会的正常生产和民众的日常生活起着极为重要的作用。信息技术的发展正在对电力的安全生产和系统的平稳运行产生着前所未有的影响，并不断深入到电力各个领域中，逐步提高了电力行业的信息化水平。但是，电力系统规模的扩大化和结构的复杂化趋势，要求电力行业正在使用或即将上线的信息系统具备完善的功能、优越的性能和可靠的安全性，否则将有可能对电力的生产和运行造成不可估量的危害。电力信息系统测评作为保障电力信息系统质量的重要手段，同样受到了电力企业管理人员的高度重视。对于正在使用的电力信息系统，要求定期开展有针对性的功能、性能和安全性测评，以尽早发现并解决运行中的电力信息系统可能出现的问题；对于即将上线的电力信息系统，更是要求开展全面详尽的功能、性能和安全性测评，不达要求不准上线运行。由于电力信息系统的业务功能和部署方式具有行业独特的特点，需要结合通用的信息系统测评方法，进行电力信息系统测评的技术积累和实践应用，为全面保障电力信息系统的质量和实现电力的安全生产奠定基础。

本书首先系统地介绍了信息系统尤其是电力信息系统测评的基本概念和关键技术；其次，介绍了电力信息系统测评所遵循的国内外和电力行业标准规范、电力信息系统测评的生态环境及电力信息系统测评的主要流程；最后，介绍了电力领域开展的一些信息系统测评实践，为信息系统测评技术在电力领域的应用提供了一些借鉴与参考。

本书由林为民、余勇、蒋诚智、石聪聪等编著。编者均为从事电力信息系统测评、电力行业信息化及电力信息安全等领域的科研人员、开发人员或管理人员，具有丰富的电力信息化从业经验。本书在编写过程中，参阅并引用了大量国内外研究人员的相关科技文献和研究资料，在此谨致诚挚的谢意。

由于时间仓促，书中难免有疏漏和不足之处，真诚希望读者和同仁批评指正。

编　者

目　录

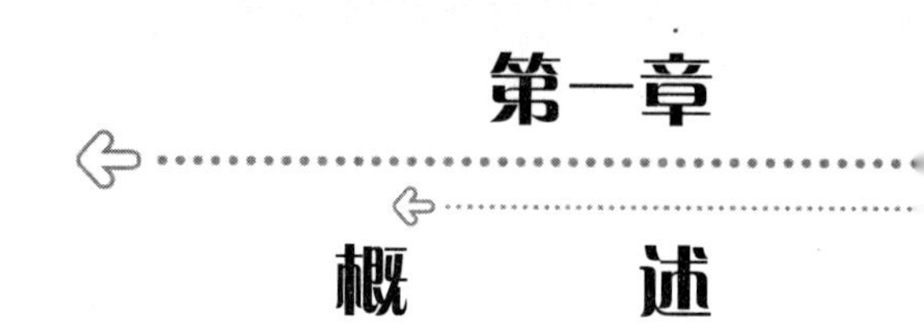

第一章 概　　述

当今社会，信息系统已经成为人们生活不可或缺的一部分。随着对信息化依赖性不断增强，人们对信息系统的质量也提出了更高的要求。用户不仅对信息系统的功能期望值越来越高，而且对信息系统的性能和安全性要求越来越高。在这种情况下，信息系统测评作为控制信息系统质量的重要手段应运而生。本章主要介绍信息系统测评的主要概念及电力信息系统测评的基本情况。

第一节　信息系统测评概述

一、信息系统测评的概念

信息系统是由计算机硬件设备、网络装置、软件程序、数据信息和文档资料等构成的以收集和处理信息为核心的集合。随着信息系统的应用日益普及，其建设规模越来越大。信息系统生命周期的各个阶段都离不开人的参与，由于人的工作难免出现错误，因此人为因素是信息系统质量问题的主要原因之一。与此同时，随着信息系统实现功能的不断强大，其复杂程度越来越高。例如，Windows NT 操作系统的代码大约有 3 200 万行，使得出现的缺陷概率增加。复杂性是引起信息系统质量问题的另一个重要原因。

对信息系统整个生命周期进行全方位的测评，是保证信息系统质量的有效手段。通过测评能够发现信息系统的许多质量问题。例如，在英国约克大学为英国海军开发的 SHOLIS 项目中，虽然利用程序正确性证明方法已经排除了开发前期的许多错误，但是信息系统测评仍然发现整个开发过程中 15.75%的错误。信息系统测评是对信息系统中的每个组件及系统整体的功能、性能和安全进行测试，并依据测试结果给出相应的评价。信息系统测评通过测试发现信息系统存在的问题，通过评价说明信息系统的质量水平。

信息系统测评主要用于检验信息系统与需求目标是否吻合，相关功能、性能和安全指标是否达到预期要求。测评人员基于需求分析报告中提出的功能、性能和安全需求，按照设计的测评用例进行测评，以期发现对需求的理解差异、系统错误、功能缺陷、性能瓶颈和安全隐患等各个方面的问题，从而保证信息系统符合业务运营的要求。通过测评，可以确保信息系统符合质量标准，使其在交付后能够正确、可靠、平稳和安全地运行，有效地支持业务运营。与此同时，测评作为设计和开发的补充，为设计人员和开发人员提供修改意见，帮助改进信息系统。

在开始信息系统测评之前，需要做好以下准备工作：①制订测评计划，详细说明测评的内容与步骤，并以此作为风险管理的手段；②根据需求设计测评案例，保证测评与需求的一致性；③建立参与测评各方的组织架构和管理流程，保证测评过程的有序和效率；④建立独立的测评团队，执行并记录测评结果，保证信息系统质量。建立独立测评团队的目的是保证测评的客观性、专业性和资源效率。信息系统测评对象主要包括硬件环境和应用软件两个部分。硬件环境测评主要确认所安装和配置的物理主机、网络设备和存储设备等在内的硬件环境能够正常工作，应尽早将所有硬件设备安装到位并进行联调测试。应用软件测评主要测评所开发软件程序的功能、性能和安全的正确性，信息系统的质量与所开发的软件程序密切相关，并对测评的结果产生明显影响，应该对单个软件和软件之间的集成情况进行详细测试。

二、信息系统测评的发展历程

早期的信息系统开发人员并没有意识到信息系统开发需要测评这个重要的环节。20世纪60年代，几乎没有通用硬件，程序员只是根据具体应用，在大型机、小型机或专用计算机上编写程序代码，主要强调编程技巧，对信息系统的开发没有系统化措施。信息系统测评只是程序员在代码编写结束后进行的一种正确性验证活动，当时没有专门的测评理论和技术，更没有专职测评人员，往往将调试与测试混为一谈，程序员根据经验猜测开发错误。20世纪60年代中期至70年代中期，计算机在许多领域得到了应用，信息系统也从单用户模式发展成为多用户模式，并且出现了实时系统和数据库管理系统。这个阶段开发的信息系统仍然不太复杂，但是人们已经开始思考开发流程问题，并提出了“软件工程”的概念。

随着信息系统开发技术的不断提高，人们逐渐认识到测评对保证信息系统质量是一个至关重要的环节。20世纪70年代，测评理论和技术开始进入探索、创立和发展阶段。1972年，软件测试领域的先驱者Bill Hetzel博士在North Carolina大学首次举行了以信息系统测评为主题的正式学术会议，这标志着信息系统测评理论和技术开始成为业界的研究对象。此后，各种信息系统测评理论和技术如雨后春笋般出现，各种相关的学术会议不断举行。1979年，Glenford Myers在*The art of software testing*这本书总结了众多测评方法，并第一次提出信息系统测评的目的在于证伪，而非证真，即测评是为了发现错误，这是测评理念的一次突破。

20世纪80年代，随着PC和Windows操作系统的诞生，计算机开始进入PC时代。与此相应的是，以微软公司为代表的新一代软件公司开发了大量基于PC的信息系统，其规模成指数级增长，超过几百万行甚至几千万行代码的信息系统开始出现，这对测评工作提出了更加严格的要求。为了适应这一要求，开发厂商开始成立质量保证（quality assurance，QA）部门保证信息系统的质量。后来，质量保证部门的职能转变为流程监控，而信息系统测评则从中分离出来成为独立的岗位，在信息系统开发项目中设置测评专职人员成为一种共识。这个时期，测评理论和技术也有了质的飞跃，业界开始形成一些公认的测评经典理论，构成了现有测评理论的基本框架。

20世纪90年代中期，随着互联网的普及，人类社会进入网络时代，全球数以万计的计算机用户通过网络连接在一起，相应的信息系统也迅速从单机或局域网模式向互联网模式迁移。基于互联网的分布式计算技术被广泛应用于各种类型的信息系统中，使信息系统比以往任何时代都要复杂。在网络时代，信息系统测评需要解决更多的理论和技术难题，必须深入研究分布式远程测评、负载平衡测评、安全性测评等以往很少关注的领域。信息系统测评开始从单纯的技术环节演变成一个需要完整理论体系的系统工程，进而成为一门专业的学科。

作为保证信息系统质量的重要手段，信息系统测评的受重视程度也不断提高。但是，国内信息系统测评的总体情况与国外相比还存在一定的差距，主要表现在以下四个方面：

（一）对信息系统测评的重要性认识不足

长期以来，国内很多 IT 公司存在“重开发、轻测评”的观念，认为信息系统能够运行即可，不必为测评支付额外的成本。这些 IT 公司对信息系统测评的重要作用认识不足，没有专职的测评部门和测评人员，大部分选择信息系统开发人员和集成人员做兼职测评。而在国外，如微软公司，信息系统测评占据项目周期多半的时间，以 IE 4.0 为例，其代码开发时间为六个月，而测评及稳定程序时间为八个月。从投入的资金、人力和物力来看，以美国信息系统开发和生产的平均资金投入为例，通常“需求分析”和“规划确定”各占 3%，“系统设计”占 5%，“编程”占 7%，“测评”占 15%，“投产和维护”占 67%。由此可见，测评在信息系统开发中的地位非常重要。值得庆幸的是，国内用户对信息系统质量的要求越来越高，测评的地位正在逐渐提高。一些大中型信息技术公司加强了测评意识，在公司内部设立了专职的测评部门，配备了专业的测评人员，并在信息系统开发过程中不断强调测评环节，以求提交给用户高质量的产品。

（二）信息系统测评还未形成产业

在某些发达国家和地区，信息系统测评已经发展成为一个产业。在美国硅谷，信息系统开发公司必须有专门的测评部门，其中信息系统测评人员的数量相当于信息系统开发人员数量的 3/4，负责信息系统测评的质量保证部门经理与信息系统开发的主管在职位上是平行的。在信息系统开发产业发展较快的印度，信息系统测评在信息系统开发公司中同样拥有举足轻重的地位。而国内的信息系统测评还没有形成真正的产业，正处于快速发展阶段。为了适应信息系统测评的需求，各地成立了一些专业测评机构，如信息系统测评中心、信息安全测评中心、网络测评实验室等。这些机构正在逐渐形成测评服务体系，对信息系统开展独立的第三方测评，以公正、公平、权威的测评结果，为信息系统质量鉴定提供重要的依据。

（三）缺乏信息系统测评专业人员

由于长期对信息系统测评重视不够，具备相应技术技能的高素质专业测评人才非常缺乏。目前，我国测评人才的培养主要通过社会化的培训机构及行业认证来完成，而大多数高等院校没有设置相关的专业和课程，所以专业人才的培养远远不能缓解人才市场的紧缺状况。专业人员的缺乏从某种程度上影响了信息系统测评领域的发展。

（四）信息系统单项测评发展不均衡，综合测评比较薄弱

信息系统是一个多层次、跨领域的集合体，其测评涉及多个方面的专业知识。就目前形势来看，信息系统测评多数是针对某个方面的单项测评，如硬件产品测评、软件程序测评、网络安全测评等，而且这些单项测评的发展不均衡。例如，硬件产品测评经过多年的积累，测评理论研究比较深入，测评技术和工具比较成熟，相对属于发展较快的领域；而软件程序测评和网络安全测评两个领域虽然近年来得到国家和厂商的高度重视，相继发布了一些测评标准，测评人员队伍也逐渐壮大，但仍然不能满足实际需求，不能有效地保证信息系统的质量完全符合用户的要求。此外，信息系统的综合测评发展相对落后，相关参考标准规范还不够完善，相关测评技术研究还比较薄弱。

总体而言，信息系统测评日益受到重视，正在向着规范化、综合化和以业务应用为核

心的方向发展。信息系统并非可以直接使用的静态产品，而是一种需要与运行环境相互协调、具有动态特征的特殊产品，其质量不仅依赖于软件程序的质量，还依赖于运行环境的质量。因此，应从系统工程的高度对信息系统进行全方位的测评，这样才能从根本上发现各种功能缺陷、性能瓶颈和安全隐患，以完善信息系统的功能状况，提高信息系统的性能表现和加强信息系统的安全水平。这就需要测评人员具备综合素质，不仅要懂功能测评，而更要懂性能测评和安全测评及整体测评。只有融会贯通众多领域的知识，才能做好信息系统测评工作。

三、信息系统测评的目的

低成本、高质量的信息系统是信息产业的服务目标之一。由于信息系统产品的独特性，其质量问题难以避免，因此积极有效地开展信息系统测评变得十分重要。信息系统的开发与部署过程存在多种实现风险，如输出结果错误、系统不够可靠、处理过程不符合组织原则或政府规定、安全水平达不到标准、系统易用性差和所提供服务令人不满意等，这些潜在风险都会影响信息系统的质量，并给用户带来损失。

随着信息系统实现过程的推进，排除质量问题的成本越来越高，越是在实现过程后期发现的质量问题，其修复成本越高。此处的修复成本包括四个方面：①造成质量问题的费用；②发现质量问题的费用；③解决质量问题并添加正确规格说明、代码和文档的费用；④重新检测以确认修改后信息系统正确性的费用。正确的应对策略是将测评融入信息系统实现过程的每个阶段，而不是将其作为一个单独环节执行。遵循“尽早测评”的原则能够在信息系统交付之前解决大量的质量问题，研究表明近 2/3 的信息系统质量问题出现于设计和开发阶段，说明如果不能在设计和开发阶段进行测评，将有近 2/3 的质量问题隐藏于交付的信息系统中。因此，测评活动需要覆盖信息系统生命周期的各个阶段。在需求分析阶段，重点是确认需求定义是否符合用户的要求；在设计和编码阶段，重点是确定设计和编码是否符合需求定义；在测试和安装阶段，重点是审查信息系统的运行是否符合需求规格说明；在运营维护阶段，重点是做好需求、代码和系统版本的变更控制，针对实施的变更行为重新测评信息系统，以确定更改和未更改的部分都能正常工作。

信息系统测评是信息系统质量保证过程的重要组成部分，一个完备的测评方案能够为信息系统的正常上线提供有效的保障。重视信息系统测评，是信息系统开发者和使用者都不能忽视的工作。为了确保信息系统能够满足用户的需求，必须选择合适的测评策略，对用户需求进行全面的分析和正确的理解，对信息系统开展适度的测评。研究测评策略的目的是找到一种费用效益比率合理的测评方法，指导测评过程的执行，在可以接受的成本范围内达到信息系统的质量要求。

信息系统的质量问题无法彻底消除，信息系统测评也不可能永远进行。由于信息系统内部结构的复杂性，只有进行枚举测评，才能发现信息系统的全部质量问题。从经济学角度而言，信息系统测评的目的是以最少的人力、物力和时间找出信息系统潜在的质量问题，通过修正质量问题将实现过程中可能引起损失的风险减小到可以接受的程度，从而回避信息系统发布后由质量问题而带来的商业隐患和风险。风险的概念确定了信息系统存在的质量问题是否可以接受，经济学的考量决定了需要完成的测评类型和测评次数。确定测评的好坏不是由系统分析员或程序员决定，而是由商业的经济利益决定。

从功用角度而言，信息系统测评的目的是检验信息系统的功能、性能和安全性与用户需求的符合程度，以便向用户提交一个高质量的信息系统。通过运用各种测评方法和技术，信息系统测评检验信息系统是否满足其研制任务书、需求规格说明或设计等文档中规定的接口、功能、性能及安全性等要求，以发现信息系统存在的问题。

因此，如何在有限的条件（如人力成本、时间资源、经费支撑等）下开展信息系统测评以发现潜在的问题，最大限度地保证信息系统的质量，成为信息系统测评方法和技术不断发展的源动力。在测评过程中，综合考虑开发情况、运行环境等诸多因素，有针对性地选择合适的测评工具开展自动化或半自动化测评，可以进一步提升信息系统测评的效率和质量。研发信息系统测评的程序与工具、建立信息系统测评的规范与标准、形成信息系统测评的理念与方法既是信息系统测评的主要任务，也是信息系统测评的目的之一。

第二节　电力信息系统测评概述

电力信息系统是专门用于电力企业各级部门之间，实现业务运维信息收集与处理、办公管理信息流动与共享、电力生产与运维科学决策的信息系统。电力企业引入了大量的电力信息系统。这些电力信息系统部署于电力企业不同安全级别的部门，涉及电力工业控制、电网信息通信、企业资源管理等众多业务领域。对这些电力信息系统开展全方位的测评，是确保电力安全稳定和高效运行不可或缺的一项工作。

一、电力行业信息化发展现状

我国电力行业的信息化可以追溯到 20 世纪 60 年代。最初的电力行业信息化也是电子计算机应用的起步阶段，当时的计算机体积大、价格昂贵，主要用于电力工程设计与验证、科研实验与计算等方面。20 世纪 80 年代后期，计算机和信息系统在各行各业的推广应用，其在电力行业得到了快速发展，典型的领域有电力负荷预测、计算机辅助设计、计算机仿真实验、电力系统调度自动化、电力系统数据采集与监控等。近年来，随着互联网的快速发展和电力改革的逐步深入，电力企业将信息化由操作层向管理层扩展，特点是从单机、单项目逐步向网络化、综合应用发展。在“十一五”规划期间，信息化建设被纳入电力行业总体发展战略，进一步与电力企业的生产、经营和管理相融合。电力行业信息化的应用条件逐步完善，主要表现在以下方面：①电力行业信息化的基础设施日渐完善；②电力企业管理的方式逐步现代化；③电力系统信息化的趋势初步显现；④电力规划与设计数字化的趋势已经呈现；⑤发电效率不断提高。

（一）国外电力行业信息化的发展现状

随着电力行业信息化的不断发展，电力信息资源开发利用取得了很大进展，数字化和网络化的信息资源总量有了明显提高。国外许多大型电力企业在开展信息系统建设的同时，建立了设备管理和综合查询等业务基础数据库，实现了业务数据的统计报表和挖掘分析功能，电力生产与经营的历史数据得到了统一管理和有效利用。一些发达国家（如美国、德国、英国和法国等）的电力行业信息化水平代表着世界电力行业的发展状况。美国电力行业的基础网络、自动化系统、管理信息系统和信息系统测评处于世界领先水平，绝大多数电力企业已采用信息系统，并且实现了电网分析系统和信息系统的完全集成。德国通过改变不适应电力市场竞争的传统经营模式，全面升级改造电力企业的信息系统，部署能够提高管理效率的电力自动化系统，其电力信息系统建设也走在了世界前列。

（二）国内电力行业信息化的发展现状

我国的电力信息化虽然起步较晚，但是发展很快，尤其在电力行业改制后，借助我国信息化和互联网的发展潮流，迅速开启电力行业信息化的建设工作，成为电力行业发展的重要推动力量。我国电力行业信息化的发展主要体现在以下两个方面：

（1）信息通信技术不断完善。信息与通信技术是信息化的关键，通信方式在一定程度上决定着信息化的程度。我国的电力通信传输，在 20 世纪 70 年代采用电力线载波，当时仅应用于继电保护等少数领域；在 20 世纪 80 年代采用模拟微波；在 20 世纪 90 年代采用数字微波，逐渐应用到调度通信、通话、数据传输等方面。近年来，以光纤为代表的数字传输方式得到了快速推广应用，形成了以光纤和数字微波传输为主，卫星、电缆、无线电等多种通信方式并存的通信系统，覆盖了全国多数省市，电力专用通信网已经建成并初具规模。

（2）信息化应用程度不断提高。电力行业信息化主要分为两类应用：电力生产控制和电力企业管理。电力生产控制主要是指实现电力企业生产调度的自动化。电力企业管理主要是指实现管理信息系统、企业资源规划、企业资产管理、自动作图、设备管理、地理信息系统、电能计量、电力营销系统等电力业务系统的数字化管理。两个领域的信息化普及程度越来越高，在很大程度上提高了电力企业的生产效率。例如，国家电网公司实施的“SG 186”工程，是电力行业信息化建设新时期的重要事件，充分体现了我国电力行业信息化建设取得的巨大进步。

目前，我国电力行业信息化建设已经具备一定的规模，并取得了一定的经济效益和社会效益。但是，与上述国家相比，我国还需要在提高管理效率、降低成本和适应市场变化等方面进一步提升电力行业信息化的发展水平。随着经济市场化和全球化的深入，电力企业面临着更多的机遇和挑战，这就要求电力企业通过信息系统整合企业业务、强化企业管理来提高自身竞争力，以更好地适应电力未来发展潮流。

（三）我国电力行业信息化的不足

我国电力行业投入运行的众多信息系统虽然发挥了巨大作用，但是仍然存在许多不足，主要表现在以下四个方面：

（1）标准制定相对落后。我国有关电力信息化的标准还比较少，极大制约了电力信息与电力设备的优化发展，导致信息系统质量下降。

（2）信息录入效率低下。许多电力企业的信息录入仍然依靠人工方式，录入时间长、及时性差。

（3）信息格式不够规范。电力信息系统的数据格式不统一，电力数据的完备性差，造成很多电力数据缺失、无效。

（4）信息不唯一。不同信息系统之间缺乏联系，没有形成电力信息系统的闭环系统，造成电力信息的不唯一。

为了解决上述问题，促进我国电力行业信息化的健康发展，可以采取以下措施：

（1）制定统一的电力行业信息化标准。参照当前国际成熟的信息技术标准，建立符合我国电力企业实际情况的信息化标准，包含统一的数据编码格式、软件标准体系架构、电力业务标准和信息网络测评标准等，既能规范我国电力企业信息化的建设，又能通过测评保障我国电力信息基础设施的质量。

（2）建立统一的电力信息系统平台。建立统一的平台是解决信息孤岛、软件兼容和业务沟通等问题的有效方法，应以 SG-ERP 系统建设为契机，整合现有电力信息系统，尽早实现电力企业的数据集中管理、业务操作规范和电力服务一体化。

（3）形成健全的电力信息测评服务体系。通过深入研究电力信息网络的功能、性能和安全测评关键技术，全面掌握电力相关标准规范的内涵，在进一步提高电力企业测评人员专业素质的同时，形成完善的电力信息网络测评服务体系，为电力安全生产和稳定运营提供全方位的支撑。

二、电力信息系统的部署架构

比较重要的电力信息系统包括监控与数据采集/能量管理系统（supervisory control and data acquisition/energy management system，SCADA/EMS）、配电自动化系统（distribution automation system，DAS）、配电管理系统（distribution management system，DMS）、调度管理信息系统（dispatch management information system，DMIS）、管理信息系统（management information system，MIS）和办公自动化系统（office automation system，OAS）等。SCADA/EMS 主要负责对发电厂、变电站及输配电线路的电力生产和运行情况进行实时监控、分析与处理，为电网调度提供决策依据；DMIS 主要负责对电网的调度运行、继电保护、电网通信、运行记录等进行半实时化管理，为调度和管理提供及时、准确的决策信息；MIS 主要负责电力企业的信息管理和决策支持等；OAS 主要负责电力企业的网上办公自动化。电力系统的特点决定了 SCADA/EMS 的安全等级最高，其次是 DMIS、MIS 和 OAS。为此，必须针对各自特点采取相应的安全技术，通过综合设计解决其信息网络安全。

（一）电力信息系统的体系架构

目前，我国多数电力企业已经建立能够实现生产设备管理、电网实时监控、安全监察管理、营销业务管理、计划统计管理、人事劳资管理、办公自动化、综合指标查询、科技教育管理和电子邮件服务等功能的信息系统。这些信息系统需要遵循如图 1-1 所示体系架构。

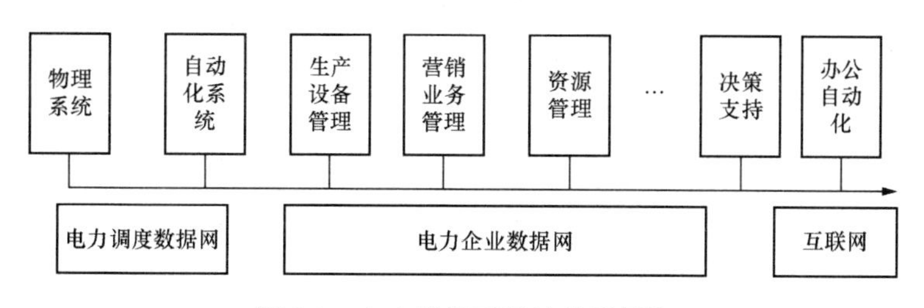

图 1-1　电力信息系统的体系架构

目前，我国电力系统采用专用网络和公共网络相结合的体系构架。其中，电力调度数据网（SPDnet）和电力企业数据网（SPnet）是电力专用网络，在保证信息网络安全的前提下与互联网连接。为了保障电力系统的安全，根据电力系统各个部分对安全的要求程度不同，将电力系统划分为三层四区。按照所实现的功能，电力信息系统可以划分为三层：第一层是自动化系统，第二层是生产管理系统，第三层是管理信息系统和办公自动化系统。将三层功能与电力系统体系架构对应起来，产生四个安全工作区域：安全区Ⅰ——SPDnet 支撑的自动化系统，凡是具有实时监控功能的系统或其中的监控功能部分均属于该区，如调度自动化系统、相量同步测量系统、配电自动化系统、变电站自动化系统、发电厂自动监控系统等，是电力系统安全防护的重点；安全区Ⅱ——SPDnet 支撑的生产管理系统，原则上不具备控制功能的生产业务系统和批发交易业务系统属于该区，如水调自动化系统、电能量计量系统、发电侧电力市场交易系统等；安全区Ⅲ——SPnet 支撑的生产管理系统，如调度生产管理系统、雷电检测系统、气象信息接入和客户服务等；安全区Ⅳ——SPnet 支撑的电力信息管理系统，如 MIS 和 OAS 等。电力信息网络的体系结构体现了以下安全策略：

（1）分区防护。根据系统中业务的重要性和对一次系统的影响程度，将电力系统划分为四个安全工作区，重点保护位于安全区Ⅰ中的实时监控系统和安全区Ⅱ中的电力交易系统。

（2）网络专用。SPDnet 与 SPnet 通过正向型和反向型专用安全隔离装置实现（接近于）物理隔离，SPDnet 提供两个相互逻辑隔离的 MPLS-VPN 分别与安全区Ⅰ和安全区Ⅱ进行通信。

（3）横向隔离。安全区Ⅰ和安全区Ⅱ之间采用逻辑隔离，隔离设备为防火墙；安全区Ⅰ、安全区Ⅱ与安全区Ⅲ、安全区Ⅳ之间实现（接近于）物理隔离，隔离设备为正向型和反向型专用安全隔离装置。

（4）纵向认证。安全区Ⅰ和安全区Ⅱ的纵向边界部署具有认证、加密功能的安全网关（IP 认证加密装置）；安全区Ⅲ和安全区Ⅳ的纵向边界部署硬件防火墙。

（二）电力安全隔离技术

电力系统的信息网络相对互联网而言是一个内部网络。内部网络的安全防护措施主要为防火墙、入侵检测系统等被动防护方式，而主动防护主要是采用安全隔离等方式。实现安全隔离的技术主要有物理隔离技术、协议隔离技术和防火墙技术等。图 1-2 所示为一种安全隔离装置的示意图。该隔离设备含有两个接口计算机，且均采用经过安全加固的操作系统，剔除了所有常规的网络功能。接口计算机 A、B 分别负责与实时系统和非实时系统连接，其中接口计算机 A 是实时网络中的一个节点，接口计算机 B 是非实时网络中的一个节点，接口机 A、B 之间不采用标准网络物理连接，而是采用高速数据总线（如并行端口、USB 端口、SCSI 端口或双端口 RAM 等）互连，从而保证了物理层的网络安全。

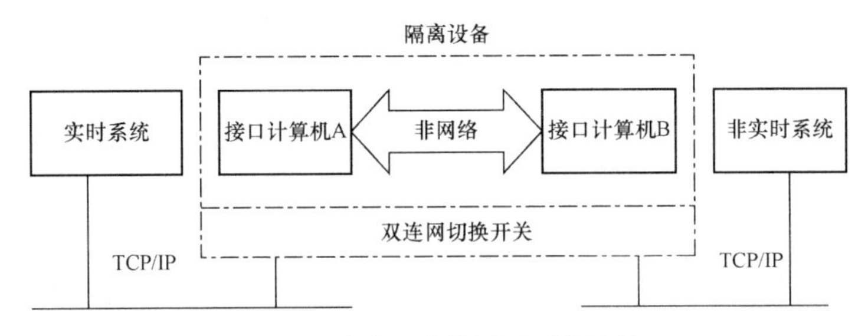

图 1-2　安全隔离装置及网络连接

1. 物理隔离技术

物理隔离是指在物理意义上将内部网与外部网分离，使两者之间无法通过直接或间接（包括防火墙或代理服务器等）的方式连接，是防范计算机病毒、黑客入侵和拒绝服务攻击等安全威胁的有效手段。电力系统的安全区Ⅰ、安全区Ⅱ与安全区Ⅲ、安全区Ⅳ之间采用物理隔离以保证安全性。物理隔离为内部网划定了明确的安全边界，使网络的可控性增强。

物理隔离可以有效地保障外部网不能通过网络连接侵入内部网，同时防止内部网信息通过网络连接泄露至外部网。

物理隔离技术可以分为两类：时间隔离系统和安装于联网机器上的网络安全隔离卡。时间隔离系统通过转换器在内部网和外部网之间频繁切换，实现内部网和外部网之间的通信要求。时间隔离系统主要包括专用物理隔离切换装置、数据暂存区等，采用防火墙、基于内核的入侵检测、安全操作系统、离线邮件转发、智能离线浏览及病毒扫描与清除等技术，组成内部网与外部网之间的数据交换安全通道。网络安全隔离卡的功能是以物理方式将一台机器虚拟为两台机器，并实现公共与安全两种完全隔离的状态，从而使一台机器可以在安全的情况下连接内部网与外部网。对应于两种状态，硬盘从物理上划分为安全和公共区两个分区。在网络安全隔离卡的控制下，安全状态时，机器只能使用安全区与内部网连接，此时外部网连接是断开的，且硬盘公共区的通道是封闭的；公共状态时，机器只能使用硬盘的公共区与外部网连接，而此时与内部网是断开的，且硬盘安全区也是封闭的。通过这种方式，网络安全隔离卡实现了内部网与外部网的物理隔离。

2. 协议隔离技术

协议隔离技术是指在内部网与外部网的连接端点处，配置协议隔离器来隔离内部网与外部网。协议隔离器使用两台不同设备上的通用网络接口分别连接内部网与外部网，而设备之间通过使用专用密码通信协议的接口卡进行互连。通常情况下，内部网与外部网是断开的，只有当交换信息时，内部网与外部网才会通过协议隔离器连通。

3. 防火墙技术

防火墙是设置于被保护网络和外部网之间的一道屏障，以防止发生不可预测的破坏性侵入。防火墙通过检测、限制或者修改穿越防火墙的数据流，尽可能地对外部网屏蔽内部网的信息、结构和运行状况，以实现网络的安全保护。防火墙技术在电力信息系统安全设计中，主要起逻辑隔离的作用。通过设置防火墙相关参数，可以实现数据包过滤、应用级网关和代理服务等安全功能。数据包过滤是指在网络层对数据包进行选择，选择的依据是在其内设置过滤逻辑，通过检查数据流中每个数据包的源地址、目的地址、所用端口号、协议状态等属性确定是否允许该数据包通过。应用级网关是在应用层上建立协议过滤和转发功能。它针对网络应用服务协议，使用指定的过滤逻辑对数据包进行分析、登记和过滤并形成报告。代理服务是将所有穿越防火墙的网络通信链路分成两段。防火墙内部网与外部网之间的应用层“链接”由两个代理服务器的“链接”实现，外部网的链路只能到达代理服务器，从而起到隔离内部网和外部网的作用。

4. 虚拟专用网和虚拟局域网技术

为了实现不同应用系统之间信息的隔离，在电力信息安全体系结构中可以采用虚拟专用网（virtual private network，VPN）或虚拟局域网（virtual local area network，VLAN）技术。虚拟专用网的核心是采用隧道、信息加密、用户认证和访问控制等技术，通过 L2TP、IPSec 等协议和密码技术的处理，将各个子网的数据加密封装后，通过虚拟的网络隧道进行传输，从而防止敏感数据的泄密，也可以通过在同一设备上采用多个虚拟路由器实现虚拟专用网。

虚拟局域网是按照网络用户的性质和需求而非所在物理位置，将其划分成若干个“逻辑工作组”，每个“逻辑工作组”称为一个虚拟局域网。同一虚拟局域网中的所有用户共享广播，不同虚拟局域网之间的广播信息相互隔离，不同虚拟局域网之间交换信息需要通过路由器完成。如果不同虚拟局域网之间没有路由器，则虚拟局域网就是与外界隔离的，相当于一个独立的局域网，可以防止以网络监听为手段的入侵。如果使用路由器转发，可以对路由器进行相应的设置，实现网络的安全访问控制。由于虚拟局域网将一个大的局域网划分成几个小的虚拟局域网，使得每个虚拟局域网中的广播信息大大减少，从而能够隔离广播风暴和提高网络性能。虚拟局域网的划分条件如下：①基于交换机端口的划分；②基于 MAC 地址的划分；③基于网络层的划分；④基于策略的划分等。虚拟局域网的构造条件如下：①一台或多台支持虚拟局域网的交换机；②支持虚拟局域网之间通信的路由器；③跨越交换机传输虚拟局域网信息的协议。

（三）电力信息系统的主要架构特点

1. 数据集中

通过集中部署大量的数据库服务器和应用程序服务器，在电力企业本部设立数据中心，在异地建立容灾备份中心。下属各部门的数据统一存放在数据中心，而不再部署数据库服务器，减少中转环节。电力企业能够实时查询所辖业务状况，如各岗位工作情况、实收信息、欠费信息、电子传票办理情况等。

2. 业务统一

以电力营销业务为例，在数据大集中的基础上，将电力营销业务全过程纳入信息系统的管理，规范和统一电力营销业务的工作标准和业务流程，加强相关部门的管理与监控职能，使电力营销业务在统一的信息系统平台中规范运转。营销信息系统能够实现电力企业营销业务的无纸化作业、无纸化办公；各级营销部门不上报统计报表，统计数据全部由各级企业、部门自己生成；营销数据规范统一，不存在一份数据多处存在以致统计数据失真的情况；由于营销信息系统的计算资源和业务数据高度集中，客户机几乎不用维护。

3. 运营网络化

网络给企业管理带来的最大变革在于未来的企业将由网络化运营代替传统的组织化管理，大量的业务处理将通过网络完成，使企业因地理位置和组织机构的网络透明化而变成一个数字化虚拟机构。通过网络，电力企业员工可以在任何地点随时连线处理业务，电力企业可以向用户提供方便、快捷和高效的服务，用户可以在电力企业网络覆盖范围内办理用电业务，如新装或变更用电、交费、查询等。

三、电力信息系统测评的必要性和目的

（一）开展电力信息系统测评的行业需求

信息安全是国家信息化的基础和前提，已经成为关系到国家经济、政治、军事等诸多方面的重要问题。当前，信息安全已经上升为国家安全战略问题。我国政府非常重视信息系统的安全防护工作，要求加强信息安全保障，坚持“积极防御，综合防范”的方针，在全面提高信息安全防护能力的同时，重点保障基础网络和重要信息系统的安全。

2002 年，原国家经济贸易委员会发布了 30 号令《电网和电厂计算机监控系统及调度数据网络安全防护规定》，该规定要求实现两类隔离：各电力监控系统必须与办公自动化系统或管理信息系统实行有效（物理）隔离措施，电力调度数据专用网络必须与综合信息网络及互联网实行物理隔离。同年，国家科技部在电力系统信息安全领域设立了两个重大科技项目：“863”计划项目“国家电网调度中心安全防护体系研究及示范”和“十五”规划

重大科技攻关项目“电力系统信息安全应用示范工程”。前者在实施过程中，国家电力调度通信中心组织全国电力系统专家编制了《全国电力二次系统安全防护总体方案》，对调度系统的信息安全防护具有指导作用；后者在实施过程中，将信息安全的先进技术和管理方法引入电力信息系统中，在电力信息网络上构建了一个可控、可管、可用的统一信任服务和授权平台。

众多电力企业对电力信息系统的测评工作也非常重视，已经将电力信息系统测评尤其是电力信息安全测评提升到电力生产安全的高度，并积极推动电力相关科研院所利用熟悉行业特点的优势，跟踪信息系统和信息安全测评技术，研发电力行业的信息安全产品。例如，中国电力科学研究院和国网电力科学研究院对信息安全非常重视，曾参加全国电力二次系统安全防护专家组和工作组，研制了信息安全隔离装置、纵向安全加密认证网关等电力专用信息安全设备，建立了专门的信息网络安全实验室从事信息系统测评服务、信息安全技术研究和信息安全产品研发等工作，逐渐成为电力行业信息安全核心技术的支撑力量和信息产品测评服务中心。

（二）开展电力信息系统测评的必要性

我国开展电力信息系统测评尤其是信息安全测评的客观形势如下：

（1）随着电力信息化建设的快速发展，电力系统所采用的信息网络产品越来越多，迫切需要对这些产品的功能、性能和安全性进行测评，以充分了解所采用信息网络产品的质量。

（2）随着电力企业信息安全意识的提高，越来越多的电力企业开始重视信息网络产品和服务的测评工作，以确保所选信息网络产品和服务商所提供信息服务的安全状况满足要求。

（3）国家电力调度控制中心的《全国电力二次系统安全防护总体方案》明确要求，已投运的 SCADA/EMS 系统、电力交易系统、电能量计量系统等信息系统需要进行安全评估，同时新建设的信息系统必须经过安全测评合格后方可投入运营。

（4）国家密码管理局办公室对电力行业特批了专用密码芯片，供电力系统对重要信息系统进行加密。需要对各类使用密码芯片的产品进行功能、性能和安全测评。

（5）由于信息系统具有动态发展的特点，需要有一支长期稳定的专业队伍，不断跟踪国内外先进的信息系统测评理论和技术及相关标准规范，形成具有电力特色的信息系统测评服务体系，为全面保障电力信息系统的质量奠定坚实基础。

1. 电力信息系统功能测评的必要性

电力信息系统的业务主要包括生产、物资、营销、财务、人力、办公等系统。这些业务系统正逐步通过数据接口从分布式向集中式过渡，并逐步形成一体化。电力信息系统的建设多为服务外包形式，在需求设计、开发、运维等阶段划分基本清晰，且具备较为明确的阶段评审标准。但在对信息系统建设的质量管控过程中，仍存在信息系统测评制度不完善、系统功能不满足使用要求、系统安全隐患较多等问题；同时，业务部门对测评业务不熟悉，仅在系统验收阶段进行测评，无法精细化管控开发过程中的质量，从而增加了系统投产的风险和不确定性。

电力信息系统的全生命周期是以信息系统为主线，从信息系统的产生直至报废的过程，包括系统规划、需求分析、软件设计、程序编码、运行维护等阶段。目前，电力信息系统的测评工作只在系统验收阶段进行，仅将测评过程作为在需求分析、概要设计、详细设计及编码之后的一个阶段，具有一定的局限性。因为此时的测评只是针对信息系统寻找错误，许多设计开发阶段隐藏的问题难以发现。事实上，信息系统生命周期的各个阶段都会涉及质量问题。信息系统开发过程中的缺陷发现得越晚，所付出的代价就越高。因此，为了体现“尽早地和不断地进行信息系统测评”的原则，必须提前对信息系统生命周期的每个阶段进行质量管理，通过测评手段实现对各个阶段的质量保证。信息系统测评应伴随整个软件开发周期，而且测评的对象不仅仅是系统代码，需求、功能和设计同样要测评。在项目需求分析阶段就要开始参与，审查需求分析文档、产品规格说明书；在设计阶段，要审查系统设计文档、程序设计流程图、数据流图等；在代码编写阶段，需要审查代码，判断是否遵守代码的变量定义规则、是否有足够的注释行等。测评与开发同步进行，有利于尽早地发现问题，同时缩短项目的开发建设周期。

因此，电力企业急需开展具有电力特色的信息系统全生命周期测评，将测评工作融入项目建设及运行维护各阶段，逐步实现对信息系统全生命周期的质量控制和过程管理，为全面支撑电力企业信息化创先工作提供基础保障。

2. 电力信息系统性能测评的必要性

随着电力企业业务量的加大，信息系统承载的负荷越来越重，信息系统性能的好坏直接影响电力企业对内和对外提供服务的质量。因此，对信息系统的性能进行测评与调优成为电力企业运行稳定和提高效率的重要手段。同时，开展电力信息系统的性能测评工作还基于以下三个原因：

（1）电力信息系统的开发质量各不相同。电力信息系统的开发者众多，开发水平各有不同，使开发出来的信息系统性能有优有劣，需要进行综合测评才能发现电力信息系统存在的性能问题。

（2）电力信息系统的开发方式多种多样。这些开发方式所实现的信息系统效率能否达到要求，如电力信息系统所能承载的在线并发访问数量需要达到多少以上，响应时间应该控制在多少以内等，需要进行性能测评才能判断交付使用的电力信息系统是否满足性能指标要求。

（3）所开发的电力信息系统在正常工作负载情况下，可能性能表现正常，但是对于实际应用中的一些峰值工作负载，电力信息系统的性能表现如何，需要做到充分了解以避免出现意外事件。

电力信息系统性能测评的目的是验证电力信息系统是否达到了电力生产运营和业务管理所提出的性能要求，同时发现电力信息系统中存在的性能瓶颈，改进电力信息系统的架构设计和性能属性，从而实现电力信息系统的性能优化，具体包括以下四个方面：

（1）评估电力信息系统的处理能力：通过测评得到电力信息系统诸如响应时间之类的性能指标数据，帮助建立电力信息系统工作负载与性能数据之间的关系，使电力企业对电力信息系统性能有清晰的认识。

（2）验证电力信息系统的稳定性和可靠性：在各种工作负载下，执行一定时间的测试以评估电力信息系统的稳定性和可靠性是否满足要求。

（3）识别电力信息系统的问题和弱点：长时间的性能测试可以导致电力信息系统资源枯竭而引起失效，从而揭示电力信息系统潜在的问题或弱点。通过增加工作负载强度到一个极限水平并突破该极限，从而识别电力信息系统的瓶颈或薄弱的地方。

（4）帮助电力信息系统的性能调优：重复运行测试，验证经过性能调整的电力信息系统系统是否达到预期效果。通过多次性能调整和反复测试得到的性能数据，能够帮助改进性能。

3. 电力信息系统安全测评的必要性

早期的电力生产控制网络是封闭的局域网络，没有同外界连接，信息安全只考虑防止意外破坏或内部非授权人员的访问控制。随着电力信息系统与外部网络实现互联，电力信息系统的安全问题日益突出，已经成为影响电力生产和经营正常运行的重大问题。具体而言，开展电力信息系统安全测评的必要性体现在如下三个方面：

（1）电力信息系统开发与部署的复杂性要求决定了安全测评的必要性。如何保证电力保密信息的安全性和访问控制机制的灵活性是一个很重要的问题。为了防止电力信息系统用户的越权操作或不当操作给电力生产带来危害，要求电力信息系统必须经过严格的安全测评认证。电力信息系统所处的运行环境是一个多域环境，给安全测评带来了严峻的挑战。由于多域环境较传统的单域环境更为复杂，服务的用户数量巨大且来源广泛，不同域的安全设计也存在较多差异，在这种情况下如何开展电力信息系统的安全测评，确保只有授权用户才具有访问相应业务的权限，成为一个亟待解决的问题。由此可见，电力信息系统开发与部署的复杂性要求决定了电力企业进行信息安全测评的必要性。

（2）电力信息系统安全意识的提高是开展电力信息系统安全测评的动力。电力信息系统的安全不仅仅是防范病毒和黑客，也不是依靠几个防病毒软件或防火墙就能够保证的。电力信息系统安全是一项综合工作，是一个从技术到管理，甚至到企业体制的综合考量结果。电力企业已经越来越清醒地意识到这一点，尤其是电力市场的放开和竞争格局的出现，对电力企业自身信息系统的安全提出了进一步的要求。另一方面，电力企业在进行信息化建设时大量选用了各种类型的信息系统。对于其中涉及电力生产和管理的重要信息系统，虽然生产厂商在提供系统时已经承诺能够满足电力生产和管理所需的安全要求，但是发电企业仍然需要权威机构对投入运行的信息系统进行全面的测评，以确保其能满足安全要求。

（3）国家信息安全的总体要求是实施电力信息系统安全测评的战略需求。国家经济贸易委员会颁布的第 30 号令《电网和电厂计算机控制系统及数据网络安全防护规定》，明确电力系统信息安全的目的是防范对电网和电厂计算机监控系统及调度数据网络的攻击侵害及由此引起的电力系统事故，保障电力系统的安全、稳定、经济运行，保护国家重要基础设施的安全。要求电力企业对所设计的信息和控制系统有分级保护的功能。而后，国家电网公司及各省市电力公司也根据此文件的要求，出台了一系列保障电网和电厂信息和控制系统安全运行的具体要求，这些都为实施电力信息系统安全测评提供了顶层依据，在很大程度上推动了电力信息系统安全测评工作的全面开展。

（三）开展电力信息系统测评的目的和意义

1. 电力信息系统及产品的选型测评

按照国家、行业和企业的标准规范及用户的个性化需求，对电力信息系统进行横向对比测评，为电力企业上线电力信息系统提供权威的测评意见，能够改变电力企业过去按照主观意愿选择电力信息系统的传统模式，降低信息化建设的成本和保障信息化建设的质量。例如，对电力企业需要采用的生产运维系统、业务营销系统、管理信息系统、入侵检测系统等进行测评，可以为电力企业产品选型提供理论和实践指导。

2. 电力信息系统及产品的验收测评

依据电力信息系统及产品需求说明书和建设方案，检验电力信息系统及产品是否满足电力信息化建设需求，是保证信息系统工程质量、维护用户和信息系统厂商双方利益的重要手段。通过评估电力信息系统的需求符合性，对其功能、性能和安全可靠性进行专业的测评，能够全面保障电力信息系统工程实施的质量，并可作为工程验收的重要依据。

3. 电力信息系统及产品的定期检查

针对部分电力信息系统上线后出现宕机、性能衰减和运行不稳定等状况，对上线信息系统运行状态进行定检，能够发现电力信息系统潜在的缺陷和风险。通过对相关缺陷进行诊断，提供缺陷分析报告，配合用户进行系统调优；通过对风险进行评估，协助制定预防策略，确保系统上线后稳定运行。例如，对电力信息化产品进行安全测评，可以发现它们的安全漏洞和安全威胁，然后设计针对性的安全加固方案，从而提高电力信息化产品的安全水平。

通过开展电力信息系统测评工作，可以跟踪研究国内外最新信息系统测评技术、标准及电力行业的测评需求，研发出电力行业需要的信息测评工具，解决电力信息系统应用过程中的质量问题，建立电力行业信息系统产品的测评规范和开发规范，对提高我国电力行业信息技术应用水平和信息系统测评能力具有重大的促进作用，对我国信息化战略的全面实施也会产生深远的影响。

本章小结

本章主要介绍了信息系统测评的基本内容，包括信息系统测评的基本概念、发展历程和主要目的。在此基础上，概括介绍了开展电力信息系统测评的现有基础情况，包括电力行业的信息化发展现状、电力系统目前的整体格局和电力信息系统的典型代表及其部署架构，最后介绍了开展电力信息系统测评的必要性和意义。

第二章

信息系统测评技术

本章主要介绍信息系统测评所涉及的三个方面：功能测评、性能测评和安全测评。

第一节　信息系统功能测评

一、功能测评的基本概念

（一）信息系统的质量定义

信息系统开发的三个基本要素是质量、成本和交付，其中质量是第一位的。国际电气和电子工程师协会（Institute of Electrical and Electronics Engineers，IEEE）在《软件工程术语标准词汇》（*Standard Glossary of Software Engineering Terminology*）中指出信息系统质量是指系统、组件或者过程能够满足明确的需求。在软件统一开发过程（rational unified process，RUP）理论中，信息系统质量被定义为满足或超出预定的一组需求，采用经过认可的测评标准和方法进行评估，并按照规定的流程生产。在《软件质量管理的定义》（*Definition in Software Quality Management*）中，将信息系统质量定义为计算机系统卓越程度的所有属性的集合。Stephen Kan 在《软件质量工程度量与模型》（*Metrics and Models in Software Quality Engineering*）中对需求层次加以明确，即信息系统开发一定要满足用户的需求。Watts Humphrey 在《软件工程规范》（*A Discipline for Software Engineering*）中，从个体实践者角度将信息系统质量分成两层：首先，信息系统必须提供用户所需的功能；其次，信息系统必须能够正常工作。国际标准化组织（International Organization for Standardization，ISO）在质量特性国际标准 ISO/IEC 9126 中，将信息系统质量定义为集合了信息系统需要达到指定要求的总和，指定的要求包括对信息系统的主体功能、性能表现、兼容性等各个方面的范围描述和定义说明。概括地说，信息系统质量是“信息系统与明确的或隐含的需求定义相一致的程度”。信息系统质量是信息系统符合文档中明确描述的开发标准、功能、性能和安全需求及所有专业开发出来的信息系统都应具有的隐含特征的程度。

（二）信息系统的缺陷

信息系统的缺陷（information system defect）是信息系统难以避免的一个质量影响因素。在信息系统中，有的缺陷容易表现出来，有的缺陷隐藏很深难以发现；有的缺陷对用户影响轻微，有的缺陷会造成财产甚至生命的巨大损失。统一对信息系统缺陷的认识是测试活动最终能够成功的基础。软件能力成熟度模型（capability maturity model for sofware，SW-CMM）将其定义为：信息系统或系统组成中能够造成它们无法实现其被要求功能的缺点。在 IEEE Standard 729 标准中，从产品的内部看，缺陷是信息系统开发或者维护过程中存在的错误、毛病等各种问题；从产品的外部看，缺陷是信息系统对所需实现的某种功能的失效或违背。因此，缺陷是信息系统对期望属性的偏离，是指那些使信息系统行为方式与用户需求不一致的东西。如果在执行过程中遇到缺陷，可能会导致信息系统的失效。

在软件工程中，还有三个与缺陷相关的术语：错误、故障和失效。错误是指在生命周期内所有存在于信息系统（文档、数据、程序）之中不正确或者不可接受的需求说明、设计、编码和数据结构等，在一定条件下将会引起信息系统故障。故障是指信息系统没有表现出人们所期待的正确结果，是信息系统运行过程中出现的一种不希望或不可接受的内部状态。失效是指信息系统运行时产生的一种不希望或不可接受的外部行为结果，如系统丧失了执行自身功能的能力，系统操作背离了系统需求等。总体而言，缺陷是静态的，错误包括静态的和动态的，故障是一种动态行为，失效包括导致伤害、生命危险或者巨大财产损失的灾难。缺陷是错误、故障和失效的根源。缺陷的引入会贯穿于整个信息系统生命周期，要想获得高质量的信息系统，就要从预防、检测和消除缺陷着手。

不同的信息系统缺陷会产生不同的后果。对缺陷进行分类，分析产生各类缺陷的原因，总结信息系统开发过程中不同缺陷出现的频度，从过程管理与技术控制两个方面制定相应的改进措施，是提高信息系统质量的重要手段。信息系统缺陷的分类方式繁多，有代表性的两种分类方式如下：

（1）Putnam 等人提出将信息系统缺陷分为六类：需求缺陷、设计缺陷、文档缺陷、算法缺陷、界面缺陷和性能缺陷。此种分类方式可以分析缺陷的来源，指明修复缺陷的方向，为信息系统开发过程的改进提供线索。此种分类方式的显著特点是分类简单，但是所提供的缺陷信息对具体修复工作的帮助有限。

（2）正交缺陷分类（orthogonal defects classification，ODC）是 IBM 公司提出的缺陷分类方式。该分类方式提供了一个从缺陷中提取关键信息的测量范例，用于评价信息系统的开发过程和提出正确的过程改进方案。该分类方式用多个属性描述缺陷特征。在正交缺陷分类的最新版本中，缺陷特征包括八个属性：发现缺陷的活动、缺陷影响、缺陷引发事件、缺陷载体、缺陷年龄、缺陷来源、缺陷类型和缺陷限定词。正交缺陷分类对八个属性分别进行了分类。其中，缺陷类型又被分为八大类：赋值（assignment）、检验（checking）、算法（algorithm）、时序（timing/serialization）、接口（interface）、功能（function）、关联（relationship）、文档（documentation）。

信息系统缺陷的表现形式见表 2-1。

表 2-1　　信息系统缺陷的表现形式

序号	表现形式	描　　述
1	功能	属性没有实现或者部分实现
2	设计	不合理，导致存在潜在缺陷
3	实际结果	与用户文档的预期不一致
4	运行	出错，包括安装出错、运行中断、系统不兼容崩溃、界面混乱
5	数据结果	不正确、不精确
6	用户	对信息系统不满意、界面不美观、无法保存或者运行不流畅、启动速度慢等

根据上述信息系统的缺陷形式，通常可用以下规则来判别出现的问题是否为缺陷：①信息系统是否已全部实现说明文档要求的功能；②信息系统是否出现了说明文档指明不应该

出现的错误；③信息系统是否实现了说明文档未提到的冗余功能；④信息系统是否实现说明文档未提及、但应该实现的功能和目标；⑤信息系统是否使用不便、运行速度缓慢、难以理解，导致用户不满意。以上五条规则，有助于判定信息系统中是否存在尚未解决的缺陷。

（三）信息系统功能测评的目标、过程及模型

功能测评是在对信息系统进行功能抽象的基础上，将信息系统划分成若干个功能单元，然后对每个功能单元生成测试数据，根据测试用例对信息系统的各个功能逐项检测，以验证信息系统是否达到用户要求的一种活动。功能测评主要是利用有效和无效的数据执行各个测试用例，以核实如下信息：①在使用有效数据时，能够得到预期的结果；②在使用无效数据时，能够显示相应的警告或错误消息；③各业务规则都得到了正确的应用。输入数据要考虑正常数据和非法数据两种情况，可以采用边界值分析法进行设计。测试用例要考虑多个功能组合的流程用例，流程要考虑正常流程和非法流程。功能测评完成的判断标准是所计划的测试已全部执行，所发现的缺陷已全部处理。

1. 功能测评的目标

功能测评是信息系统开发过程的重要内容，主要作用有以下两个方面：①提高信息系统的质量；②对信息系统进行确认和验证。具体而言，功能测评的目标是检验信息系统是否达到业务需求、需求变更对业务流程及数据处理的要求是否符合标准、信息系统对业务流程处理是否存在逻辑不严谨及错误、需求是否存在不合理的标准及要求、功能设计及实现是否存在问题。信息系统和其他产品同样具有质量问题，其质量关系到信息系统能否达到最初设计的需求，能否满足用户使用的要求。作为信息系统的最低质量要求，必须保证在设定的运行环境下，信息系统能够正确运行和实现预定功能。与硬件产品不同，信息系统的质量有一定的特殊性，是不能直接测量的，只能通过评估影响信息系统质量的各种因素间接体现信息系统的质量。

2. 功能测评的测试过程

信息系统功能测评是一个连续而反复的过程，从测试计划的编制、测试活动的安排到测试的执行及测试结果的检查和评估，包含很多不同的测试行为。对于一个信息系统，只有通过单元测试、集成测试、确认测试、系统测试和验收测试等一系列测试（见图 2-1），满足用户对信息系统的要求后，方可交付使用。

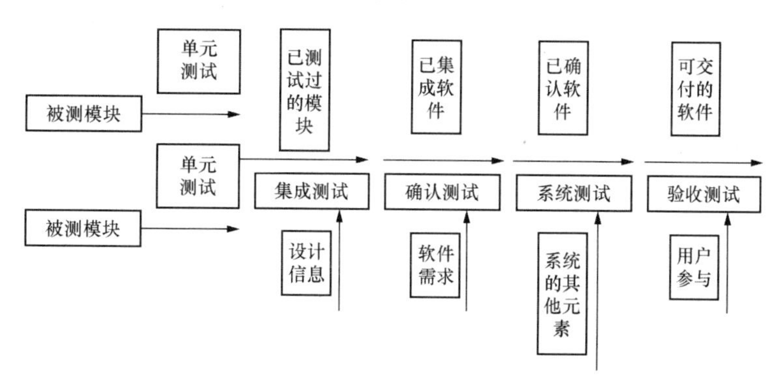

图 2-1　信息系统测评的测试过程

（1）单元测试：依据详细的设计描述，对每个功能相对独立的程序模块进行测试，检查各个单元是否正确地实现规定的功能。单元测试一般是在完成某一程序模块的编程后由

开发人员立即进行，主要对程序内部结构进行检验，着重发现和解决代码编写过程中的差错。单元测试的策略是将黑盒测试与白盒测试结合使用，即首先根据黑盒测试方法提出一组基本的测试用例，然后用白盒测试方法作为验证；或者首先根据白盒测试方法分析模块的逻辑结构并提出一批测试用例，然后根据模块的功能结构用黑盒测试方法进行补充。

（2）集成测试：在将单元测试无误的程序模块组装成信息系统的过程中，对程序模块之间的接口和通信等方面的正确性检查。通常采用增量式和非增量式两种方法进行，前者把一个被测模块组合到已经测试好的模块组上进行测试，后者把通过单元测试的模块组合成整个系统进行统一测试。集成测试一般在完成了信息系统的所有或大部分编码工作后，由不同开发人员共同完成。集成测试及其后的测试阶段一般采用黑盒测试，用等价类分析法或边界值分析法提出基本的测试用例，用猜测法补充新的测试用例。如果信息系统中含有复合的输入条件，则应首先使用因果图，然后按上述两种方式开展功能测评。

（3）确认测试：又称为有效性测试，即验证信息系统的功能和性能是否与用户的需求一致，以及信息系统配置是否完全正确。一般以信息系统的需求规格说明书为依据，采用黑盒测试方法。

（4）系统测试：将通过确认测试的信息系统作为一个元素，在实际运行环境中，与计算机硬件、外部设备、部分支撑信息系统、数据和人员等元素结合在一起，对整个信息系统进行的测试。与前三种测试不同，实施系统测试的人员应是最终用户代表。

（5）验收测试：基于所开发的信息系统，根据具体的业务需求，对组织结构、工作流程、角色权限、业务数据和报表等方面，从用户的角度出发对信息系统再次进行测试，是使信息系统更加成熟必须经历的过程。在进行验收测试时，用户只需关注输入什么和得到什么，而不必了解信息系统的工作过程。此时，信息系统对用户而言是一个黑匣子，因为开发人员只为用户提供满足需求的操作界面，而对信息系统的核心技术保密。因此，对于信息系统的验收测试，可以使用的测试方法主要是黑盒测试方法。

3. 功能测评的测试模型

（1）V 模型。在信息系统的瀑布模型开发过程中，仅仅将测试过程作为需求分析、概要设计、详细设计及程序编码之后的一个阶段，对测试过程没有进一步的描述。V 模型（见图 2-2）针对瀑布模型中信息系统的测试过程进行了补充。V 模型由 Paul Rook 于 20 世纪 80 年代后期率先提出，并被在英国国家计算中心文献中发布，旨在改进信息系统开发的效率。V 模型在欧洲尤其是英国广为接受，并被认为是瀑布模型的替代品。V 模型最早提出测试不是一个事后弥补行为，而是一个与开发过程同样重要的过程，这是它最积极的意义所在。直到现在，V 模型仍被大多数信息系统开发公司作为开发过程的依据。V 模型描述了一些不同的测试级别，并说明了这些级别对应于信息系统生命周期的相应阶段。

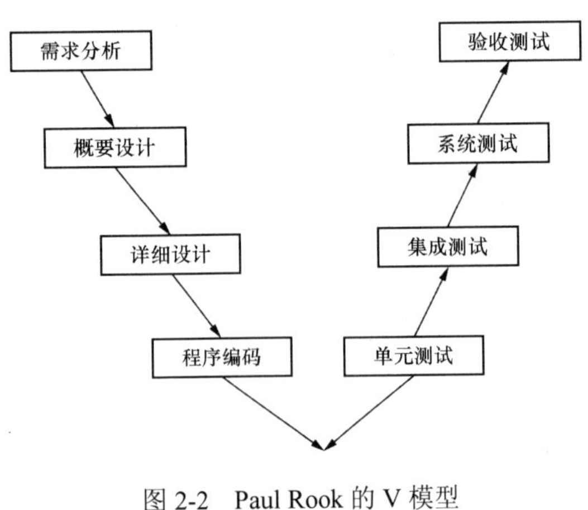

图 2-2　Paul Rook 的 V 模型

（2）W 模型。W 模型（见图 2-3）又称为双 V 模型，是对 V 模型的改进。它由 Systeme

Evolutif 公司提出，针对 V 模型使人觉得“测试是开发之后一个阶段，测试对象就是程序代码”的问题而做出的修改。W 模型强调需求、功能和设计同样需要测试，测试对象不仅仅是程序代码。信息系统测试应该贯穿于软件整个开发周期中，只要相应的开发活动完成，就可以开始执行测试，测试与开发是同步进行的，从而有利于尽早地发现问题。以需求为例，需求分析一旦完成，就可以对需求进行测试，而不必等到最后才进行针对需求的验收测试。W 模型由两个 V 重叠而成，其中一个 V 表示开发过程，包括需求分析、规格说明书生成、系统设计、代码编写、系统构建及安装等阶段；另一个 V 表示测试过程，包括需求测试、规格测试、设计测试、单元测试、集成测试、系统测试及验收测试等活动。信息系统的各项测试与开发过程的各个阶段相对应。

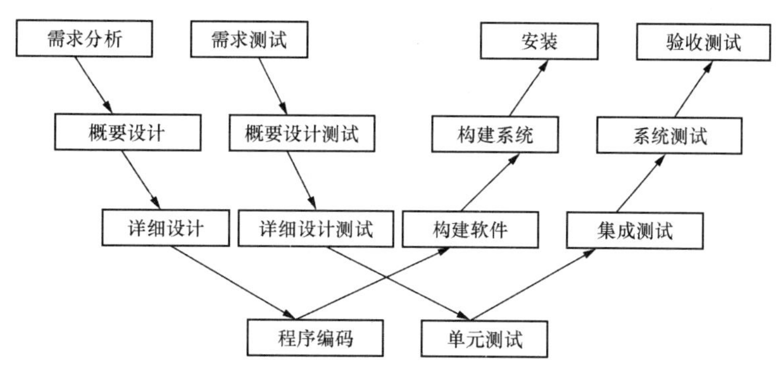

图 2-3　Systeme Evolutif 的 W 模型

（3）X 模型。X 模型也是为了解决 V 模型的种种问题，由 RobinF.Goldsmith 在 Brian Mck 提出的替代模型的基础上设计的。他们认为，V 模型和 W 模型最大的问题在于以下四个方面：①忽略了信息系统开发是由一系列的交接所组成，每一次交接内容都改变了前一次交接的行为这一事实；②依赖于开发文档及文档的精确性、完整性，并且没有对时间的限制；③认为一种测试的设计依据于某一个单独的文档，不会根据前后阶段文档的修改而做相应修改；④认定这些依赖于某个单独文档的测试一定要在一起。X 模型左半部分描述的是针对单独程序片段所进行的相互分离的编码和测试，右上半部分显示此后将进行频繁的交接，通过集成最终合成为可执行程序，这些可执行程序还需要进行测试。已通过集成测试的信息系统可以进行确认并提交给用户，也可以作为更大规模或范围集成的一部分。X 模型还定位了探索性测试，这是一种不进行事先计划的特殊测试，往往能帮助有经验的测试人员在测试计划之外发现更多的信息系统缺陷。

（4）H 模型。H 模型（见图 2-4）仅仅演示了在整个生产周期中，某个测试层次上的一次测试微循环，该微循环可以看作是一个流程在时间上的最小构成单位。H 模型提出了一种适应性更广的信息系统测试流程。在 H 模型中，信息系统测试是一个独立于其他流程，贯穿于整个信息系统生命周期，与其他流程并发地进行的测试活动。不同的测试活动可以按照某个次序先后进行，但也可能是反复的。当某个测试时间点就绪时，信息系统测试即从测试准备阶段进入测试执行阶段。H 模型兼顾效率和灵活性，可以应用到各种规模、各种类型的信息系统中。H 模型指出信息系统测试要尽早准备和尽早执行，并且可以根据被测信息系统的不同而分层次进行测评。

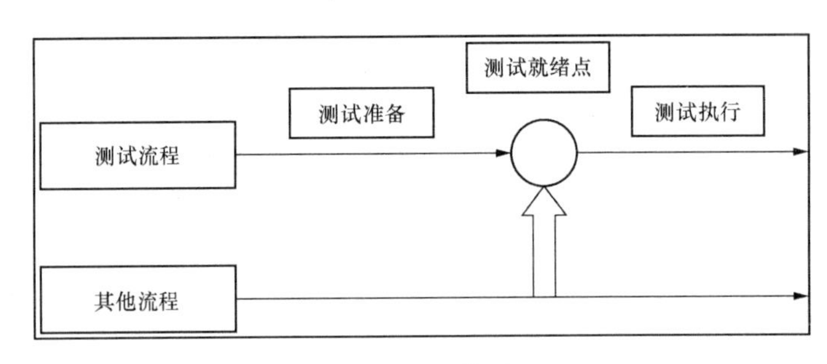

图 2-4　H 模型

二、功能测评的测试阶段

信息系统功能测评的测试阶段包括测试需求分析、测试计划的制订、测试用例的设计、测试用例的执行、测试结果记录、测试报告编写。下面主要介绍测试计划的制订、测试用例的设计和测试数据的生成三个阶段。

（一）测试计划的制订

测试计划是用来描述将要进行的测试活动的范围、准则、资源和进度的文档，是一个标识测试对象、被测特性、测试任务、任务分工和风险应对的计划。测试计划的最终目的是交流（而不是记录）测试团队的意图、期望及对于即将开展的测试工作的理解和认识。一个完整的测试计划包括确定测试范围、制订测试准则、构建测试体系、决定测试进度、预估测试风险等内容。

1. 确定测试范围

由于功能测评在理论上是无穷尽的，而在实施中是有限的，因此在制订功能测试计划时，首先要确定测试范围。

（1）测试优先级最高的需求。优先测试那些对于用户最为重要的需求、出现缺陷将最影响信息系统质量的因素。如果条件不允许测试所有需求，则可与用户协商将未被充分测试或未被测试的需求留在以后测试。

（2）测试最可能出问题的地方。测试实践表明，信息系统缺陷经常聚集在某个地方。当发现一个缺陷后，该缺陷附近可能还存在其他缺陷。例如，在查看需求文档过程中或者在与开发人员交流中，了解到某些部分在单元测试或集成测试时问题很多，则应该将这些部分列入测试范围。

（3）测试用户最常使用的功能。在测试的初始阶段，如果能够获得用户对每项功能的使用频度，则可以将大部分测试时间用于测试用户最常使用的功能。

（4）测试新增和修改后的功能。主要是针对信息系统的回归测试而言的。回归测试是在信息系统新增功能或修正了某些缺陷后，重新选择部分或全部测试用例，对修改后的信息系统进行测试。回归测试是建立在重用原有测试的思想之上的，对代码的任何改动都有可能对其他未修改的地方产生破坏效果。

2. 制订测试准则

在测试实施之前，制订测试准则非常重要。测试准则能够帮助测试活动按照进度推进，避免因为测试未准备好的信息系统而浪费时间。

（1）进入准则。它描述了测试开始的条件，常用的进入准则如下：①信息系统相关文档（如需求文档、用户使用说明文档等）最终定稿；②测试所需资源已经到位；③测试人员配置合理、工作技能符合测试要求；④测试所需软/硬件、操作系统等环境准备妥当；⑤被测信息系统在测试期间能够处于稳定状态，以防止信息系统频繁变更而造成已进行的测试结果失效。

（2）暂停/继续准则。它描述了在何种情况下应该暂停测试或可以继续测试，常用的暂停/继续准则如下：①主要需求测试失败而阻止其他需求不能测试时，应暂停测试，直到该需求通过测试；②基本功能不能运行时测试应该暂停，直到该功能可以运行；③出现致使超过 50%测试用例无法执行的灾难性缺陷时，将暂停测试，直至该缺陷被修复。

（3）通过/失败准则。每项测试都应有一个明确的预期结果，测试结果达到该预期结果则测试通过，否则测试失败。

1）常用的通过判定准则如下：①测试项的测试结果与预期结果一致，该测试项的测试结果为通过；②测试项的下级测试项的测试结果都为通过，则该测试项的测试结果为通过。

2）常用的失败判定准则如下：①测试项中存在严重缺陷，该测试项为失败；②测试项的下级测试项的测试结果中不通过率大于 20%，该测试项的测试结果为失败。

（4）退出准则。它描述了在怎样的条件下可以结束测试，常用的退出准则如下：①测试用例执行率达到 100%；②测试用例的覆盖率达到用户要求；③所有被修复的缺陷已经得到验证；④所有新发现的缺陷已经被报告；⑤与测试计划不一致的地方（因为设备等问题而未能执行的测试）已经写入文档。

3. 构建测试体系

（1）建立测试用例的组织结构。在测试实施过程中，常常根据需求文档组织测试，为测试范围中的每项需求至少制定一个测试，这样既能保证测试在合理的范围之内，又能通过查看需求文档快速估计测试工作量，并根据以往经验估算测试运行时间。测试用例的组织结构通常包括三个层次：第一个层次是测试组件，由一系列测试组成，用于验证相关的需求或功能；第二个层次是测试，由一个或者多个测试用例构成，用于验证一项需求或功能；第三个层次是测试用例，是不可再分的最小测试单元。

（2）搭建测试环境的遵循原则。

测试环境包括信息系统运行所需的硬件设备、支撑软件（包括操作系统及其他辅助系统等）。搭建测试环境需遵循以下四个原则：

1）提前准备好需要的硬件和软件。例如，测试一个 B/S 架构的信息系统，硬件方面要准备多台服务器和客户端及交换机等网络设备，软件方面要准备各种不同的操作系统和浏览器。

2）测试环境与日常工作环境隔离。因为日常工作环境比较杂乱，而测试环境要求尽可能地纯净，以便于缺陷定位。另外，测试都是有风险的，可能会造成计算机重新启动、蓝屏甚至操作系统崩溃等严重问题，因此应将测试环境与日常工作环境隔离，避免对日常工作造成影响。

3）功能测评的测试环境与性能测评的测试环境隔离。因为性能测评的测试是持续的，有些性能测评的测试一次需要连续运行几周，因此应将功能测评的测试环境与性能测评的测试环境分开，这样才能保证功能测评的有序进行和性能测评的持续运行。

4）准备好测试管理平台。该平台能够进行测试用例管理、缺陷管理、生成测试报告，从而规范测试过程，大大提高测试效率。

（3）选择测试方法的主要策略。

1）根据使用频度、失效风险和失效概率排列环境配置的优先级，决定哪些配置需要全面测试，哪些配置可以部分测试，从而减少测试工作量。

2）结合测试优先级，确定在部分测试的环境配置上需要执行哪些测试。在部分测试的环境配置上只执行高优先级的测试，在失效可能性高的环境配置上执行曾经发生问题的测试。

3）将进行环境配置时遇到的问题及解决方法记录下来，以备将来查阅。

4. 决定测试进度

在整个测试计划中，决定测试进度至关重要，可以为开发团队和用户提供信息，以便更好地安排项目进度。在实际测试过程中，决定测试进度的基本准则是尽量避免将测试开始日期和结束日期固定于某一具体日期，而应采用相对日期。在信息系统开发过程中，测试任务不是平均分布的，测试工作量、人员投入和时间消耗随着开发进度而不断增长。因此，测试进度越来越受到先前事件的影响。如果定死测试开始日期和结束日期，则某一部分测试的延迟将会破坏整个测试进度。而采用相对日期，测试任务将依赖于其他已经完成的任务，每个任务所花费的时间也变得更加明确。

5. 预估测试风险

充分估计可能存在的测试风险并且做好预防准备或处理措施，有助于保证测试的顺利完成。表 2-2 是根据实践经验总结的信息系统测试过程中可能面临的风险和可以采取的措施。

表 2-2　　信息系统测试过程中可能面临的风险和可以采取的措施

风险	风险征兆	影响	预防或处理措施
开发进度延长	项目计划变更，各个环节的进度拖延	推迟测试执行的时间和进度	控制开发进度，提前做好沟通和协调
项目提交日期变更而导致测试周期变更	难以把握，特别是客户提出的变更	测试总时间缩短，难以保证测试质量	严格控制项目的时间变更，多与用户沟通并得到用户理解；调整测试策略、测试资源及计划
需求变更而导致测试需求及范围发生变化	用户需求没有做控制，项目范围没有明确定义	测试工作量发生变化	做好需求管理，调整测试策略和计划
开发代码质量低	设计没有做到位，没有做单元测试，编码人员对编程语言或技术不熟、编程经验太少	缺陷太多、太严重，反复测试的次数和工作量极大	做好信息系统设计，提高开发人员的编码水平，进行单元测试；严格控制提交测试版本，调整测试策略和计划
测试工程师对业务不熟悉	业务领域太新，测试人员缺乏测试经验；测试人员介入项目太晚	测试数据准备不足，测不到关键点，同时测试效率难以提高	测试人员及早介入项目，多做业务沟通，提供一定的业务培训机会，咨询工程师提供测试准备的支持
对需求的理解偏差太大	没有界面原型和详尽的需求文档，需求没有通过评审和沟通	对测试的缺陷确认困难	对需求多做沟通（特别是结合界面原型的沟通）
测试人员的变动	测试人员离职，其他紧急的项目需要支援	测试进度减慢，甚至不能进行	做好部门的人事管理，保证人员有计划地变动，测试人员在一定程度上进行轮换，保证对统一业务领域有多人熟悉；安排其他合适人员，调整测试计划或策略

续表

风险	风险征兆	影响	预防或处理措施
测试环境难以到位	采购人员离职，测试环境的准备计划相关人员不清楚，测试发生拖延	推迟进入测试阶段，降低测试效率，甚至无法进行测试	做好测试环境的准备计划，加班或寻求系统管理员的支持，调整测试策略
测试数据准备不充分	测试周期太短，业务支持不够，测试人员介入太晚	测试效率和质量降低，难以测到重点，也测不到位	咨询工程师参与或辅助进行测试数据的准备，将测试数据的准备时间安排充分；调整测试计划，增加测试次数
测试工程师的测试策略不合理	测试策略没经过相关人员的评审，对测试策略没有进行及时跟踪	难以满足测试要求，也难以保证效率	测试策略与相关人员达成共识，多进行跟进和有效性评估，调整测试策略并及时更新测试计划
组件配合不畅	没有定义组间配合的方式，相关人员没有对其进行评审，发生配合问题不跟进、不反馈	测试工作难以开展，缺陷的解决和复测也存在困难，测试效率降低	将组间配合的方式明确写到测试计划中，并与相关人员达成共识，发生问题及时跟进和反馈
测试计划中的假设和约束得不到保障	假设和约束发生变更，相关环节不能到位，没有进行该方面的跟踪	测试计划难以执行，测试进度和质量难以得到保证	敦促相关人员对其假设和约束进行保障，并及早跟进，及时调整测试策略和计划
项目组盲目要求加大测试资源	项目采用新技术开发，项目属于新的业务领域，项目复杂度很高	没有对测试成本进行控制，影响项目成本	增强项目组的测试成本意识，采取一定的控制措施，多与相关人员进行沟通

测试计划不仅仅是一个文档，而且是一个制定测试计划的过程，是测试团队、开发团队、用户之间联系和交流的纽带。随着信息系统功能的日益复杂和庞大，信息系统的功能测试正面临着更大的困难和挑战，制订有效的功能测试计划是测试项目迈向成功的重要一步。

（二）测试用例的设计

测试用例是有效发现信息系统缺陷的最小单元，是为了某一特定目的而专门设计用来验证信息系统功能及其相关测试规程的一个集合，也是为了使测试更有效、更规范、更便捷而采取的一种基本手段。测试用例是为某个特殊目标而编制的一组关于测试输入、执行条件和预期结果的文档，以核实信息系统是否满足某个特定需求。测试用例体现了一定的测试方法、技术和策略，包括测试目标、测试环境、输入数据、测试脚本、测试步骤、预期结果等内容，是测试执行的基本单位。测试用例需要针对特定功能或组合功能制订测试方案，并编写成文档。测试用例的选择既要包括一般情况，也应包括极限（最大边界值和最小边界值）情况。测试用例是测试工作的指导，其可以将人为因素的影响减到最小，并且随着测试的进展日趋完善，是信息系统质量稳定的根本。信息系统测试的核心任务在于生成和执行测试用例，以验证信息系统的质量。

由于信息系统的“功能点”非常繁多，组合数量更是难以计数，最终导致庞大的测试用例集。因此，有必要采取一些有效的功能测试用例设计方法和技巧，以减小测试用例规模，提高测试效率。测试用例设计的基本原则包括：①测试用例应具有代表性；②设计测试用例时，应努力寻求系统设计和功能设计的弱点；③测试用例不仅要考虑正确的输入/输出，而且要重视错误的输入和异常的输出；④从用户角度出发，设计测试用例；⑤避免模棱两可的测试用例；⑥将类似的测试用例归类；⑦避免冗长繁杂的测试用例。

其中，避免模棱两可的测试用例是指由于测试用例一般有三种状态：通过（pass）、未通过（failed）和未进行（not run）测试，如果测试的一个用例标成“未通过”，则应报告该错误并且说明原因，如测试环境问题、测试用例不适合、测试自身错误等。在测试过程中，清晰的测试用例不应该使测试人员感觉含糊不清，不能标成一部分通过、另一部分未通过。

测试用例的设计步骤包括：①明确详细的测试过程；②明确预期的测试结果；③确定测试用例的内容。一般情况下，功能测评的测试用例的内容主要包括以下三个方面：①被测信息系统的相关信息；②测试用例和测试人员的基本信息；③测试过程和测试结果及问题的描述信息。

功能测试用例包含的内容见表 2-3。

表 2-3　　功能测评的测试用例包含的内容

<table>
<tr><td>产品名称</td><td colspan="2"></td><td>版　本</td><td></td></tr>
<tr><td>功能模块</td><td colspan="2"></td><td>功能特性</td><td></td></tr>
<tr><td>用例编号</td><td colspan="2"></td><td>设计人员</td><td></td></tr>
<tr><td>测试人员</td><td colspan="2"></td><td>测试日期</td><td></td></tr>
<tr><td>测试目的</td><td colspan="2"></td><td>测试方法</td><td></td></tr>
<tr><td>前置条件</td><td colspan="2"></td><td>测试优先级</td><td>□高　□标准　□低</td></tr>
<tr><td>参考信息</td><td colspan="4"></td></tr>
<tr><td colspan="5">用例过程描述</td></tr>
<tr><td>步骤</td><td>操作描述</td><td>测试数据</td><td>预计输出</td><td>实际输出</td></tr>
<tr><td>1</td><td></td><td></td><td></td><td></td></tr>
<tr><td>2</td><td></td><td></td><td></td><td></td></tr>
<tr><td>⋮</td><td></td><td></td><td></td><td></td></tr>
<tr><td>测评结果</td><td colspan="4">□通过　□有问题　□不通过</td></tr>
<tr><td>问题描述</td><td colspan="4"></td></tr>
<tr><td>合理建议</td><td colspan="4"></td></tr>
</table>

1. 被测信息系统的相关信息

该部分记录被测信息系统的一些基本信息，包括信息系统的产品名称/版本、功能模块、功能特性和参考信息四个方面。信息系统的产品名称用于区分本测试用例是针对哪个信息系统设计的，而对于同一信息系统的不同版本，执行的测试结果可能不同，所以标明信息系统的版本也非常重要。功能模块是指本测试用例所要测试的对象，只有明确了测试对象，才可以进行下一步工作，所以测试对象一定要写清楚，明确的测试对象是所有测试的基础。功能特性是指本功能模块所具有的特性。参考信息用于说明本测试用例是参考哪个文档中的哪部分内容进行编写的，即给出本测试用例的编写依据。若测试人员不能充分理解测试用例，可以参考被测信息系统的相关信息查找相关的文档。

2. 测试用例和测试人员的基本信息

功能测评的测试用例需要一些自身的信息与其他测试用例进行区分，如用例编号、测试优先级等。还需要记录测试人员的相关信息，如用例的设计人员、测试人员、测试日期及测试目的、测试方法和前置条件等内容。

（1）用例编号：测试用例的唯一标识，用于与其他测试用例进行区分而定义的编号。

（2）设计人员：在整个测试过程中，测试用例的设计和执行很可能是不同的人，所以需要记录负责设计测试用例的人员。在执行测试的过程中，如果有不清楚的地方，可以请教相关人员进行指导。

（3）测试人员：测试用例中还要记录测试的执行人员。整个测试过程结束后，要将测试结果反馈给开发人员，开发人员根据测试的结果修改代码，可将出现的问题与测试人员进行交流，查找和定位错误位置，提高修改效率。

（4）测试日期：测试要根据测试计划执行，在测试的执行过程中要记录测试日期，用来监督测试人员的执行进度。

（5）测试目的：测试用例要有明确的测试目的，针对不同的测试目的设计不同的测试用例。

（6）测试方法：记录一个测试用例所采用的测试方法，如黑盒测试有等价类划分、边界值分析、错误推测和因果图等方法，应根据不同的测试方法设计测试用例。

（7）前置条件：有些测试用例可能不能独立执行，而存在一些前提限制条件。例如，系统要正确登录后方可正确执行等限制条件，所以要在此处说明测试用例的前置条件，确保测试用例的正确执行。

（8）测试优先级：将测试用例分为高级、标准、低级等不同级别。在测试过程中，有时受时间的限制，如果按照测试计划一步一步执行，任务可能完不成或关键功能未被测到，所以设置测试优先级非常必要。在时间不充裕的情况下，可以根据测试优先级安排测试。

3. 测试过程和测试结果及问题描述信息

在测试用例编写过程中，核心内容是测试执行过程。它详细描述了整个测试步骤的全过程，所以测试过程描述的完整性直接关系到测试结果，对测试过程的描述要尽可能详细、周全。

（1）用例过程描述：记录测试执行的步骤、操作描述、输入的测试数据、预计输出的结果、实际输出的结果。过程描述没有步骤限制，要尽可能记录每一个操作过程，测试人员按照操作步骤一步一步执行，并记录每一步的输出结果。

（2）测评结果：通常分为三个级别，即通过、有问题和不通过。测评结果为“通过”，说明此项功能模块不存在任何问题，达到说明文档的要求；测评结果为“有问题”，说明测试用例可以执行，但在执行过程中存在一些不影响整体功能实现的小问题；测评结果为“不通过”，说明此项功能模块未能正确实现，存在比较严重的问题。

（3）问题描述：将测试执行过程中出现的问题，使用通俗易懂的语言或图文并茂的方式描述出来。开发人员根据问题描述和整个测试过程情况定位问题的位置，可以更快地完成修复工作。

（4）合理建议：在测试的过程中，很可能会出现一些与功能无关的小问题，如界面中多一个字母，文字没有对齐，同一个字段所使用的名称不统一，按钮摆放的位置不方便操作等情况等。当测试人员发现这些现象并且不能确定是否要求开发人员进行修改时，可以在“合理建议”一栏填写。当开发人员看到此建议时，可以根据用户需求判断是否需要修改。

测试用例的编写没有统一的规范格式，只要测试用例能够正确指导测试人员的操作，为开发人员定位错误提供帮助，即为有效的测试用例。

（三）测试数据的生成

测试数据的生成一直是信息系统测试领域的难题之一。目前，有多种测试数据的生成方法。按照测试目的不同，可以分为面向功能的测试数据生成方法和面向结构的测试数据生成方法。

1. 面向功能的测试数据生成方法

面向功能的测试数据生成方法包括等价类划分法、边界值分析法、决策表法、因果图法、功能图法、错误推测法、正交实验法等。

（1）等价类划分法。如果信息系统的输入域可以分为若干个子域，每个子域中的任何一个输入都能测试相同的目标或者暴露相同的缺陷，那么该子域是一个等价类，整个输入域的划分是等价类划分。等价类划分法的重点是集合的划分，主要思想是利用每个等价类的通用特点选择一个或一组数据作为测试用例。等价类划分法的难点是选择类的等价关系。等价类划分法的优点是考虑了单个输入域的各种情况，避免盲目或随机选取输入数据的不完整性和覆盖的不稳定性。等价类划分法虽然简单易用，但是没有充分考虑组合的情况，需要结合其他测试用例设计方法进行补充。

（2）边界值分析法。边界值分析法关注的是输入空间的边界，以生成测试用例。边界值分析法的基本原理是错误更可能出现在输入变量的极值附近，边界值分析法的基本操作是使用“最小值”“略高于最小值”“正常值”“略低于最大值”和“最大值”生成测试用例。若想进一步测试信息系统的健壮性，还需在每个边界值的基础上加上“略小于最小值”“略大于最大值”的取值，选择“最坏情况”测试，即对每个变量首先进行基本边界值的选择，然后对这些变量计算笛卡儿积以生成测试用例。该方法比基本边界分析更完备，但测试工作量大大增加。例如，对于 n 个变量函数测试的最坏情况，产生 $5n$ 个测试用例。如果面对的是信息系统源代码，可以用该方法检测循环控制、指针等内部变量，具有很好的效果。但是，该方法产生较多冗余的测试用例，并且不能进行完备测试。

（3）决策表法。在功能测评的测试中，由决策表生成的测试用例应该是最完备的，因为决策表具有严格的逻辑性。使用决策表法设计测试用例的前提要求包括：①规格说明以决策表的形式给出，或很容易转换成决策表；②条件的排列顺序不影响操作的执行；③规则的排列顺序不影响操作的执行；④当某一规则的条件已经满足并且将要执行的操作确定后，不必检验其他规则；⑤如果某一规则需要执行多个操作，这些操作的执行顺序无关紧要。这里的“条件”通常是指作为测试输入的任何东西，“规则”是指测试输入在测试过程中所要遵循的行为方式，而“执行”之后得到的即为测试过程的输出。如果变量之间相互不独立，并且具有一定的逻辑关系，如存在 if-then-else 语句、输入与输出存在因果关系等情况，均可采用决策表法生成测试用例。决策表法能够将复杂的问题按照各种可能的情况全部列举出来，简明但不会遗漏。因此，利用决策表法能够设计出完备的测试用例集合。

（4）因果图法。因果图法的主要思想是从信息系统规格说明书的描述中，找出因（输入条件）和果（输出结果或信息系统状态的改变）之间的关系，通过因果图转换为判定表，最后为判定表中的每一列设计一个测试用例。该方法考虑到输入情况的各种组合，以及各种输入情况之间的相互制约关系。在实际测试工作中，对于较为复杂的问题，因果图法常常有效。

（5）功能图法。功能图法能够描述信息系统状态变化与转移的过程。因为信息系统运行的过程，可以看作是其状态不断变化与转移的过程。测试用例的设计是如何覆盖信息系统表现出来的所有状态，即在满足输入/输出的条件下，信息系统的运行是一系列有次序的、受控制的状态变化与转移过程。功能图法是一种基于黑盒测试与白盒测试的混合测试用例设计方法，是信息系统功能的形式化表示。功能图法具有比较大的局限性，需要用到逻辑覆盖和路径测试两种方法，此两种方法属于白盒测试范畴。

（6）错误推测法。错误推测法主要依赖经验、直觉作出简单的判断甚至是猜测，给出可能存在缺陷的条件、场景等，在找到缺陷后设计出相应的测试用例。

（7）正交实验法。正交实验法的主要步骤如下：①对信息系统需求规格说明中的功能要求进行划分，将其分解成具体的、相对独立的基本功能；②根据基本功能的质量需求，找出影响其功能实现的因素，每个因素的取值可以看作水平，多个取值就存在多个水平；③确定信息系统中所有的因素及其权值，这是测试用例设计的关键，准确全面的权值是依据各因素的影响范围、发生频率和质量需求确定的；④加权筛选，生成因素分析表；⑤利用正交表构造测试数据集，正交表的每一行是一个测试用例。利用正交实验法设计测试用例，可以控制测试用例的生成数量，覆盖率和测试效率都较高。

面向功能的测试数据生成方法不需要了解信息系统的内部结构，唯一的信息是规格说明书。此类方法的优点比较明显：①测试数据的选择与信息系统的实现和语言的选择没有关系，只要需求不变，测试数据就不会随着信息系统的改动而变化，具有普遍适用性；②在信息系统的开发过程中，此类方法适用于各个测试阶段，便于降低成本；③从用户的角度出发生成测试数据，将使信息系统的功能测试更加完备。但是此类方法存在以下问题：①可能产生大量冗余的测试数据；②不易发现特殊的缺陷；③完全依赖于规格说明书；④不能发现规格说明书中的错误；⑤没有客观依据说明测试数据选择的充分性。

2. 面向结构的测试数据生成方法

面向结构的测试数据生成方法包括随机的测试数据生成方法、面向目标的测试数据生成方法、面向路径的测试数据生成方法、基于遗传算法的结构测试数据生成方法等。

（1）随机的测试数据生成方法。对于给定的语句（包括分支、路径），随机的测试数据生成方法是在输入域内随机选取测试数据，使给定语句得到执行，自动测试容易实现。但是从输入域中随机选取满足某种测试准则的输入数据，测试数据的生成效率较低。

（2）面向目标的测试数据生成方法。依据程序控制流信息，将信息系统所有的分支分成两类：影响目标节点的分支和不影响目标节点的分支。生成测试数据时，考虑影响目标节点的分支，利用分支函数极小化生成相应的测试数据，使给定的语句得到执行。面向目标的测试数据生成方法与路径选择无关，虽然可以达到语句覆盖和分支覆盖，但在结构测试覆盖准则中，它们是较低层次的。只有当信息系统中每一条路径都被测试，才能说信息系统得到了全面的检验。

（3）面向路径的测试数据生成方法。首先确定一条经过给定语句的程序路径，然后在输入域中寻找输入数据，使在此输入之下程序沿该路径执行，从而使给定的语句得到执行。面向路径的测试数据生成方法分为符号执行和程序实际执行两类。符号执行允许程序的输入不仅可以是具体的数值，而且可以是符号值、符号表达式等。符号执行以符号计算代替实际执行的数值计算，能够判定路径的可行性。一次符号执行的结果代表了一类普通测试的运行结果，因此符号执行测试成本较低，但在遇到循环、过程调用、动态数据结构、数组和指针处理时实现困难。程序实际执行方法在程序执行的每一步，其数组下标和指针值都是确定的，因此对数组和指针的处理方便，但其测试数据生成与路径选择有关，而判定所选路径是否为可行路径非常困难。

（4）基于遗传算法的结构测试数据生成方法。遗传算法（genetic algorithm，GA）是一种基于自然选择原理和自然遗传机制的搜索寻优算法。整个进化过程从生成初始种群开始，根据信息系统的特点确定适应度函数，运行信息系统后评估每个测试用例的适应度，适应度越高说明测试用例与预期效果越接近。然后利用交叉、变异、选择三种基本算子，对测试用例进行改进，并用适应度函数进行评价，直至最接近最佳期望可以结束该过程，如图 2-5 所示。

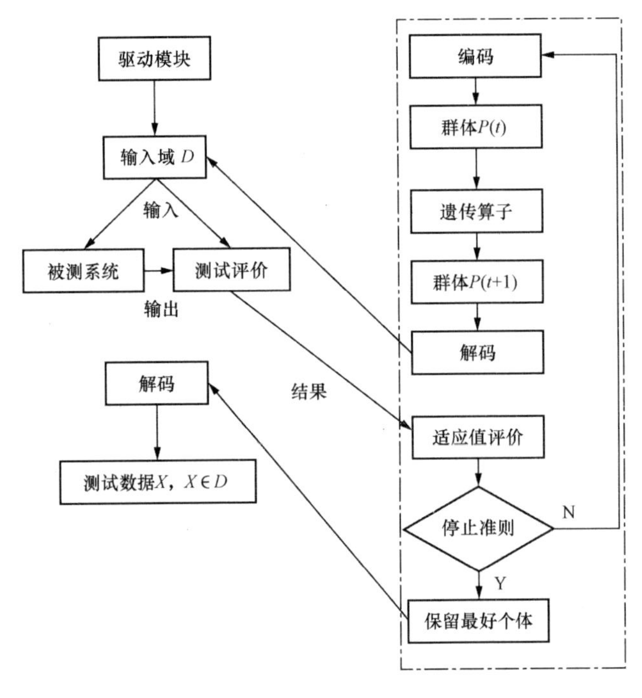

图 2-5　基于遗传算法的测试数据自动生成

其中，有几个难点需要说明：

1）初始种群的选择：一般随机生成初始种群，大小为 50~100 个成员。种群过小，易于优化且系统开销较小，但会降低种群的代表性，易陷于局部最优；反之，种群过大，搜索时间长，系统开销随着种群的增大而增大。

2）参数的编码方式：被测信息系统一般有一个或多个数据类型相同或不同的参数，遗传算法需将这些参数进行编码。编码方式有十进制和二进制两种，二进制更易实现。

3）评价函数的构造：评价函数的选择至关重要，是遗传算法解决具体问题的关键。将 Korel 提出的“分支函数”概念应用到信息系统插桩中，能够生成有关路径走向的评价函数，效果较好。

4）遗传算子的选择：可以利用改进遗传算子使最差个体得不到遗传，加快整体收敛速度。

三、功能测评的主要测试方法

信息系统功能测评的发展是一个从实践到理论、从理论回到实践不断往复的过程，而且随着信息系统实现方法的发展，功能测评的测试方法也在持续发展。

（一）功能测评的测试方法分类

信息系统功能测评的测试方法多种多样，见表 2-4。从不同的角度出发，这些测试方法可以划分为不同的类型。

表 2-4　　信息系统功能测评的测试方法分类

技术	人工	自动	静态	动态	功能	结构化
基本路径测试		√		√		√
边界值测试		√		√	√	
分支/条件覆盖测试		√		√		√
因果图		√		√	√	
CRUD 测试		√		√	√	
数据库测试		√		√		√
决策表		√		√	√	
等价划分		√		√		
例外测试		√		√	√	
自由格式测试		√		√	√	
直方图	√				√	
JADs	√				√	√
正交矢量测试	√		√		√	
Pareto 分析	√				√	
正例和反例测试		√		√	√	
原型		√		√	√	
随机测试		√		√	√	
域测试		√		√	√	
回归测试				√	√	
基于风险的测试	√		√		√	
分层结构测试		√		√	√	
语句覆盖测试		√		√	√	
状态转换测试		√		√	√	
统计剖面测试	√		√		√	
桌面检查	√			√		√
结构走查	√			√	√	√
语法测试		√	√	√	√	
表测试		√		√		√

续表

技术	人工	自动	静态	动态	功能	结构化
线程测试		√		√		√
运行图	√		√		√	
自下而上测试		√		√	√	√
黑盒测试		√		√	√	
白盒测试		√		√		√
灰盒测试		√		√	√	√

（1）按照信息系统的开发过程，可以分为单元测试、集成测试、系统测试、验收测试等。

（2）针对已经或即将产品化的信息系统，可以分为功能测试、性能测试、基准测试等。

（3）针对信息系统的专门测试，可以分为标准符合性测试、互操作性测试、可靠性测试、安全性测试、强度测试等。

（4）根据是否需要执行被测信息系统，可以分为静态测试和动态测试。

（5）根据测试是否需要了解信息系统的内部结构，可以分为黑盒测试和白盒测试。

（二）基于白盒的功能测试

白盒测试又称为结构测试、透明盒测试、逻辑驱动测试或基于代码的测试，是在已知信息系统内部结构的情况下，通过测试检验信息系统的每条路径和内部动作是否按照规格说明书的规定正常运行。在使用该方法时，测试人员需要全面了解信息系统的内部结构，从逻辑入手生成测试数据。白盒测试是一种穷举路径测试方法，其测试用例需要做到以下四点：①保证一个模块的所有独立路径至少被使用一次；②对所有逻辑值需测试“真”和“假”；③在上、下边界及可操作范围内运行所有循环；④检查内部数据结构以确保其有效性。目前，白盒测试主要有静态结构分析、代码检查、静态质量度量、逻辑覆盖测试、基本路径测试等方法。

1. 静态结构分析

测试人员使用测试工具分析信息系统源代码的系统结构、数据结构、内部控制逻辑等内部机构，生成函数调用关系图、模块控制流图、内部文件调用关系图、子程序表、宏和函数参数表等各类图形图表，可以清晰地标示整个信息系统的组成结构，检查信息系统是否存在缺陷或错误，是否存在孤立的未被调用的函数。

2. 代码检查

代码检查包括桌面检查、代码审查和走查，主要检查代码和设计的一致性、代码对标准的遵循性、代码逻辑表达的正确性、代码结构的合理性、代码的可读性等方面，找出违背信息系统编写规范的地方。这些检查可以参照代码编写规范逐一审查。

3. 静态质量度量

针对功能性、可靠性、可用性、有效性、可维护性和轻便性等各种质量度量指标，设定相应的质量参数（如代码行数、注释频度等）度量信息系统的代码。

4. 逻辑覆盖测试

逻辑覆盖测试有语句覆盖测试、分支覆盖测试、条件覆盖测试、判定-条件覆盖测试、条件组合覆盖测试。其中，语句覆盖测试是最简单的结构性测试，主要集中于被测信息系统的语句，通过执行测试用例实现对语句的覆盖。它不仅要求正确的输入/输出，而且需要观察信息系统语句的运行情况，必须保证语句全部运行，才能说明其覆盖的充分性。分支覆盖测试的基本思想是在设计测试用例时，使信息系统中每个判断取真和取假的分支至少执行一次。它不考虑具体的语句，而是判定信息系统的执行情况，由判定结果决定执行后续哪条语句，所以分支覆盖也称为判定覆盖。条件覆盖测试的基本原则是依据信息系统中每个判断或每个条件的可能取值至少执行一次测试。判定-条件覆盖是将分支覆盖和条件覆盖结合起来的一种覆盖。它需要设计足够的测试用例以使判断条件中所有条件的可能取值至少执行一次，所有判定的结果也至少执行一次。条件组合覆盖测试的基本思想是使判断中每个条件的可能值至少出现一次，每个判断的结果也至少出现一次。与条件覆盖测试相比，它并不是简单地提出“真”与“假”两种结果，而是使这些结果的组合至少都出现一次。上述覆盖方法并不是每一次都要用全，可以根据实际情况选择某一种覆盖方法。

5. 基本路径测试

基本路径测试法是在信息系统控制流图的基础上，通过分析控制结构的环路复杂性，导出基本可执行路径集合，进而设计测试用例的方法。设计出的测试用例要保证在测试中程序的语句覆盖 100%，条件覆盖 100%。顾名思义，路径覆盖是设计测试用例可以覆盖程序中的所有可能执行的路径。例如，某 C 语言函数用基本路径测试法进行测试过程如下：

```
0  void Sort(int iRecordNum, int iType)
1  {
2    int x=0;
3    int y=0;
4    while(iRecordNum>0)
5    {
6       if(iType ==0)
7       {x=y+2; break;}
8       else
9          if(iType==1)
10         {x=y+10;break;}
11         else
12         {x=y+20;break;}
13      }
14   }
```

设计测试用例如下：

（1）输入数据：iRecordNum=0 或者取 iRecordNum<0 的某一个值，预期结果：x=0。

（2）输入数据：iRecordNum=1，iType=0，预期结果：x=2。

（3）输入数据：iRecordNum=1，iType=1，预期结果：x=10。

（4）输入数据：iRecordNum=1，iType<0 或 iType>1，预期结果：x=20。

（三）基于黑盒的功能测评

黑盒测试又称为数据驱动测试或者基于规格说明的测试，是在已知信息系统所应具有的全部功能情况下，通过测试检验信息系统的每个功能是否能够正常使用。黑盒测试将信息系统视为一个不能打开的盒子，测试人员只能基于信息系统的界面测试其功能。由于黑盒测试不考虑信息系统的内部结构和逻辑特性，只关心信息系统的功能实现，因此许多高层的测试（如系统测试、验收测试等）都采用黑盒测试。目前，黑盒测试方法主要有等价类划分法、边界值分析法、因果图法和错误推测法。

1. 等价类划分法

等价类划分法是一种典型的黑盒测试方法。它将信息系统所有可能的数据输入划分为若干个等价类，然后从每个类中选取具有代表性的数据充当测试用例。测试用例由有效等价类和无效等价类的代表性数据组成，从而保证测试用例的典型性和完整性。使用该方法设计测试用例时，有两个主要步骤：

（1）确定等价类。等价类是信息系统输入数据的一个集合，该集合中的任一元素对于揭露信息系统的错误而言是等价的，即当该集合中的一个元素测试信息系统时，发现不了某类功能上的错误，则其他元素测试该信息系统也发现不了该类错误。确定等价类是将每一个输入条件划分为有效等价类和无效等价类。有效等价类是指信息系统规格说明书中规定的、合理的、有意义的输入数据。通过输入有效等价类中的数据，可以测试信息系统是否实现了规格说明书中预先规定的功能和性能。无效等价类是有效等价类的补集，是指信息系统规格说明书中没有规定的、无意义的、不合理的输入数据集合。

（2）生成测试用例。生成测试用例的过程如下：①为每一个等价类设置唯一的编号；②设计新的测试用例，尽可能覆盖尚未被覆盖的有效等价类，直至所有的有效等价类被测试用例覆盖；③设计新的测试用例，覆盖一个尚未被覆盖的无效等价类，直至所有的无效等价类被测试用例覆盖。

2. 边界值分析法

边界值分析法是对信息系统输入/输出边界值进行测试的一种黑盒测试方法。测试实践证明，考虑边界条件的测试用例比没有考虑边界条件的测试用例具有更高的测试回报率。这里所说的“边界条件”是指输入和输出等价类中超过边界、恰好处于边界或在边界以下的状态。利用边界值分析法设计测试用例的原则如下：

（1）如果输入条件规定了值的范围，则应针对范围的边界设计有效等价类测试用例，针对恰好越界的情况设计无效等价类测试用例。

（2）如果输入条件规定了输入值的数量（包括个数、时间），则应对该数量的最大值、最小值及比最大值小 1、比最小值大 1 的情况分别设计有效的输入测试用例。

（3）如果信息系统使用了一个内部数据结构，则应为该内部数据结构的边界值设计测试用例。

（4）如果信息系统的规格说明给出的输入域或输出域是有序集合，则应该取集合的第一个元素和最后一个元素设计测试用例。

3. 因果图法

因果图法是一种较常用的黑盒测试方法。因果图是一种被简化的逻辑图，能够直观地表明输入条件和输出动作之间的因果关系，帮助测试人员将注意力集中到与信息系统功能有关的输入组合上。因果图法是一种适合描述多个输入条件组合的测试方法，适合于检查信息系统输入条件的各种组合情况。根据输入条件的约束关系和输出条件的因果关系，分析输入条件的各种组合情况，从而设计测试用例。利用因果图法设计测试用例的步骤如下：

（1）将规格说明分解为可执行片段。该步骤必不可少，因为因果图不善于处理较大的规格说明。

（2）分析并确定可执行片段中哪些是“原因”，哪些是“结果”。“原因”是指输入条件或者输入条件的等价类，“结果”是指输出条件。

（3）为每一个“原因”和“结果”赋予唯一的标号，并根据规格说明书的描述画出因果图。

（4）通过跟踪因果图的状态变化，将因果图转换成一个有限项的判定表，判定表中的每一列代表一个测试用例。

4. 错误推测法

错误推测法是基于经验和直觉，参照以往信息系统出现的缺陷和错误，推测当前信息系统可能存在的缺陷和错误，然后有针对性地设计测试用例。利用错误推测法设计测试用例的基本思想如下：列举信息系统可能出现的错误清单或容易发生错误的情况清单，然后根据清单和已经设计好的测试用例编写特定的测试用例。例如，信息系统中出现的输入数据为“0”或者字符为空是一种易发错误的情况。需要注意的是，在阅读规格说明书时，需要结合程序开发人员所做的假设确定测试用例。测试人员要站在用户的角度考虑输入信息，而不必关心这些信息对于被测信息系统是否为合理的输入。

将上述四个黑盒测试方法进行比较，可以总结其优缺点（见表 2-5）。

表 2-5　　四种黑盒测试方法的优缺点比较

方法	核心	优　点	缺　点
等价类划分法	分类及代表值	通过对输入数据和输出数据进行分类，选用分类中的代表值，在保证测试覆盖的情况下大大减少测试用例的数量，使测试工作简单、高效	若无清晰的需求分类，可能造成覆盖泄露
边界值分析法	边界值和边界两侧的邻值	大量的信息系统错误往往发生在输入的边界上，考虑了边界值的测试用例能更高效地发现信息系统中的错误和缺陷	目的性过强，导致其只能完成一部分测试，单独使用时，整体覆盖率得不到保证
因果图法	测试元素逻辑关系图，即因果图	善于处理逻辑事务的测试目标，协助用例设计人员搭建用例整体框架，实现从上至下的用例设计理念	适用范围有限制，需结合其他方法才能得到最终用例
错误推测法	测试人员的经验和敏锐性	测试人员依据已有的测试经验，针对正在被测试的信息系统设计有针对性的测试用例，能够发现系统不易被发现的潜在错误和缺陷	该方法依赖于测试人员的测试经验和测试的敏锐性，没有通用的可以遵循的规则

上述方法都可以提供一组具体而有用的测试用例，但是都不能单独提供完备的综合测试用例集。针对该问题，结合实际工作的经验，可以采用以下测试策略：

（1）测试用例的设计方法不是互斥的，也不存在相互取代的关系，具体到每个测试项目需要综合运用多种方法。

（2）首先进行等价类划分，包括输入条件和输出条件的等价划分，将无限测试变成有限测试，这是减少工作量和提高测试效率最有效的方法。

（3）如果信息系统的规格说明书中含有输入条件的组合情况，应考虑使用因果图法补充测试用例。

（4）在任何情况下都应该使用边界值分析法。需要注意的是，边界值分析可以产生一系列补充的测试因子，但是多数甚至全部因子可以被整合到因果图分析中。该方法设计出来的测试用例对发现信息系统中的错误非常高效。

（5）可以使用错误推测法追加一些测试用例，这需要测试人员的智慧和经验。

（6）对照信息系统逻辑，检查已设计的测试用例的逻辑覆盖程度。如果没有达到要求的覆盖标准，则应增加足够数量的测试用例，以使覆盖准则得到满足。

（7）无论采用何种方法，必须确保测试用例的正确性，在此基础上考虑测试点的组合测试，减少测试用例数量，提高测试效率。

总体而言，白盒测试是对信息系统内部工作过程的细致检查，允许测试人员利用信息系统内部的逻辑结构和相关信息设计或选择测试用例，以测试信息系统的所有逻辑路径。通过检查信息系统不同测试点的状态，确定实际状态是否与预期状态一致。白盒测试一般选择可以有效揭露缺陷的最少路径进行测试，所以如何设计测试用例是该方法的关键。黑盒测试则着眼于信息系统的外部结构，不考虑信息系统的逻辑结构和内部特性，仅依据需求规格说明书检查信息系统的功能是否符合要求。用黑盒测试发现信息系统中的缺陷，必须在所有可能的输入条件和输出条件中确定测试数据，检查信息系统是否都能产生正确的输出。白盒测试与黑盒测试不能相互替代，而应相互补充，在测试的不同阶段为发现不同类型的缺陷而灵活选用。

随着信息系统功能测试要求的不断提高，研究人员在分析黑盒测试和白盒测试优缺点的基础上，提出了一种新的功能测试方法——灰盒测试。灰盒测试是介于上述两种测试之间的一种测试，可以理解为灰盒测试既关注输出对于输入的正确性，又关注信息系统的内部表现，但是这种关注不如白盒测试详尽，只是通过一些表征性的现象、事件和标志判断信息系统内部的运行状态。有时虽然输出是正确的，但是内部存在错误。如果每次都采用白盒测试，测试效率会比较低，此时可以采用灰盒测试方法。灰盒测试结合白盒测试和黑盒测试的要素，考虑用户端、特定系统知识和操作环境，基于系统组件的协同性评价信息系统的设计。灰盒测试由方法和工具组成，这些方法和工具取决于信息系统的内部知识及与之交互的环境，能够提高黑盒测试的错误发现概率和白盒测试的测试效率。

四、功能测评常用的测试工具

测试工具是实现信息系统测试的一种重要手段，对于多数信息系统测试是必不可少的。目前，测试工具种类繁多，应该综合考虑实际情况，选择合适的测试工具开展信息系统的功能测试，只有这样才能充分发挥测试工具的作用，提高信息系统测试的质量与效率。

结合测试方法的分类和测试工具的现状，可以将测试工具分为白盒测试工具、黑盒测试工具、专用测试工具、测试管理工具和测试辅助工具等若干类。

1. 白盒测试工具

白盒测试工具主要针对源代码进行测试，发现的缺陷可以定位至代码级。根据测试工具原理的不同，白盒测试工具可以分为静态测试工具和动态测试工具。静态测试工具直接对源代码进行语法扫描，生成信息系统的调用关系图，不需要编译、链接和执行源代码，然后根据某种质量模型评价源代码的质量，找出不符合编码规范的地方。静态测试工具的有 Telelogic 公司的 Logiscope、PR 公司的 PRQA、Macabe 公司的 Macabe 等。其中，Logiscope 是支持嵌入式操作系统和 MISRA 的白盒测试工具包，内置标准的编码规则，可以测试 C/C++、Ada 和 Java 等语言编写的源代码的语句覆盖率和分支覆盖率。动态测试工具通过向源代码生成的可执行文件中插桩监测代码，以统计信息系统运行时的数据。动态测试工具与静态测试工具的最大不同是需要运行信息系统。动态测试工具的代表有 Compuware 公司的 DevPartner、Rational 公司的 Purify、Numega 测试工具中的 BounceChecker 等。其中，

Purify 能够自动定位内存相关错误，包括数组越界检测、非法指针操作、未初始化内存访问、内存分配错误及内存泄漏等，并在错误发生之前进行修正。

2. 黑盒测试工具

黑盒测试工具的主要原理是利用脚本录制和回放模拟用户的操作，然后记录信息系统的输出并与预先给定的结果进行比较，可以大大减轻黑盒测试的工作量，以及在迭代开发过程中进行回归测试。黑盒测试工具包括用于功能测评的测试工具和用于系统测评的测试工具，可用于功能测评的测试的工具有 IBM Rational 的 TeamTest 和 Robot、Compuware 公司的 QACenter、MI 公司的 WinRunner 等，可用于系统测试的工具有 MI 公司的 LoadRunner、IBM 公司的 Rational Quantify、Radview 公司的 WebLoad、Microsoft 公司的 WebStress 等工具。

3. 专用测试工具

专用测试工具是用于某一专门应用领域或某些特殊用途的测试工具，例如，针对 Web 应用的 Work-Bench、Web Application Stress Tool、MI 公司的 Astra 系列，针对数据库的测试工具 TestBytes 及针对嵌入式系统的测试工具 Test RealTime、CodeTest 等。TestBytes 用于自动生成测试数据，通过单击式操作确定需要生成的数据类型（包括特殊字符的定制），并通过与数据库的连接自动生成数百万行正确的测试数据，可以提高数据库开发人员、质量保证测试人员、数据仓库开发人员、应用开发人员的工作效率。

4. 测试管理工具

测试管理工具主要用于对测试计划、测试用例、测试实施及测试所发现的缺陷进行跟踪和管理。测试管理工具的代表有 MI 公司的 TestDirector、Rational 公司的 TestManager、Compureware 公司的 QADirector、TrackRecord 等。其中，TestDirector 是 MI 公司的一个用于规范日常测试工作、集中实施、分布式使用的测试项目专业管理平台。它能够管理不同开发人员、测试人员和管理人员之间的沟通协调、项目管理和进度追踪，具有测试需求管理、制订测试计划、安排和执行测试、缺陷管理、用户权限管理、项目信息管理及分布式访问等功能。

5. 测试辅助工具

测试辅助工具与测试过程相关，主要帮助测试人员更加有效地开展测试。例如，SmartDraw 用于绘制用户社区建模语言（user community modeling language，UCML）应用框架，进行负载压力测试需求分析，有助于测试前的准备工作；SDemo 将测试过程中的操作录制成可执行文件并进行回放，可以避免一些偶尔出现的错误。

第二节　信息系统性能测评

信息系统的性能测评是以信息系统的性能为研究对象，以提高信息系统的性能为主要任务。通常，信息系统的性能包括两个方面：①可靠性或可用性，即信息系统能够正常工作的时间或概率；②在正常工作的情况下，信息系统的处理能力或效率。信息系统的可靠性或可用性、处理能力或效率可以通过一些性能指标表现。为了判断一个信息系统的性能优劣，首先需要选择合适的性能指标，然后采用一些方法获取这些性能指标的具体数据，最后通过分析性能指标数据评价信息系统的性能表现。

一、性能测评的指标体系

随着信息系统的规模不断扩大和功能日益复杂，性能问题更加受到用户的重视。这就要求开发人员必须在系统发布之前能够掌握信息系统的关键性能属性，在系统发布之后能够监测信息系统的整体性能表现。性能指标是了解信息系统性能表现的参数表征，是进行信息系统性能测评的基础。下面介绍信息系统性能测评的主要指标（包括性能指标和可用性指标）及各种指标的具体含义和计算方法，建立相应的指标体系。

（一）信息系统的性能指标

性能指标是设计、构建和测试信息系统的重要依据，也是不同信息系统之间进行性能评价和比较的标准体系。在测评信息系统的性能时，通常会定义一系列的参数描述信息系统的静态性能数据或动态性能表现，使开发人员和用户对信息系统的局部性能、整体性能及所能提供的服务能力有客观、全面的了解。这些经过严格定义的描述参数通常称为性能指标。信息系统性能指标的选取会对测评结果产生很大的影响，同时，指标设定是否科学也会影响测评工作能否有效地进行。因此，建立一套科学、合理和可行的性能指标体系非常重要。建立信息系统的性能指标体系时，应遵循以下四项原则：

（1）完备性原则：选取的指标应该比较全面，能够有效地反映信息系统性能的基本特征，覆盖设计人员、最终用户和服务对象三方所关心的内容和问题，满足不同群体对性能状况的关注要求。

（2）独立性原则：选取的指标应尽可能减少相互之间的关联性，减少干扰性，降低冗余度。

（3）代表性原则：选取的指标应能反映信息系统的某类性能特性，在反映该类特性的众多指标中具有代表意义。

（4）可测性原则：设定量化指标时，其含义应该明确且具有现实统计意义，便于定量分析。选取的指标应能客观测量获得，而不是主管分析判断的结果。

在不同的性能研究领域，测评的重点不同，测评的指标也是多种多样的。根据上述原则，对信息系统的性能指标进行归纳和总结，可分为以下三类：①定性指标和定量指标；②宏观指标和微观指标；③静态指标和动态指标。定性指标通常是指描述信息系统性能所涉及的若干概括性指标，如从可扩充性、正确性、易用性和界面友好性等方面对信息系统进行测评，测评的结果可以是好或坏、高或低等。定性指标对信息系统的性能测评虽然不可缺少，但不提供量化参考，因此一般不过多考虑。定量指标是针对信息系统或其中组成部分的某一具体特性的指标，可以通过专门的测评程序或工具获得一些量化数据，具有实际可测性，能够为性能测评的科学性和可操作性提供保证，并对信息系统的设计和改进提供反馈信息。对信息系统的性能进行测评时，所选取的指标多为定量指标。宏观指标是指对信息系统整体性能的测评描述指标，微观指标是针对信息系统中某个部件或某种资源性能表现的测评描述指标。静态指标是关于信息系统结构特性的指标，能够反映信息系统的构成状态，描述信息系统的静态特性，并刻画信息系统中各要素在不同组织结构下对性能的影响。动态指标是关于信息系统行为特性的指标，着眼于信息系统的动态行为，描述信息系统在运行过程中所表现出的性能状况，并可以细分为面向系统的动态指标和面向用户的动态指标。其中，面向系统的动态指标主要从系统角度来评价，这些指标可以反映信息系统的一些内在性能并可能不被用户重视；而面向用户的动态指标则是从用户角度来评价，这些指标能够反映用户最为关心的性能问题，与用户的使用体验密切相关。但是，由于信息系统行为特性是在运行过程中表现出来的性能指标，从面向系统和面向用户的角度进行信息系统动态性能指标的划分只是一个粗略的划分，两者是相互交叉、相辅相成、密不可分的。因此，动态特性评价指标体系应该覆盖上述两个方面的指标，以便对信息系统动态行为进行全面正确的分析评价。根据信息系统固有的一些特性，可以总结信息系统的主要性能测评指标体系如图 2-6 所示。

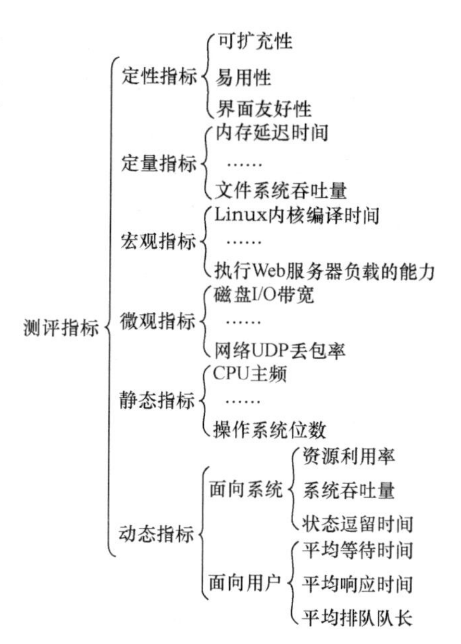

图 2-6　信息系统的性能测评指标体系

在上述分类中，有些分类方式是对应的，如定性指标和宏观指标、定量指标和微观指标在一定程度上是相近的；而有些具体指标在各个分类标准中又是相互交叉的，根据不同的分类方式可以归入多个分类标准中。例如，有些性能指标既可以被归类为宏观指标，又可以被归类为动态指标。下面列举一些常见的宏观测评指标：

（1）正确性（correctness）：运行的正确性是第一位的，运行结果出错的信息系统是没有应用前景的。正确性一般不作专门测试评价，任何一个信息系统在上线前都应该保证系统运行的正确性，有重大缺陷的信息系统不在性能测评的范畴。

（2）可扩充性（dilation）：主要是指信息系统规模和服务的扩展能力，通常是指信息系统所能支持的工作负载容量及可以运行的服务质量。

（3）易用性（easy to use）：是指在指定条件下使用时，信息系统容易被理解、学习、使用和吸引用户的能力。易用性高意味着信息系统对用户来说易于学习和使用、使用的满意度高等。信息系统易用性高，可能是因为功能较少、界面简单。具有相同功能、界面和环境的同一信息系统，对不同用户而言，易用性可能不同，因为用户的认知能力、知识背景和使用经验等都不同。

常见的微观测评指标有以下六种：

（1）CPU：针对 CPU 的性能，测量的指标主要有 CPU 的计算能力、利用率等。CPU 的计算能力通常用平均运算速度描述，即每秒钟所能执行的指令条数，一般用“百万条指令/秒”（MIPS）表示。另外，CPU 还可以用时钟频率（主频）等静态指标描述，微型计算机多采用主频描述运算速度。一般来说，主频越高，运算速度越快。

（2）内存：针对内存的性能，测量的指标主要有内存的峰值带宽、读取延迟时间、随机读取速度和利用率等。对于内存，也有一些静态指标，包括内存的主频、容量等。

（3）文件系统：主要是指测量文件系统的响应时间、吞吐量及 I/O 读写带宽、时间延迟等指标。文件系统的性能测量通常还会涉及缓存、内存和硬盘的硬件特性。

（4）2D/3D 图形性能：主要是指信息系统中图形加速器的性能指标，包括图形加速器的缓存、图形加速器和处理器之间传递信息的总线带宽等参数。

（5）I/O 设备：主要是指测量信息系统中 I/O 设备的读写速率、吞吐量和利用率等性能指标。I/O 设备的性能测量也会涉及缓存、内存和硬盘的硬件特性。

（6）网络设备：描述网络设备性能的指标有很多，如连通性、单向延迟、往返延迟、时延变化、丢帧率、路径利用率、网络吞吐量、流量突发性、网络带宽和最大并发连接数（maximum number of concurrent connections）等。在测量信息系统中网络设备的性能时，可能会偏重考虑某些指标，如单向延迟、往返延迟、时延变化、网络吞吐量和网络带宽等；而有一些指标则不需要考虑，如连通性。

另外，对于信息系统的整体性能描述，还存在一些其他方面的指标，如每时钟周期完成指令数（instructions completed per cycle）、每秒分配对象数（object allocations per second）及事务处理中的失败事务数（transaction abortions per transaction completed）等。这些指标侧重于对信息系统加载实际工作负载后，系统相关应用性能的描述。

（二）信息系统的可用性指标

在测评一个信息系统的性能时，可用性程度也是一个很重要的指标。为了能对可用性程度进行形式化描述，需要用数值表示对可用性程度的要求。因此，需要一种能够衡量信息系统可用性程度的标准。借助于这套标准，既可以根据历史数据计算信息系统之前的可用性程度，又可以预测信息系统将来的可用性程度。信息系统的可用性程度一般是指一段时间内信息系统处于正常状态的时间百分比，可以从可靠性（reliability）和可维护性（Maintainability）两个方面加以衡量。以往的研究用平均故障前时间（Mean Time to Failures，MTTF）衡量系统的可靠性，用平均维修时间（mean time to repair，MTTR）衡量系统的可维护性。因此，可用性可以被定义为 MTTF÷（MTTF+MTTR）×100%。

根据对信息系统停机时间的不同要求，可用性可以分为以下三个类型。

（1）高可用：信息系统或应用程序在规定的运行时间内保证无计划外停机时间，但允许有定期的停机检修。

（2）不间断运行：信息系统或应用程序保证每天 24 小时、每周 7 天均处于运行状态，并且没有任何停机安排，同时要求检修时不停机。

（3）不间断可用：信息系统或应用程序保证每天 24 小时、每周 7 天均处于运行状态，并且没有任何停机安排或计划外停机时间。

产业界通常用表 2-6 所示的“9”的个数划分信息系统可用性的类型，表 2-6 中列出了可用性等级与信息系统停机时间之间的对应关系。

表 2-6　　信息系统可用性的分类

可用性分类	可用性水平（%）	每月停机时间	每年停机时间
容错可用性	99.999 9	<5s	<1min
极高可用性	99.999	00:00:26	00:05:15
具有故障自动恢复能力的可用性	99.99	00:04:23	00:52:36
高可用性	99.9	00:43:50	08:45:57
商品可用性	99	07:18:17	87:39:30

表 2-6 将重要性不同的信息系统按照其可用性需求的高低划分成五个级别。可用性需求级别越高，信息系统失效对用户的影响程度越大，所需的容错保护机制要求越高，系统开销越大，停机时间越短。目前，常见的一些可用性指标如下：

（1）可靠性（reliability）：如果信息系统自身都运行不可靠、稳定性差，将直接导致用户业务应用工作不正常或不稳定。可以通过设计一些工作负载对信息系统进行压力测试，以测试信息系统的可靠性。

（2）下线时间（downtime）：该指标反映信息系统可用性，主要是指系统死机、发生意外情况等因素所造成的信息系统不可访问的时间，因此也称为死机时间。

（3）上线时间（uptime）：类似于下线时间，该指标也反映系统可用性。通常是指信息系统能够正常工作的时间总数，可以是能够持续工作的时间长短，如平均无故障时间；也可以是在一段时间内，能够正常工作的时间所占的百分比。

二、信息系统的性能测评方法

信息系统的性能测评方法主要有三种：测量方法、分析方法和模拟方法。测量方法通过执行由不同负载组成的测试程序测评信息系统的处理能力，比较著名的测试程序有SPEC、LINPACK、TPC 和 NAS 等；分析方法通过建立信息系统的数学模型，在给定输入条件下利用模型计算并评价信息系统的性能，当前主流的分析模型有排队网络、Markov 模型、随机 Petri 网、随机进程代数等；模拟方法通过建立信息系统和工作负载的仿真程序模拟被测信息系统以了解其性能特性，一般可以采用专门的模拟语言描述信息系统。

（一）信息系统的性能测量

可用于信息系统性能测量的方法主要有芯片内性能计数器监控（on-chip performance counter monitoring）、芯片外硬件监控（off-chip hardware monitoring）、基准测试（benchmarking）、软件监控（software monitoring）、分析与跟踪（profiling and tracing）等。

1. 芯片内性能计数器监控

性能计数器（performance counter）又称为性能监控计数器（performance monitor counter）、硬件性能计数器（hardware performance counter）或硬件计数器（hardware counter）。实际上，它们是 CPU 内部的一组特殊寄存器，在 CPU 执行指令的过程中，负责对 CPU 内部某些硬件相关的特定动作进行计数。通过扩展外部调试接口、设立时间断点等访问手段，可以很容易地获得 CPU 的性能参数（如 CPU 中各单元的使用次数）。表 2-7 列出了一些代表性的 CPU 及其性能计数器的数目。

表 2-7　　几种常见 CPU 中的性能计数器数目

CPU 类型	可用的性能计数器数目	CPU 类型	可用的性能计数器数目
UltraSparc II	2	IA-64	4
Pentium III	2	POWER4	8
AMD Athlon	4	Pentium Ⅳ	18

随着多核技术的发展，芯片内性能计数器的作用变得更加不可忽视。通过访问特定控制寄存器，芯片内性能计数器能够采集 CPU 执行负载时内部发生的各种硬件事件，如时钟周期计数、提交的指令数、被解码的指令数、完成的指令数、各级 Cache 的缺失次数、分支预测失效次数等。目前，各大 CPU 厂商均在自己的多核 CPU 中增加了相应的性能计数器。例如 Intel 公司的 Pentium III 和 Pentium IV、IBM 公司的 POWER4 和 POWER5、AMD 公司的 Athlon、Compaq 公司的 Alpha 和 SUN 公司的 UltraSPARC 等均提供芯片内性能计数器。大多数的 CPU 拥有几十甚至上百种硬件事件，但是通常只有几个或十几个性能计数

器。例如，Pentium IV 拥有 45 种硬件事件和 18 个性能计数器，酷睿架构 CPU 拥有 100 多种硬件事件，但是每个内核只有两个性能计数器。不同 CPU 的内部硬件事件不同，但是这些硬件事件都用于反映 CPU 内各部件的工作情况。CPU 的每个性能计数器都对应一个选择寄存器，两者成对出现，可以通过修改选择寄存器的值设定性能计数器所记录的硬件事件。表 2-8 列出了大多数酷睿架构 CPU 所拥有的部分硬件事件。

表 2-8　　Intel 酷睿架构 CPU 的部分硬件事件

硬件事件名称	说明	硬件事件名称	说明
Cycles	时钟周期	Branches Miss Predicts	未命中的预测分指数
Load Instructions	有效 Load 指令数	TLB Misses	传输缓冲的未命中数
Store Instructions	有效 Store 指令数	Total Cache Misses	内部 Cache 的未命中数
L1 Misses	L1 Cache 失败数	Float Instructions	浮点数指令数
L2 Misses	L2 Cache 失败数	Request Shared Cache Line	申请共享 Cache 线次数

芯片内性能计数器克服了模拟器的一个严重限制，即模拟器不能运行复杂的工作负载。但是需要注意，性能计数器占用芯片内资源，如果实现不精确，它们会影响 CPU 的时钟周期时间。

2. 芯片外硬件监控

在 Intel 处理器中，可监测的硬件事件被分成两类：一类是结构化事件，这些事件在不同系列 CPU 之间相互兼容（编号及编程方式相同）；另一类是非结构化事件，这些事件依赖于 CPU 的具体型号，不同系列 CPU 之间可能不兼容。结构化事件又称为固定功能事件，具有固定的事件编号，并且与对应的性能计数器绑定。CPU 之间兼容的结构化事件数目不多，但它们是经常用到的一些事件，如时钟周期、完成指令、末级缓存性能和分支预测性能等相关事件。非结构化事件又称为可编程事件，这些事件的编号在不同系列 CPU 之间不同，可以使用的性能计数器不再绑定。非结构化事件占据 CPU 可监测事件的绝大多数，包括总线性能、预取性能、计算单元性能等事件。在任务调度系统中，通常需要对多个性能事件进行监测，使 CPU 内部的性能计数器明显不够用。为了缓解 CPU 内部性能计数器数量不够用的情况，可以通过附加芯片外硬件实现性能数据的硬件插桩，即芯片外硬件监控方式。AMD 公司提供了这种方式以下两个实例：

（1）速度跟踪器（speed tracer）。AMD 公司开发了一个硬件跟踪平台帮助设计自己的 x86 微处理器。当跟踪应用程序的执行过程时，跟踪器在每条指令边界处产生中断。每次中断都将捕获 CPU 状态并存储跟踪日志到独立控制机上，跟踪日志包含 CPU 执行的每条指令的相关信息。除应用程序外，还可以跟踪操作系统的活动。但是当中断过于频繁时，这种跟踪方式可能会降低 CPU 的性能。因此，需要合理地设定跟踪器的中断频率。

（2）逻辑分析器（logic analyzer）。使用 Tektronix TLA700 逻辑分析器可以分析基于 AMD-K6-2 的计算机系统的 3D 图形负载。由于跟踪日志文件的大小受到限制，逻辑分析器只用来分析应用程序的最重要部分，而其他的粗粒度分析是通过性能监控计数器和软件插桩实现的。

3. 软件监控

软件监控通常利用原型或实际信息系统中，诸如自陷和断点指令之类的体系结构特点加以实现。Digital（今天的 Compaq）公司的 VAX 处理器有一个 T 位，能在每条指令完成后抛出一个异常。Digital 公司使用微码插桩技术获取 VAX 和 Alpha 体系结构的跟踪日志。该公司在 20 世纪 80 年代后期和 90 年代初期广泛使用的 ATUM 工具采用了微码插桩技术。微码插桩是一种介于使用硬件中断（自陷指令）和软件自陷之间的捕捉每条指令信息的技术，跟踪程序必须修改 VAX 的微代码以记录内存预留区内的所有指令和数据引用。不同于其他软件监控工具，ATUM 工具能够跟踪包括操作系统在内的所有进程，但是这种跟踪具有一定的侵入性。微码插桩与现代芯片内硬件监控技术的一个区别是微码插桩记录指令流而非性能数据。在芯片内硬件监控性能计数器出现之前，软件监控是一种重要的性能测量方法，易于实现，但是只能处理用户活动并且可能会降低信息系统的性能，因为处理异常、切换到数据收集进程和进行必要的跟踪都会降低信息系统的性能。开发一个能够监测信息系统活动的软件监控程序是非常困难的。

4. 分析与跟踪

分析与跟踪方法有助于实现应用程序的并行化执行和鉴别应用程序的性能瓶颈。分析方法提供了性能测量的全部统计信息，而跟踪方法更强调性能变化的实时情况，即代码何时和何处达到预期性能。这两种方法面临的一个重大挑战是映射执行过程中收集的性能数据到应用程序源代码的高层并行语言结构。

典型地，分析方法利用事件的发生收集性能数据，在一个事件触发时更新应用程序执行的全部信息。这些信息包括与应用程序相关的 CPU 时间、与语句相关的二级缓存未命中次数、应用程序执行的次数等。统计信息在应用程序执行时维护于运行时间（runtime）中，在应用程序终止时转存到性能文件。分析方法包括基于采样（sampling-based）的分析和基于测量（measuring-based）的分析两种方式。基于采样的分析方式中，通过硬件间隔计时器定期中断执行进行采样，prof 和 gprof 都是基于时间采样的工具，后来使用 CPU 性能计数器代替间隔计时器触发中断以测量硬件事件。基于测量的分析方式中，插桩代码分别在例程入口和出口处被触发。在这些触发点，准确记录时间戳，由计时器和计数器记录的性能数据被更新。TAU 即使用这种方式。TAU 的模块化分析和跟踪工具包支持硬件性能计数器，有选择地分析函数和语句、用户定义事件和线程。

在跟踪方法中，事件采用有序元组表示，包括事件 ID、事件发生的时间戳、事件发生的位置和一个包含事件特定信息的可选字段。跟踪过程具有事件联机/存入（logging）、标注时间戳、跟踪缓冲区分配和跟踪数据输出等操作。跟踪数据文件记录了标有时间戳的事件及事件属性的详细日志，揭示了应用程序执行的实时情况，并允许用户观察何时何地例程切换和用户定义的事件被触发。

基于分析和跟踪方法的性能测试过程包括以下三个阶段：①插桩或修改信息系统源代码；②测量信息系统执行过程中的性能数据；③分析性能数据。在分析和跟踪方法中，共同的阶段是插桩。插桩有助于识别事件触发时正在执行的代码的位置，负责测量信息系统在执行过程中所消耗的资源，并将消耗的资源与对应的信息系统实体（如例程、语句等）关联起来。在插桩阶段中，指令被增加到信息系统源代码中以获取性能数据。如图 2-7 所示，插桩可以在信息系统源代码的编写、编译和执行的任何阶段进行，插桩机制也相应从面向语言演变到面向平台。根据不同插桩方式的特点，经常在插桩工具所能提供的抽象层和代码插桩的难易程度之间有一个平衡选择。

（1）源代码级插桩（source code instrumentation）。源代码级插桩允许开发人员通过编写面向语言的插桩 API，在高层面向领域的抽象和性能工具之间进行通信。源代码级插桩的好处是针对某种语言实现插桩代码后，能够在支持该语言的多个编译器和平台之间进行移植。缺点是插桩代码不能应用于其他语言中，并会对指令和数据缓存、编译器优化效果产生影响，产生插桩库调用的运行时开支。源代码级插桩代码可以手动或自动插入。但是，在源代码中手动增加插桩代码可能引入插桩错误，通常采用预处理器方式加以克服。预处理器被实现为一个源到源的转换，该转换典型地扩展了头文件并在编译过程中进行宏替换。针对 C++、C 和 Fortran90 的 PDT、Fortran 和 C++的 Sage++、C 和 Fortran 的 SUIF 等工具都能解析信息系统源代码，并提供一个面向对象的类库访问表示解析中间形式的数据结构。

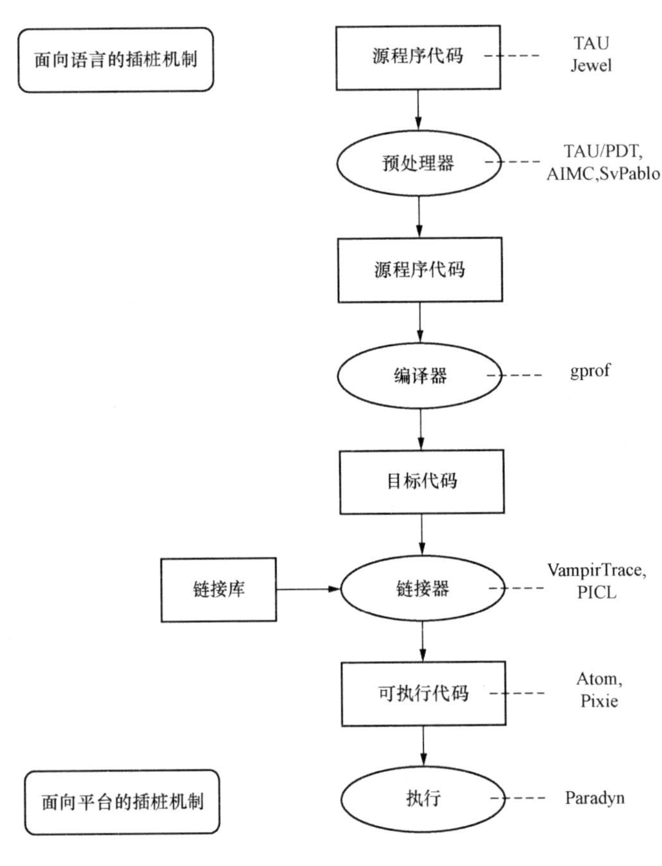

图 2-7　各个阶段的插桩方式及工具

（2）类库层插桩（library level instrumentation）。封装器插入库提供了一种方便的机制增加插桩调用到类库中。消息传递接口（message passing interface，MPI）的分析接口允许工具开发者以一种方便的方式与 MPI 调用建立接口，并且不需要修改信息系统源代码或访问类库实现中的私有源代码。OpenMP 中的 POMP 接口提供了一种性能 API 插桩 OpenMP 代码，该代码可以跨越多个编译器和平台进行移植。通过被定义为类库 API，POMP 接口为性能测评人员展示了 OpenMP 的相关执行事件（如串行、并行和同步事件），并将 OpenMP 环境描述信息传递到面向领域信息的性能接口库。

（3）二进制插桩（binary instrumentation）。可执行映像文件能够借助二进制代码重写技术实现插桩。Pixie、ATOM、EEL 和 PAT 等系统都包含一个对象代码插桩器以使用增加的插桩代码解析和重写可执行文件。二进制插桩的优点是不需要重新编译二进制程序，而且重写二进制文件在多数情况下独立于程序语言。另外，在不需要任何修改的情况下，以生成原始程序的方式生成插桩后的并行程序可执行文件是可能的，这点与动态插桩方式不同。

（4）动态插桩（dynamic instrumentation）。动态插桩是一种运行时代码补丁机制，在应用程序执行过程中修改代码。DyninstAPI 提供了适合于性能插桩的低开销接口，存取器（mutator）工具使用 DyninstAPI 在不重新编译、链接和启动应用程序的情况下向应用程序插入代码片段，并生成相应的可执行文件，被插入代码的程序称为受控程序（mutatee）。通过允许在运行时添加或删除插桩代码，动态插桩方式克服了二进制插桩方式的一些限制。动态插桩的缺点是接口需要了解多种对象文件格式、二进制接口（32/64 位）、操作系统特性和编译器特定信息等。当新的计算平台和多线程程序开发环境出现时，维护交叉语言、交叉平台、交叉文件格式和交叉二进制接口的可移植性是很困难的任务。

5. 基准测试

信息系统的性能测量是一个标准化的过程，一般采用基准测试程序（benchmark）进行，其基本思想是以某个信息系统的性能作为参照测评其他信息系统的性能。基准测试作为一种测评方法，着眼点是测试结果的可比性，即按照统一的测试规范对信息系统进行测试，以获得具有可比性并可再现的测试结果。基准测试根据被测对象的不同，可以分为两类：组件测试和系统测试。组件测试是指测试的重点为信息系统的某一部件或某一子系统，如 CPU、内存、磁盘、总线、文件系统、网络设备等。系统测试则是对整个计算机或信息系统进行测试。在系统测试中，使用的基准测试程序不同，相应的测试作用和度量指标也不同。另外，信息系统的任何部分都可能对基准测试结果产生影响，特别是硬件配置、操作系统、编译器和数据库管理系统等因素。使用不同的基准测试程序评价同一信息系统时，可能会出现不一致的测试结果。在进行同类信息系统比较时，可能出现差异较大的结果。造成这一现象的原因复杂，但主要原因是所有的基准测试程序有各自的侧重点，想要揭示的信息系统瓶颈存在差异。

（1）基准测试程序的起源。基准测试程序发展了 40 多年，许多组织和个人仍在从事这方面的研究与开发。基准测试程序的产生背景不同，测试目的也不尽相同，归纳起来有以下来源：

1）权威组织开发的基准测试程序。它们的测试规范、测试程序、测试参数和测试报告全部公开，如 SPEC、Linpack 和 TPC 等基准测试程序。

2）媒体机构开发的基准测试程序。由媒体机构建立测试实验室组织测试。测试对象一般是大众电子类产品，测试规范和测试程序不一定由测试机构开发，测试结果发布在媒体的专栏上，如 PC Magazine 采用 Futuremark3D Mark05 测试图像和声音处理的性能，采用 NetIQ Chariot 测试 VoIP 的性能。

3）研究机构开发的测试程序。这种测试结果不会由权威机构予以确认，测试程序可以免费得到，如 Wisconsin 大学开发的非常有影响力的 Wisconsin Benchmark，先由 Sun 公司后来由 SGI 公司支持的 LMbench，IOzone 组织开发的文件系统测试程序集 IOzone Filesystem Benchmark 等。

4）开源项目开发的测试程序。例如，开源数据库基准测试程序（Open Source Database Benchmark，OSDB）。

5）专业咨询公司开发的测试规范或测试程序。这类测试以盈利为目的，如 Doculabs Web 服务基准测试程序。

6）IT 厂商自行开发的测试规范或测试程序。例如，NC&AC 的磁盘基准测试系列工具集。

（2）基准测试规范的共性。虽然信息系统的测试规范众多，复杂程度也存在很大差别，但是这些测试规范仍然表现出以下共性：

1）测试规范一般公开，包括测试目的、测试模型描述、测试环境配置要求、测量指标定义和测试方法、测试结果发布方式等内容。

2）一般提供测试程序和测试数据两个部分。其中，测试程序部分可能是可执行程序或源程序，测试数据可以由测试程序生成或者直接提供测试数据。

3）提供测量指标的测试或计算方法的详细说明。测量指标要求在不同的被测系统间具有可比性。测量指标可能很简单，如数据传输率；也可能很复杂，要求多个指标同时满足规范的要求。

4）测试结果能够重现。在相同的测试环境下，可以重现测试结果。

5）测试结果可以公开。一个基准测试程序的测试结果是否公开取决于测试目的，公开程度一般应达到按公开的测试方法可再现测试结果的要求。

（二）信息系统的性能分析

性能分析是指通过建立信息系统的抽象模型代替实际系统，然后运用数学理论描述和分析信息系统与工作负载之间性能关系的一种方法。为了使信息系统的抽象模型在数学上可解，往往需要对信息系统进行简化和抽象，因此这种抽象模型刻画实际系统时会有一定的偏差。例如，在抽象模型中，考虑时间分布规律时通常只用指数分布函数。由于简化和抽象使分析方法刻画实际系统的详细程度降低，因此得到的性能指标精度也相对粗糙，但是这种方法所花的费用最低。与其他方法比较，分析方法的灵活度最高，可以分析用户实时配置的信息系统，不需要构建和运行实际系统即可测量性能数据。

信息系统的性能分析模型大致包括以下四种：排队网络模型（queuing network models）、马尔科夫链模型（Markov chain models）、Petri 网模型（Petri net models）、随机过程代数模型（stochastic process algebra models）。

1. 排队网络模型

排队网络模型已经成为量化信息系统性能的最普遍和最有效的数学方法。排队网络模型是传统排队论的延伸，是专门用来建立信息系统抽象模型的一种工具。作为一种分析模型，相对其他性能测评方法，排队网络模型能在准确度与效率之间取得很好的平衡，能以较小的代价简捷、快速地获得相对准确的性能测评结果。在排队网络模型中，以服务节点表示各种共享资源，并模拟客户的到达、等待服务、接受服务、最后离开排队系统的全过程。为了构建一个特定的排队网络模型，需要确定以下六个方面的信息：①整个网络中客户到达时间间隔的概率密度函数；②每个服务节点服务时间的概率密度函数；③服务节点数量及其网络结构；④服务节点对应的排队队列容量；⑤网络中客户数量的规模；⑥排队规则。

通常，采用简单的缩写 A/S/m/B/K/SD 描述上述六个方面的信息。一般情况下，队列容量与客户规模是无限的，而排队规则多为先到先服务，所以常简写为 A/S/m/。对于 A、S 的概率分布，常常缩写为以下三种情况：①M——指数分布（Markov，马尔科夫分布）；②D——常数分布（Determinate，具有相同的确定值）；③G——一般分布（General，任意随机分布）。

例如，M/M/1 表示客户到达时间、服务时间遵循指数分布，网络中只有一个服务节点。

根据上述六个方面，可以对排队网络模型进行如下分类：

（1）到达时间：开环网络（open networks）、闭环网络（closed networks）和混合网络（mixed networks）。

（2）服务时间：指数分布（exponent distribution，EXP）、一般分布（General）、常数分布（Determinate）、K-爱尔朗分布（K- the Erlang distribution，Ek）、二项式分布（L）、负载向量（WV）。

（3）服务节点数量和网络结构：单服务员（single-server）、多服务员（multiple-server）、无限多服务员（infinite-server）、圈队列（cyclic-queueing）、中心服务（center-server）、一般服务（general-server）、层次队列（hierarchical-queueing）。

（4）队列容量：有限（finite-capacity）容量、无限容量（infinite-capacity）。

（5）客户规模：单类（single-class）、多类（multiple-class）。

（6）排队规则：先到先服务（first come first served，FCFS）、后到先服务（last come first served，LCFS）、随机选择服务（random selection service）、按优先级服务（priority）、处理器共享（processor share）、状态平衡（state balance）。

许多排队网络模型中，整个网络状态概率可以表示为网络中各个单独队列的状态概率的积的形式。如果仅需信息系统的主要性能参数而不关心具体排队系统的状态概率分布，此时可以使用更加简单的均值分析法（mean value analysis，MVA）进行性能分析。这种方法主要应用于闭环排队网络模型中。基于递归思想对于客户总数为N的排队网络，其响应时间可由 R_K（N）$=S_K[1+Q_K$（N–1）]递归得到，其中，K 为服务节点的标号，R 为响应时间，Q 为队列长度。

2. 马尔科夫链模型

在排队网络模型中，遇到的一个难题是如何由平均到达率和服务完成率计算信息系统的平均驻留作业量，进而利用它得到信息系统作业的响应时间、驻留时间等性能指标。马尔科夫链模型可以准确可靠地解决这一问题。马尔科夫链模型由苏联数学家 Markov 提出，是指具有马尔科夫特性的随机过程模型，特别适用于信息系统的性能测评。马尔科夫特性是指未来的状态只与现状有关，而与历史无关，即无记忆性。在马尔科夫链模型中，信息系统运行的随机过程被表示为一系列系统状态的变化。例如，在排队网络中可以将各个服务节点的客户队列数量作为它的状态 S（n_1，n_2，…，n_m），利用马尔科夫链理论可以计算各种状态出现的概率（平衡状态概率）。借助平衡状态概率，可以立即得到各个服务节点队列客户数量的期望值，从而计算出其他性能参数。

一般来说，马尔科夫链模型可以分为两种：离散时间马尔科夫链模型（discrete time markov Chains，DTMC）和连续时间马尔科夫链模型（continuous time markov chains，CTMC）。在 DTMC 模型中，时间被分割成一个个时钟节拍，状态的转移只能在时钟节拍到达时发生。以离散时间 t_n、t_n 时刻的系统状态 S_n 和 t_n 时刻的随机变量 Y_n 作为参数，则马尔科夫链可以表示为 P（$Y_{n+1}=S_{n+1}|Y_n=S_n$，…，$Y_0=S_0$）$=P$（$Y_{n+1}=S_{n+1}|Y_n=S_n$）。而 CTMC 模型则不同，任意时刻都可发生状态转移。在 CTMC 模型中，各个状态的出现概率可以用一个向量表示，各个状态的转移概率可以用一个矩阵表示。若用 P 表示状态转移矩阵，π 表示平衡状态概率的向量，则有 $\pi P=\pi$ 及 $\pi e=1$，其中，e 为单位向量。在实际中，事件的发生并非同步，而是属于 CTMC 模型范畴。在 CTMC 模型中，由于信息系统状态的转移

随时可能发生，所以需要引入随机变量 τ_i 表示停留在当前状态 i 的状态保持时间，它具有马尔科夫无记忆特性。在统计学中，已经证明无记忆性的连续时间分布一定满足指数分布，所以 $\tau_i \sim \exp(v_i)$。通过计算平衡状态概率，能够得到各个服务节点队列客户数量的期望值，从而获得信息系统的性能。

3. Petri 网模型

Petri 网的概念于 1962 年在 Carl Adam Petri 的博士论文中提出，清华大学教授林闯比较全面地阐述了 Petri 网的概念、特点、分类、简化技术及在性能评价中的应用。最基本的 Petri 网是一个位置变迁图，由一个六元组 $\sum=(S, T, F, K, W, M_0)$ 表示，其中，(S, T, F) 是一个网络，S 元素表示位置，T 元素表示变迁，F 元素表示弧，K 元素是位置容量函数，W 元素是弧权函数，M_0 元素是模型的初始标识。在 Petri 网中，可达树、可达图、关联矩阵及不变量是性能评价过程中的主要概念和技术。最基本的 Petri 网没有时间的概念，只能对信息系统进行定性的分析，而无法进行定量的分析。将 Petri 网的变迁关联一个时间参数之后得到了两种 Petri 网：时间 Petri 网（timed Petri net，TPN）和随机 Petri 网（stochastic Petri net，SPN）。随机 Petri 网的思想得到广泛的应用，其中应用最普遍的随机 Petri 网是连续时间的随机 Petri 网、广义的随机 Petri 网（generalized stochastic Petri net，GSPN）和随机回报网（stochastic reward net，SRN）。无论是 SPN、GSPN，还是 SRN，它们的性能评价过程主要包括以下五个步骤：①给出与信息系统相应的 Petri 网模型；②求出该 Petri 网模型的可达图；③构造该 Petri 网模型所同构的马尔科夫链（Markov chain，MC）或嵌入马尔科夫链（embed Markov chain，EMC）；④基于该 MC 或 EMC 得到稳定状态下的概率矩阵；⑤在稳定概率的基础上对系统的平均响应时间、吞吐量和资源利用率等系统性能进行分析和评价。

到目前为止，Petri 网模型在多处理器系统、并发系统和调度算法的性能评价方面都有较好的应用。多处理器系统是典型的分布式系统，如何提高多处理器系统的性能并找出其性能瓶颈是该领域非常重要的问题。Petri 网模型对早期比较简单的多处理器系统可以建模并进行相应的性能分析和评价，随着多处理器系统的日趋复杂，现有的 Petri 网模型对其进行建模和性能分析已经非常的困难，迫切需要 Petri 网简化技术的发展。Petri 网的并发特性使其在并发系统的性能评价中极具优势，Petri 网中的模型与并发系统往往存在着一对一的关系，使得建模非常简单，但是存在同样的问题即并发系统的发展也迫切需要 Petri 网中的性能分析技术得到相应的发展，这样才能在建立相应的模型之后快速方便地进行性能评价。近年来，利用 Petri 网模型对信息系统调度算法的性能评价开展了很多研究，许多研究成果表明将 Petri 网的理念运用到信息系统调度算法的建模和性能分析是可行的，在特定的环境下具有很好的效果，能够比较准确地预测调度算法的性能。这也是 Petri 网模型应用的新领域。

在随机模型领域，排队网络模型是一种传统的数学工具模型。大部分的排队网络模型具有乘积解特性，使其在计算机网络、机器制造系统、传输控制系统等领域得到了广泛的应用，但是排队网络模型在描述同步、阻塞、顾客分裂等现象方面能力不足，而 Petri 网模型具有并行性、不确定性和异步性，能够有效地描述上述现象，比排队网络模型具有更强的描述能力，尤其是在分布式系统、并行系统和同步系统的性能评价中具有很大的优势。

4. 随机进程代数模型

随机进程代数模型自 1990 年提出以来，主要针对并行和分布式系统的性能与可靠性分析。它继承了进程代数（process algebras，PA）对模型的代数形式描述，为模型化系统定义了一套完整的语法和语义。对应于 SPN 的两个元素：位置（place）和变迁（transition），SPA 的基本元素是组件（components）和活动（activity）。对应于 SPN 的可达图（reachability graph，RG），SPA 有引导图（derivation graph，DG）。SPA 的性能分析过程如下：分析信息系统的语义随机进程代数模型（SPA）→推导引导图（DG）→转换得到连续时间的马尔科夫链（CTMC）→得到转移概率矩阵 Q→计算信息系统的各个性能参数。与排队网络和随机 Petri 网相比，随机进程代数在模型方法上有以下三个显著特点：

（1）合并（compositionality）。系统模型的分析可分解成子系统模型的分析。

（2）形式化（formality）。形式化为语言中每个活动定义了精确的语义。

（3）抽象化（abstraction）。利用隐藏的方法在构造系统模型的进程中将系统不关心的活动隐藏为内部活动。

排队网络模型提出了合并的方法（如乘积形式解），但没有使用形式化描述的方法。随机 Petri 网模型采用了形式化描述的方法，但是合并的思想不突出，而且排队网络和随机 Petri 网都难于反映抽象化的方法。随机进程代数的上述特点使得该模型能够在以下四个方面的信息系统建模和性能评价中，具有特殊的优势：

（1）当信息系统包含交互组件时，可以分别对各个组件和交互行为进行建模。

（2）模型具有清晰而易懂的结构时。

（3）模型还可以根据要求进行详尽或精练的构建。

（4）具有维护模型组件数据库的可能，支持模型的可重用性。

（三）信息系统的性能模拟

性能模拟是信息系统性能评价的另一种重要方法。模拟是对一个信息系统重要特征的抽象，通常是该系统在时间和空间状态的动态描述，抽象可以在多个不同级别上进行。模型的主要目的是用来交流，而不必共同面对所要研究的真实系统。模型的表示需要遵循一定的原则，应该有利于从信息系统的模型中推导出有用的结论，因此模型的选择依赖于所要分析推导的目标，不同的分析目标需要使用不同的模型。为信息系统建立模拟模型的关键在于建立信息系统动态运行时的逻辑表示关系。模拟器所运行的机器称为主机，而被模拟的机器称为目标机器。构建模拟器有多种方法，包括轨迹驱动模拟（trace-driven simulation）、执行驱动模拟（execution-driven simulation）、离散事件模拟（discrete-event simulation）、全系统模拟（complete system simulation）和统计模拟（statistical simulation）。

1. 轨迹驱动模拟

轨迹驱动模拟由一个模拟器模型组成。该模拟器模型的输入建模成一个轨迹或信息序列，这些信息序列代表在目标机器上实际执行的指令系列。一个简单的轨迹驱动的 Cache 模拟器需要一个由地址值组成的轨迹。根据模拟器是否建模一条指令、数据或者一个统一标准的 Cache，这些地址轨迹应该包含指令和数据索引的地址。当轨迹存储和传输到模拟环境时，可以使用轨迹压缩技术减少存储需求。

轨迹驱动模拟主要用于评价信息系统的内存结构。Cachesim 5 和 Dinero IV 是对于内存相关轨迹的高速缓存模拟器的例子。Cachesim 5 源于 Sun 公司的 Shade package，Dinero IV 来自 Madison 的 Wisconsin 大学。它们都不是预定时间的模拟器，没有模拟时间和循环的概念。另外，它们也不是功能模拟器，数据和指令不能从高速缓存中移入或移出。模拟初步的结果是信息是否命中。一个基本想法是模拟一个由不同的缓存组成的内存层次，每一个不同缓存的参数（如结构、匹配策略、替换策略、写入策略、统计信息等）能够被单独设置。轨迹驱动模拟器主要存在以下两个问题：①当完整执行一些实际信息系统时，轨迹可能太长；②轨迹可能不是很有代表性的输入。通过使用轨迹取样和轨迹简化技术，可以解决第一个问题。轨迹取样是实现轨迹缩减的一种方法。轨迹收集系统通过分裂轨迹进程到一个轨迹记录阶段和一个再生进程，解决了轨迹的大小问题。这个追踪记录与静态的代码大小相似，并且依据要求将轨迹重生扩大为实际的完整轨迹。通过重新构造错误预测的路径，可以解决第二个问题。穿过的轨迹产生了应用程序的指令地址空间的镜像，从该镜像中可以获得反而用之的记录。虽然并非所有错误分层目标存在于重新产生的镜像中，但研究表明，多于95%的错误分层目标能够被定位。

2. 执行驱动模拟

学术界和产业界对执行驱动模拟的具体含义持有两种不同的意见。一种是将以可执行程序作为输入的模拟器称为执行驱动模拟器，这种模拟器将实际可执行的程序指令而非一个轨迹作为输入，输入的数量与静态的指令数而非动态的指令数成正比，因而可以精确地模拟错误预测路径。这种轨迹驱动模拟器解决了多数模拟器存在的两个主要问题，即大量轨迹的存储需求和不能模拟错误预测路径上的指令。广泛使用的 SimpleScalar 模拟器就是这种执行驱动模拟器的一个例子。SimpleScalar 是一个快速的功能化模拟器，也是一个详细、无序的问题处理器，而且支持不阻塞的缓存操作。在现代处理器和信息系统范围内，用户借助于 SimpleScalar 工具集能够快速地模拟实际信息系统的执行。另一种是认为执行驱动模拟器是一种依靠部分代码在主机上实际执行（硬件加速）而不是模拟执行的模拟器。在信息系统中，这种执行驱动模拟器并不模拟每条单独的指令，而是只模拟感兴趣的指令，剩余的指令直接在主机上执行。只有当主机指令集与被模拟机器的指令集相同时，才能做到这点。这种模拟包含两个阶段：在第一阶段或预处理时，通过修改信息系统，在感兴趣的事件处插入对模拟器代码的调用。例如，对于一个存储系统的执行驱动模拟器，只有内存访问指令需要被模拟；对于其他的指令，唯一重要的事情就是保证它们得到执行，并且它们执行时间的占比越少越好。这种执行驱动模拟的优点是速度较快。通过以机器执行速率执行大部分指令，执行驱动模拟器的速度能够比单条指令的循环到循环（cycle-by-cycle）模拟器速度快一个数量级。Tango、Proteus 和 FAST 是这种执行驱动模拟器的例子。

执行驱动模拟相当准确，但是花费的时间很多，并且构建执行驱动模拟器也需要较长的时间。创建并保持详细且精确循环的模拟器是一个很困难的开发任务。处理器微结构的改变非常频繁，希望模拟器底层结构可以重用、扩展并且易于修改。在此，可以应用软件工程的法则构建组件标准的执行驱动模拟器。Asim、Liberty 和 MicroL 是应用标准组件的逻辑来建立执行驱动模拟器的例子。这些模拟器使合并改变更加容易。现代基准测试的详细执行驱动模拟建立在经典的体系结构上，它需要花费过长的模拟时间。与轨迹驱动模拟相同，取样技术在此也提供了一种解决办法。

目前，出现了多种执行驱动模拟的方法。这类模拟器大多数在超规模微处理器方面讨论得比较多。TRIMARAN 底层结构包含各种工具，用来编译和估计 VLIW 或 EPIC 类型体系结构的性能。由于多处理器和多线程结构日益普遍，虽然 SimpleScalar，模拟器仅可以模拟单处理器，但它所派生出的一些模拟器，如 MP_simplesim 和 SimpleMP，分别可以模拟多处理器高速缓存和多线程体系结构。另外，多处理器也可以选用其他模拟器进行模拟，如 Tango、Proteus 和 FAST 模拟器。

3. 离散事件模拟

信息系统状态的变化是由事件引发的，离散事件调度法是通过一个事件控制程序，从事件表中选择具有最早发生时间的事件，将模拟时钟修改到该事件发生的时间，再调用与该事件对应的模块加以执行，此事件处理完毕之后返回事件控制程序。离散事件模拟以顺序方式进行，一个可变的时钟控制事件直到物理系统模拟完成。当离散事件模拟应用到信息系统性能评价时，从一个真实的执行程序中随机导出输入作为一个轨迹/命令（Trace/Executable），以这样的方法模拟系统是可能的。例如，可以构建一个内存系统模拟器，可以假设该模拟器的输入根据高斯分布到达。这种模型可以采用 C 语言等主流的编程语言，也可以采用 SIMSCRIPT 等专门的模拟语言，如在多总线、多处理器系统性能评价中可使用基于 SIMSCRIPT 语言开发的离散事件驱动模拟器。

为了高效地利用多处理器，使其可以并行处理模拟任务，在离散事件模拟的基础上研究出了一种称为分布式离散事件模拟（disributed discrete-event simulation，DDES）技术。它运行在具有异步通信能力的处理器网络中，采取一种完全不同的方法进行模拟。实际上，在这个算法中没有共享变量。可以设计一个算法使得一台机器模拟一个物理进程，物理系统中的信息可以通过机器之间的信息传输进行模拟。通过将时间编码成单个信息（该信息在机器间传输）的一部分，可以捕获物理系统的同步属性。Waterloo 大学的 Chandy 于 1977 年最早提出分布式模拟的思想。早期的 DDES 只是关注模型功能的分布，使用这种方法获得的结果有限。当在后端对所需功能的运行增加并行性时，一些研究人员提出保持非 DDES 工具的大部分优点的想法。支持可以并行方式运行的功能，包括事件例行程序、事件列表填充、数据 I/O、统计收集和随机数的生成，并在模型功能分布方面有较多的研究，还提出了同步、分配等问题。Peacock 等人明确了两个模拟范例：事件驱动模拟器和时间驱动模拟器。在事件驱动模拟器中，当事件发生时，系统状态的改变被模拟了；在时间驱动模拟器中，以一个固定的数值增加模拟时间，这个固定的数值定义了一个模拟器间隔。在推进模拟器间隔到下一个模拟器间隔前，其间信息系统状态的所有改变都将被模拟。时间驱动模拟被使用于连续的模拟化，它对于 DES 或 DDES 来说效率比较低；事件驱动不管是紧的或松的，它被更进一步的分类，视每个节点是否总是有相同的本地模拟时间。紧密的事件驱动 DDES 要求额外的负载在任何时候都能立即推进模拟器时间，而在增加的复杂性的成本下，松散的事件驱动仿真允许更多的并行性。

4. 全系统模拟

许多执行驱动和轨迹驱动模拟器只能模拟处理器和内存子系统。它们既不具有 I/O 活动性，又不具有系统活动性。但是对于许多实际应用，考虑 I/O 和操作系统的活动性是非常重要的。全系统模拟器（complete system simulation）是一种完整的模拟环境，它对硬件组件的建模足够详细，可以引导和运行一个成熟的商业操作系统。处理器、内存、硬盘、总线、SCSI/IDE/FC 控制器、网络控制器、图形控制器、CD-ROM、串行设备、计时器等，这些硬件组件的功能都被精确模拟，以达到全系统模拟的目的。尽管功能化保持相同，所处理组件的不同的微体系结构可能导致不同的性能。

大部分的全系统模拟器使用可以拔插的微体系结构模型。例如，SimOS 是一个流行的全系统模拟器，它允许三种不同的处理器模型：相当简单的处理器、管道式处理器和超标量体系结构处理器。SimOS 对每个硬件组件都有多个可互换的模拟模型。通过对模拟模型进行恰当的选择，用户可以明确地控制模拟速度和模拟细节之间的均衡。SimOS 和 SIMICS 能够模拟单处理器和多处理器系统。SimOS 可以建模 MIPS 指令集，而 SIMICS 则建模 SPARC 指令集。Mambo 是另一种类型的全系统模拟器，它可以建模 PowerPC 指令集。这些模拟器中的大部分可以交叉编译，并且可以交叉模拟其他的指令集和体系结构。

全系统模拟器的优点是，包括操作系统在内的整个信息系统的活动都可以得到分析。如果不考虑操作系统的活动，对 SPEC CPU 等基准测试程序可能不会造成严重的性能冲击，但是对于诸如数据库等花费近半执行时间在操作系统上的商业负载的性能评价就可能产生不合理的结果。全系统模拟虽然非常精确，但是很慢。

5. 统计模拟

统计模拟是通过在计算机上实现从样本抽取到统计推断的大量统计分析，找出统计推断的规律，其关键步骤是产生符合统计模型的样本或数据。统计模拟是一种使用统计方法产生轨迹进行模拟的技术，它的许多模拟模型组件仅以统计方式建模。首先，基准测试程序被详细分析以发现应用程序的特征；然后，随机数发生器生成具有近似程序特征的人造输入序列。该输入序列（综合轨迹）被反馈到模拟器，在执行每个输入序列的指令时，模拟器估算出所产生的循环数。

简单地说，统计模拟有以下三个步骤：①通过特别的 Cache 和预报器收集应用程序执行特征，所收集的特征称为“统计轮廓”（statistical profiling）；②用所获得的“统计轮廓”产生一个综合轨迹（synthetic trace）；③该综合轨迹在轨迹驱动的模拟器中被模拟。

处理器的建模在细节上被简化。例如，Cache 的命中还是未命中基于一个统计的文件，而不是一个 Cache 的实际模拟。这种统计模拟的实验表明，SPECint95 程序的每时钟周期指令数（instruction per cycle，IPC）能很快地估计得到，并具有合理的精度。统计产生的指令可以很容易地匹配在 SPEC CPU 2000 测试程序中非结构控制流的特征，一些统计模拟实验证明在 SPEC CPU 2000 测试程序中的整数和浮点数程序的性能估计方面，相对执行驱动模拟而言，能够以更快的速度获得结果。

三、信息系统的可用性测评

信息系统的可用性一般从故障率、健壮性、可恢复性三个方面进行评价。故障率是指在给定的时间内，系统故障和维护事件出现的次数；健壮性是指系统检测和处理故障的能力，以及系统在各种故障情况下仍然具有的工作能力；可恢复性是指系统从故障状态恢复到正常状态的能力。早期关于系统可用性的研究多数集中在提高信息系统的健壮性上，现在已经逐渐转移到提高信息系统的可恢复性上。信息系统的可用性测评方法主要分为三类：测量方法、分析方法和模拟方法，详细分类情况如图 2-8 所示。

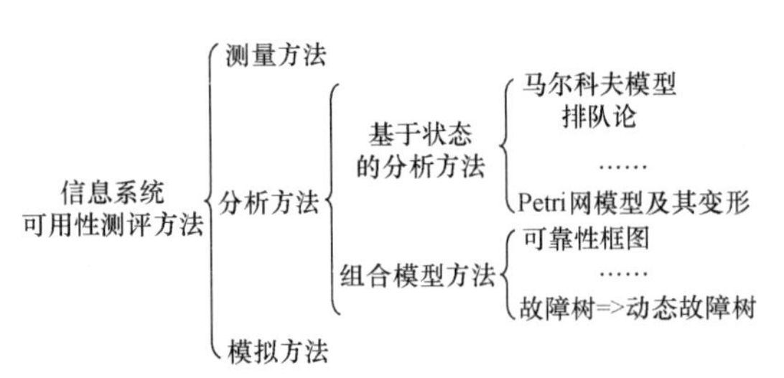

图 2-8 可用性测评方法分类

其中，测量方法主要用来测量信息系统可用性的一些指标参数数据，如平均无故障时间、平均维修时间、下线时间和上线时间等；而分析方法主要是在获得可用性指标数据、故障发生概率和修复时间等信息后，利用马尔科夫模型、扩展随机 Petri 网、故障树和可靠性框图等模型分析信息系统的可用性情况；模拟方法主要是指搭建或开发有关信息系统运行规律和故障发生模式的原型系统或模拟器，以反映信息系统的可用性情况。

具体而言，信息系统的可用性测量是指将多个配置相同的信息系统置于同一环境中，持续运行足够长时间，记录每个系统连续两次失效的时间间隔及恢复正常工作所需的维修时间，取其平均值，求得平均故障间隔时间和平均修复时间，进而计算信息系统的稳态可用度。可用性测试主要是通过对被测信息系统加载一定工作负载压力，使信息系统运行一段时间，以检测信息系统是否稳定并能否不中断地提供功能服务，其特点如下：①这种测试方法的主要目的是验证能否支持系统长期稳定的运行；②这种测试方法需要在工作负载压力下持续一段时间运行；③测试过程中需要关注信息系统的运行状况。因此，这种测试的关注点是“稳定”，而不需要给信息系统过大的压力，只要信息系统能够长期处于一个稳定的状态即可。信息系统的可用性分析主要是借助于马尔科夫、排队论、Petri 网、可靠性框图和故障树等理论，建立信息系统的可用性描述抽象模型，再借助于上述模型求解理论，计算信息系统的可用性水平。

（一）信息系统的可用性测评工具

截至目前，针对信息系统可用性测评的工具和程序已经很多，其中常用的有以下四个：

1. ARIES-82

ARIES-82（automated reliability interactive estimation system-82）工具是基于 VAX-ll/780 系统使用 C 语言开发的，源代码约为 85K 字节。其开发目的是测试容错系统的性能可靠性和生命周期，最早版本用于科研实验，由加州大学洛杉矶分校开发。该工具以被测信息系统的结构、物理和逻辑特性及故障的恢复概率、执行过程中硬件的故障发生概率等参数作为输入，运用齐次马尔科夫过程模型进行推测，最后输出被测信息系统的持续运行时间和生命周期数据。该工具的缺点是对硬件故障的发生概率作出主观假定，同时该主观假定导致计算量增加了一个数量级。

2. CARE-III

CARE-III（computer-aided reliability estimation-III）工具是基于 CDC Cyber 170 系统使用 FORTRAN IV 语言开发的，由美国 NASA 和 Raytheon 公司为了克服 CARE 早期版本和其他工具的缺陷而开发。其开发目的是将其用作数字容错航空控制系统的通用可靠性评估工具，并提供与替代系统的随机属性的比较。该工具所采用的基本推理模型是非齐次马尔科夫链和半马尔科夫链模型，即使用故障树（fault tree）和非齐次马尔科夫链模型建模故障发生的规律，使用半马尔科夫链模型建模故障处理的规律。该工具中不同的模型要求不同的输入，经过分析和推理后，输出系统从故障中恢复的概率和系统某个模块的可靠性程度等数据。该工具具有以下三个缺点：①仅用于高可靠不可修复性容错系统；②由于半马尔科夫链模型求解困难，该程序的覆盖模型（coverage model）规模有限；③不能对序列依赖（squence dependency）建模。

3. GRAMP 和 GRAMS

GRAMP（Generalized Reliability and Maintainability Program）是使用 FORTRAN 77 语言开发的基于虚拟内存系统（virtual memory system，VMS）的虚拟地址扩展器（virtual address extender，VAX），源代码约有 8 万行；GRAMS（Generalized Reliability and

Maintainability Simulator）是一个蒙特卡洛离散事件数字模拟器。两者的开发目的是对包括覆盖、预维护、购置成本、实施成本、支持成本和敏感分析等在内的容错系统设计进行建模，并采用 GRAMS 预测该容错系统的可靠性、可维护性和生命周期成本。GRAMP 的输入参数有系统修复的固定费用、购置成本、正常运行时间和平均修复成本及子系统中的模块数、模块的可靠性要求程度和结构特性信息等，GRAMS 的输入参数有各种维护操作的相关成本、系统级输入中的时间发生概率等。两者的基本模型分别是连续时间马尔科夫模型和蒙特卡洛离散事件模型，最后的输出是有关系统的成本评价模型、可靠性模型、平均无故障时间和平均维修时间等。GRAMP 和 GRAMS 的缺点是两者更强调军事用途而非商业用途，最多只能处理 1 500 个马尔科夫状态。

4. SAVE

SAVE（system availability estimator）模拟器是基于 IBM 370 系统使用 FORTRAN 77 语言开发的，其开发目的是构建和求解具有高可靠性要求的面向任务的计算机系统及操作系统的可用性与可靠性概率模型。该模拟器要求使用 SAVE 支持的语言编写输入信息，并采用齐次马尔科夫链模型进行分析和模拟，最终输出系统发生故障的平均时间和通过对切换时间的静态概率向量进行微分所得到的精细分析结果。该模拟器的缺点是仅考虑了指数分布的情况，并且没有解决透明间歇性的故障分析问题。

除上述几种工具外，信息系统可用性测量的工具还有 SHARPE、SURE（semi-Markov unreliability range evaluator）、ARM（automated reliability modeling）等。这些工具和程序的共同点是以被测信息系统的基本特性、可用性衡量参数数据和一些概率估计值作为输入，以马尔科夫链、齐次马尔科夫链等作为分析推理模型，最后获得有关被测信息系统的可用性、可靠性和生命周期时间等数据。

信息系统可用性的测量、分析和模拟三种方法可用于多数可用性测评。另外，这三种方法还可用于信息系统的可用性预测。但是，有时测评人员需要了解信息系统在某些特殊故障发生时的可用性情况。此时，故障插入技术是一种很有帮助的手段。例如，可以采用故障插入技术人为制造一些硬件或软件的故障，以测试信息系统的故障检测、服务迁移和自动恢复等情况。可以说，故障插入已经成为评价信息系统发生故障时系统行为的一种非常有用的技术。故障插入包含硬件故障插入和软件故障插入两个方面。随着故障插入实现方法的不断发展和成熟，软件故障插入方法越来越流行。目前，常见的软件故障插入工具有很多种，其中比较著名的有以下五种：

（1）CECIUM 是一种用于模拟分布式应用程序和故障插入的测试工具。使用该工具可在一台具有唯一寻址空间的独立机器上模拟分布式执行过程，并且不需知道被测信息系统的源代码。一旦分布式执行过程被模拟，重复进行测试不再困难。但是在一个真实分布式系统中，由于系统环境复杂，可能会出现非常复杂的故障。因此，CECIUM 所使用的模型不会包含所有的故障类型，对真实软件和硬件环境进行模拟具有内在局限性。另一个基于模拟的工具是 MEFISTO（multi-level error/fault injection simulation tool），它允许在对 VHDL 模型模拟中插入故障。

（2）DOCTOR（integrateD sOftware fault inje CTiOn enviRonment）是一个模拟分布式应用程序中故障发生的工具。它允许在实时系统中插入故障，并综合所有工作负载。它支持三种类型的故障：处理器故障、内存故障和通信故障。插入的故障可以是永久的、透明的或间隔性的。DOCTOR 在 HEART 实时系统中得到实现，并在实验过程中搜集性能和可靠性信息。但是，DOCTOR 产生的故障种类并不能满足诸如网格等大规模分布式系统的需要。这种系统所需的故障通常是系统级的崩溃，而 DOCTOR 不能提供这种故障。此外，DOCTOR 中设计的故障只能是概率类型的。

（3）ORCHESTRA 是一种允许用户测试可靠性和分布式协议的“活泼性”（liveliness）的故障插入工具。在被测协议层和低层之间插入一个故障插入层，允许过滤和操纵协议参与层之间的消息交换。消息可以被延迟、丢失、重新排序、复制和修改，而且新的消息能够被同时引入被测信息系统中，以设定该系统为全局态。在 ORCHAESATRA 中，接收脚本和发送脚本均采用 TCL 语言编写，并且能够决定对接收和发送的消息进行何种操作。ORCHESTRA 是一种消息层的故障插入器。这种故障插入器不用修改协议源代码即可进行故障插入，非常适用于网络协议的研究。其缺点是用户必须实现所使用协议的故障插入层。另外，ORCHESATRA 提供的故障种类也是有限的。由于故障插入是基于交换信息的，因此关于信息的类型和大小也是需要的。

（4）NFTAPE 是基于两种情况而开发的：一是没有插入所有故障模型的工具的现状；二是难于移植一个特定的工具到不同系统。该工具提供了故障插入、触发插入、构造负载、检测故障和记录结果等机制。不同于其他工具，NFTAPE 将这些组件分离开，以方便用户使用所提供的接口创建自己的故障插入器和插入触发器。NFTAPE 工具引入了“轻量故障插入器”（light weight fault injector，LWFI）的概念，这是一个比传统故障插入器更简单的插入器。在 NFTAPE 中，测试的执行过程是处于中心地位的。控制主机的专用计算机用来负责所有的控制决策，该主机独立于执行测试的其他主机，并执行使用 Jython（Python 语言的一个子集）语言编写的定义所有故障模型的脚本。控制主机根据故障脚本向进程管理器发送命令，最后控制主机向合适的进程管理器发送故障插入命令用来插入脚本中相应的故障。NFTAPE 是一个很易于移植的模块化故障插入器，完全中心化的决策选择方式使其非常具有侵入性。其缺点是当控制器管理大量的进程管理器时，扩充性成为一个问题，另外 NFTAPE 只适用于规范的集群和网格环境中。

（5）LOKI 是一个用于分布式环境的故障插入器。它基于分布式系统全局状态的局部视图，并根据分布式系统的全局状态插入故障。在每次执行完测试后，LOKI 进行分析以根据各种局部视图推测全局状态，并在故障被正确插入后进行验证。在 LOKI 中，分布式系统的每个进程都被附着于 LOKI 运行时以形成节点。LOKI 运行时包括负责维护全局状态的局部视图的代码，并在系统到达特定状态时插入故障，搜集状态改变和故障插入的信息。LOKI 提供三种执行模式：中心式、局部分布式的和完全分布式的执行模式。LOKI 是第一个允许基于系统全局状态插入故障并在故障正确插入后进行验证的分布式故障插入器。其缺点是故障类型只能基于系统的全局状态，并且很难指定更复杂的故障类型。另外，LOKI 不提供随机故障插入的任何支持。

除上述故障插入工具外，还有其他的故障插入工具，如 Mendosus、OGSA 和 FAIL-FCI 等，这些故障插入工具基本涵盖了信息系统的常见故障现象。虽然通过综合运用上述可用性测评方法和故障插入技术，能够初步实现信息系统的可用性测评，但是信息系统的可用性测评是一个复杂而且困难的工程问题，仍需研究更多的可用性测评方法和技术才能满足现代应用对信息系统可用性的要求。

（二）信息系统的可用性建模技术

信息系统可用性建模技术的主要思想是结合信息系统内各组件的连接方式与失效率，设法分析整个系统可能的失效情况。目前，主流的分析技术主要有两种：基于状态的分析技术和多技术组合/分级模型技术。两种分析技术的优势各不相同，前者描述能力相对较强，后者用户界面可操作性更强。

1. 基于状态的分析技术

信息系统内不同组件状态的相互组合构成了不断变化的系统状态，而状态转移反映了系统状态随时间推移而发生的改变，系统的各种状态能够根据其意义的不同进行明确的区分与编号。基于状态的分析技术正是建立在这种思想基础上的。基于状态的分析技术能够测评信息系统不同的可用性指标，功能强大，但有时因为状态空间太过复杂而无法进行精确的分析。马尔科夫模型和 Petri 网模型及其变形均属于状态空间法，都是此类分析技术的代表。马尔科夫模型能够描述信息系统组件的失效顺序，在并行系统的可用性建模中得到了广泛使用。该模型的缺点是随着信息系统节点数目的增加，状态空间会急剧膨胀，引起状态空间爆炸，因此不适合描述复杂的信息系统。Petri 网是信息系统描述和建模的有力工具之一，主要特性包括不确定性、异步、并行和分布描述和分析能力。通过为 Petri 网的每个变迁关联一个执行时间，可以得到是随机 Petri 网模型。与马尔科夫模型类似，随机 Petri 网模型的状态空间随着问题的复杂程度增加而呈现指数级的增长，使随机 Petri 网模型很难求解。

CARE-II（computer-aided reliability estimation-II）将信息系统内各组件的可用性参数及覆盖率检测/恢复机制作为输入，对硬件故障、瞬时故障及故障出现后的信息系统可用性降级情况进行建模，然后利用马尔科夫模型计算信息系统的平均无故障时间、任务时间和可靠/不可靠度等一系列可用性指标，但是 CARE-II 无法对可修复事件进行建模。ADVISER（advanced interactive symbolic evaluator of reliability）在“处理器-存储器-开关”（processor-memory-switch，PMS）级别将被测信息系统刻画成一个无向图，将系统内不同类别组件的可靠/不可靠度及系统功能作为输入，求解整个信息系统的可用性。ADVISER 工具的缺点是只能计算仅发生硬件故障的信息系统的可用性，无法对故障覆盖率进行建模。

随着在 20 世纪 90 年代初动态故障树（dynamic fault tree，DFT）模型的出现，大量的研究工作开始围绕动态故障树模型展开。DIFTree-Galileo 工具利用模块法对静态和动态故障树进行高效分析，允许操作人员以文字或图表的形式在交互接口处绘制故障树，使测评人员能够采用模块化分析方法对信息系统进行快速建模，并利用二元决策图、连续时间马尔科夫链模型、蒙特卡洛仿真算法等方法对所建模型进行求解。动态贝叶斯网络（dynamic bayesian network，DBNet）通过将动态故障树转化为动态贝叶斯网络简化系统状态数量，计算不可靠度以对信息系统进行定量分析。动态贝叶斯网络允许用户在交互接口处编辑动态故障树或动态贝叶斯网络，并支持动态故障树到相应动态贝叶斯网络的自动转化，以及自行添加预测接口和诊断接口。

参数化故障树（parametric fault tree，PFT）模型主要用于多维冗余信息系统的可信性分析中。在参数化故障树模型中，任意组件的所有备份组件被编号并且隐藏，只用一个符号代替。通过参数化故障树模型，可以获得含有参数的各级列表及可能导致信息系统失效的相关模式。参数化故障树模型还可以转化为高级 Petri 网，从而可以充分利用 Petri 网模型的强大功能和灵活性。

2. 多技术组合/分级模型分析技术

组合模型又称为高层描述模型，而基于状态的分析模型又称为低层描述模型。使用符号表示法描述信息系统的高层描述模型，可以减少低层描述模型所必须阐述清楚的系统规则，但至今仍无法建立一个便于为所有随机过程建模的高层描述模型。低层描述模型虽然功能十分强大，但无法从其已建好的模型中直观地看出系统结构及不同组件之间的关联关系，仅可以在理论上表征系统的所有状态变化和动态行为。因此，很多建模/评估工具将高层模型和低层模型组合到一起，各取其长。

多技术组合/分级模型将高层模型和低层模型进行有效结合。基于此类模型的可用性评估工具一般通过以下两个步骤对目标系统建模：①对信息系统的静态结构建模；②对信息系统的动态行为建模。组成系统的各个功能单元之间的静态连接关系采用静态结构模型建模，而系统的动态特征则采用动态行为模型描述。在每个层次上分别采用适当的静态或动态分析方法建模前，可以首先对目标系统进行层次划分。常见的此类工具有故障树、可靠性框图、SHARPE、布尔逻辑驱动的马尔科夫过程（boolean logic driven Markov processes，BDMP）、Möbius、OpenSESAME（simple but extensive structured availability modeling environment）等。

故障树和可靠性框图是业界比较有代表性的组合模型。它们在读入信息系统所有组件的失效率后，枚举出有多少种组合可以保证信息系统正常工作。早期的故障树模型用布尔门反映信息系统失效如何由系统中各组件的失效组合而成，尽管被广泛采用，但是由于缺乏对系统模式动态变化的建模手段，因此描述能力十分有限。考虑到信息系统失效往往还取决于系统中各组件失效的顺序，因此衍生出动态故障树模型。动态故障树模型在故障树模型的基础上引入了“时态”参数，功能更强大。例如，动态故障树模型可以对失效单元的替换过程进行建模。总的来说，动态故障树模型不仅可以为“在某些组件发生特定顺序失效的情况下才发生系统失效”这样的事件进行建模，而且可以对失效传播的动态过程进行建模。

可靠性框图是指根据信息系统与系统内各功能子系统之间的可靠性逻辑关系建立框图，用来描述各类系统单元如何保证系统的正常运行。

著名的性能/可靠性评估工具 SHARPE 在大学与企业中被广泛使用，以支持多种模型的表征方式与求解算法而闻名。SHARPE 同时兼顾瞬态与稳态两种描述方式，适用于广义随机 Petri 网、马尔科夫链、故障树、可靠性框图等多种常见建模方式。它满足程序员利用不同种类的模型为系统的不同物理层次与逻辑层次分别建模以构建一个多层次模型系统，也可直接选择一个最适合的现有模型。SHARPE 2002 中加入了在马尔科夫链与可靠性框图中增加 MTBF 和 MTTR 等参数的新特点。

布尔逻辑驱动的马尔科夫过程将布尔逻辑引入马尔科夫模型的状态迁移过程中，这是一种同时继承故障树和马尔科夫过程特点的模型。与传统的可靠性评估模型相比，它具有两个明显优势：首先，它在支持复杂动态模型的同时，又具备与故障树同样的高可读性，并易于建模；其次，它的数学特性很好，即便是等价于具有巨大状态空间的马尔科夫链的待分析模型，布尔逻辑驱动的马尔科夫过程也能高效处理。

基于随机离散事件的可扩展应用建模工具 Möbius 由伊利诺斯大学的 PERFORM 研究

小组开发。它采用一个与表征方式无关的抽象软件接口，在一个相对统一的平台上完成对故障树、排队网、随机 Petri 网等具体模型的分析，并应用状态空间法和模拟法求解所建好的模型，得到相应结论。这样做的目的是获取信息系统的抽象形式，从而完成对其性能和可用性的测评。

不同于传统的高可用性系统建模工具，OpenSESAME 既能像故障树与可靠性框图一样直观地描述信息系统，又能不必改变整个系统的模型架构，仅通过以人工填写失效传播图表的方式更新各类元器件之间的相互依赖关系。OpenSESAME 将已完成建模的目标系统抽象成为随机 Petri 网，应用已有的 Petri 网分析工具（如 DSPNexpress、SPNP、TimeNET 等）进行求解。

四、性能测评的典型测试程序

目前，存在很多非常优秀的性能基准测试程序和工具，如 SPEC 组织提供的基准测试程序、LoadRunner 及 Linpack、TPC、NPB、HPCC、LMbench、IOzone 等测试程序，为信息系统性能测评提供了极大的方便。

1. SPEC 基准测试程序

标准性能测评机构（standard performance evaluation corporation，SPEC）是一个非盈利性的第三方权威性能测评组织，旨在建立计算机系统性能评估的标准。该组织在 1988 年由工作站厂商 HP、DEC、MIPS、SUN 共同发起，为软硬件厂商、学术研究机构等提供基准测试程序，用于评估计算机系统的性能。SPEC 组织的 CPU 基准测试程序已经成为评估 CPU 性能的全球测试规范，是目前 CPU 性能评估最为客观和权威的基准测试程序。

SPEC 组织开发了很多方面的基准测试程序集，包括 CPU、图形/应用处理、高性能计算机/消息传递接口、Java 客户机/服务器、邮件服务器、网络文件系统、Web 服务器等，并发布来自成员单位和授权单位的测试结果。SPEC 组织制定的基准测试规范可以从 SPEC 官方网站下载。SPEC 原来主要测试 CPU 性能，现在强调开发能够反映真实应用的基准测试程序集，并已推广至高性能计算机、网络服务器和商业应用服务器的测试。目前，SPEC 组织的基准测试程序集包括 SPEC CPU、SPEC viewperf、SPEC apc、SPEC MPI、SPEC OMP、SPEC jAppServer、SPEC jbb、SPEC jms、SPEC jvm、SPEC mail、SPEC sfs、SPEC power_ssj、SPEC web。

SPEC 组织的基准测试程序的评价指标主要有三个：SPEC 参考时间（SPEC reference time）、SPEC 比率（SPEC ratio）和 SPEC 分数（SPEC mark）。其中，SPEC 参考时间是基准测试程序在参考计算机上的执行时间；SPEC 比率是基准测试程序在参考计算机上的执行时间与在被测计算机上的执行时间的比值，该比值越高，说明被测计算机的性能越高；SPEC 分数是被测计算机系统执行一组基准测试程序分别得到的 SPEC 比率的几何平均值，为衡量不同计算机系统的性能提供了依据。

2. LoadRunner 测试程序

LoadRunner 是一种能够预测信息系统行为和性能的工业标准级负载测试工具，通过模拟用户实际操作和实时监测性能帮助用户发现问题。LoadRunner 支持广泛的协议和技术，能够最大限度地缩短测试时间和优化性能，为一些特殊应用环境提供解决方案。LoadRunner 由三部分组成：Virtual User Generator 用来录制和编辑脚本，Controller 用来布置和执行测试场景，Analysis 用来分析和评价测试结果。LoadRunner 的性能测试流程通常包含五个阶段：负载计划、脚本创建、场景定义、场景执行、场景监视和结果分析。

（1）负载计划：定义性能测试要求，如并发用户数量、业务流程和所需响应时间。

（2）脚本创建：创建虚拟用户脚本，将最终用户活动捕获到自动脚本中。

（3）场景定义：使用 LoadRunner Controller 设置测试环境。

（4）场景执行：通过 LoadRunner Controller 驱动、管理测试。

（5）场景监视：通过 LoadRunner Controller 监控测试。

（6）结果分析：使用 LoadRunner Analysis 创建图和报告并评估性能。

3. LINPACK 测试程序

LINPACK 起源于 1974 年 4 月的美国阿尔贡国家实验室。该实验室的应用数学所主任 Jim Pool 提出 LINPACK 计划，并得到美国自然科学基金委员会的支持。LINPACK 计划由 Jack Dongarra 主持实施。Jack Dongarra 不定期地发布报告《使用标准线性方程软件的各种计算机性能》。LINPACK 是高性能计算机（high performance computer，HPC）领域中最具影响和权威的基准测试程序，TOP500 即采用 LINPACK 测试结果进行性能排序。LINPACK 使用线性代数方程组，利用选主元高斯消去法按双精度（64 位）算法测量求解线性方程密集系统所需的时间。LINPACK 的结果按每秒浮点运算次数（flops）表示。为适应计算机体系结构的发展，LINPACK 后来又发展出两个项目，即 LAPACK（Linear Algebra PACKage）和 EISPACK，从而可以更好地运行在共享内存的向量超级计算机上。LINPACK 由一组 Fortran 语言程序组成，包括以下三种测试情况：

（1）使用 LINPACK 标准程序处理 100×100 矩阵，不允许对程序做任何修改。

（2）使用 LINPACK 标准程序处理 1 000×1 000 矩阵，允许修改测试算法以追求尽可能高的性能。

（3）针对大规模并行计算系统的测试。

4. TPC 测试程序

TPC 于 1988 年 8 月由 Omri Serlin 和 Tom Sawyer 创建，最初有八个成员，后来发展为 50 个成员，包括 HP、IBM、NCR、Oracle、Intel、Microsoft 和 Fujitsu 等国际知名厂商。TPC 测试的内容包括数据库管理系统的 ACID、查询时间和联机事务处理能力等。从 1989 年发布第一个基准测试规范至今，TPC 总共发布了九个标准，其中 TPC-A、TPC-B、TPC-D 和 TPC-R 标准已经被 TPC 组织宣布淘汰。以下四个标准至今仍在使用：

（1）TPC-App 用于测试应用服务器和 Web 服务器的性能。

（2）TPC-C 用于测试数据库的事务操作。

（3）TPC-E 用于测试联机事务处理系统的性能。

（4）TPC-H 用于模拟测试真实商业的应用环境。

TPC 组织提供详细测试指导和测试结果通过标准，但不提供具体测试程序。TPC 测试的报告要求完全公开，包括测试的源代码。

5. NPB 测试程序

NPB 是由 NASA 开发的一个用于评价并行超级计算机性能的基准测试程序集。该基准测试集来源于计算流体力学领域。NAS 发布了五个 NPB 规范：NPB1、NPB2、NPB3、GridNPB3 和 NPB3Multi-zoneversions。

（1）NPB1 是 NPB 最基础的版本，由五个内核和三个模拟应用程序组成，模拟大规模计算和数据传输的计算流体动力学（computational fluid dynamics，CFD）应用。

（2）NPB2 基于消息传递接口（message passing interface，MPI），共有四个版本，即

NPB-MPI2.0/2.2/2.4 和 2.4 I/O，较 NPB1 有三个突出变化：一是为提高可移植性，采用 Fortran 77 语言开发测试程序；二是只实现 NPB1 中的五个测试程序；三是在已有“class A”和“class B”的基础上，增加 “class C”以扩大测试规模。

（3）NPB3 为适应高性能计算体系结构的变化，分为三个子版本，即针对缓存相关非一致性内存访问（cache coherent non-uniform memory access，ccNUMA）体系结构的 NPB-OpenMP 3.0、采用 Java 语言实现的 NPB-Java 3.0、采用 Fortran 语言实现的 NPB-HighPerformanceFortran 3.0。

（4）GridNPB3 为适应网格而开发的测试程序集，又称为 NAS 网格基准测试程序（NAS grid benchmark，NGB）。

（5）NPB3Multi-zoneversions 即 NPB3.0-MZ，其目的是解决细粒度、混合型、多级并行计算机系统的测试问题。

6. HPCC 测试程序

HPCC 是由美国国防部先进研究项目局（Defense Advanced Research Projects Agency，DARPA）、国家科学基金委和国防部通过 DARPAHPCS 计划资助的项目，目的是测试真实应用的性能（如内存访问、时空局部性等），帮助定义未来千万亿次规模超级计算机系统的性能范围。HPCC 测试程序集由以下 7 个著名计算内核组成：

（1）HPL 是 LINPACK 中 TPP 的变种版本，通过求解线性方程组测试系统的浮点计算能力。

（2）STREAM 测试系统的内存持续访问带宽和响应计算的速度。

（3）DGEMM 通过执行双精度实数矩阵乘法，测试浮点数的执行速度。

（4）PTRANS 测试多处理器系统内存中大数据量数组的传输率。

（5）FFT 通过执行一维双精度离散傅里叶变换，测量浮点运算的速度。

（6）Random Access 测量内存随机修改速度。

（7）通信带宽和延迟测试是基于同时通信的 b_eff。

7. LMbench 测试程序

LMbench 是由 SGI 公司的 Larry McVoy 和 HP 公司的 Carl Staelin 设计开发的一组小型基准测试程序，可以测试 CPU、内存、网络、文件系统、磁盘数据传输和带宽，主要目的是在广泛的应用中发现、隔离和再现被测信息系统的性能瓶颈。LMbench 遵守 GPL 许可协议，并可运行在 AIX、BSDI、HP-UX、IRIX、Linux、FreeBSD、NetBSD、OSF/1、Solaris 和 SunOS 等多类操作系统上。LMbench 的每个测试程序能够捕获信息系统的特定性能问题，并集中于以下指标的测试：

（1）带宽基准测试：可细分为被缓冲的文件读、利用系统调用 bcopy 的内存复制、内存读、内存写、管道和 TCP 传输。

（2）延时基准测试：可细分为进程上下文切换、组网（包括建立连接、管道、TPC、UDP 和 RPC）、文件系统的建立和删除、进程创建、信号操作、系统调用代价和内存读延时。

（3）杂项：只有处理器时钟速度测试一项。

8. IOzone 测试程序

IOzone 由 Oracle 公司的 William D.Norcott 发起，之后由 HP 公司的 Don Capps 和 Tom

McNeal 进行完善，是一个可运行在 Linux、HP-UX、Solaris 和 Windows 等操作系统上的文件系统测试工具。IOzone 的开发目的是分析不同计算机生产厂商文件系统的 I/O 性能，为用户选择计算机系统提供参考。IOzone 将文件系统的 I/O 作为工作负载进行基准测试，允许测试人员调整参数。IOzone 可以测试本地文件系统和网络文件系统，测试项包括读/写、重复读/写、后向读、跨越读、流文件读/写系统库函数、随机读/写、偏移量读/写库函数、POSIX 异步读/写、文件映射内存的系统库函数 mmap。

另外，还有一些测试程序，如测试并行处理器性能的 SPLASH 程序，评估 PC 总体性能的 PCMark，数字信号处理领域的工业标准测试程序 BDTI 等，它们为用户了解信息系统的性能提供了参考工具。

第三节　信息系统安全测评

随着互联网应用的迅速普及，信息系统受到的安全威胁日益严重。信息安全在当今社会中扮演着关键的角色，由此衍生的信息安全测评受到越来越多的关注。我国信息安全测评具有更加非同寻常的意义。由于我国信息基础设施的大部分设备依赖于进口，如果不能有效地测评和确定这些设备的安全状况，就会直接威胁我国的经济安全和信息安全。因此，必须充分了解信息系统存在的安全威胁，提高我国信息安全的测评能力和防护水平。

一、信息系统的主要安全威胁

下面介绍信息系统面临的主要安全威胁，包括安全威胁的分类和常见的安全攻击。

（一）安全威胁的分类

信息系统安全威胁涉及威胁源、受威胁资源、威胁发生原因、威胁表现形式等多个方面，其作用形式既可能是对信息系统的保密性、完整性和可用性产生直接或间接的危害，也可能是偶然或者蓄意地发生安全事件。对安全威胁进行分类的形式有很多种。

1. 按照安全威胁的来源分类

按照安全威胁的来源进行分类，信息系统安全威胁可以细分为人为因素造成的威胁和自然因素造成的威胁。根据其发生的原因，人为因素造成的威胁又可以分为两种：有意的人为威胁和无意的人为威胁。有意的人为威胁主要包括内部人员对信息系统进行有意破坏，主动窃取保密数据以谋求额外利益，勾结外部人员利用脆弱性破坏信息系统以谋求暴利或炫耀能力等；无意的人为威胁主要包含内部人员因为缺乏责任感、漠不关心、注意力不集中、没有遵循规章制度和操作程序、没有经历专业培训、专业技能较差或者不具备岗位技能而使信息系统发生故障、遭受攻击及数据毁坏。自然因素造成的威胁主要指不为人意志转移的自然界因素，包括尘土、潮湿空气、温度变化、虫鼠疫情、洪涝灾害、火灾发生、地壳变动、断电、静电、电磁波干扰等各种情况及软硬件故障、通信线路、信息泄露等问题。

2. 按照安全威胁的表现形式分类

按照安全威胁的表现形式，信息系统安全威胁可以分为软硬件问题、自然环境影响、不去操作或者操作错误、管理缺乏、恶意代码侵袭、权限设置不明、网络袭击、物理袭击、有意/无意泄密、乱改和抵赖。

（1）软硬件问题无论从系统运行还是业务实现上，都会造成硬件设备故障、通信中断、系统自身缺陷等威胁，威胁子类包括硬件装备问题、传导设备问题、存储媒介问题、系统软件问题、软件使用问题、数据库软件问题、运行环境问题。

（2）自然环境影响与上述自然因素造成的威胁所包含的内容基本一致，主要包括各种自然灾害及疫情的发生。

（3）不去操作或者操作错误是对信息系统正常运作形成影响的各种情况，威胁子类包括运维失误、操作错误等。

（4）管理缺乏是指安全管理不到位，信息系统正常运转遭到破坏，威胁子类包括管理条例和决策不足、责任不到位、监管制度不全面等。

（5）恶意代码侵袭是指有意在信息系统上运行恶意的代码，威胁子类包括木马病毒、蠕虫病毒、后门程序、间谍软件、监听软件等。

（6）权限设置不明会使一些人采取一系列措施超出其权限而访问未经授权的信息或者调用资源等，做出危害信息系统的事件，威胁子类包括未经授权访问网络、未经授权访问信息系统、越权修改系统配置或信息、越权暴露保密信息等。

（7）网络袭击是利用工具通过网络攻击和侵入信息系统，威胁子类包含网络探查、信息采摘、漏洞扫描、伪造身份、盗取或破坏用户业务信息、违规操作信息系统等。

（8）物理袭击是通过自然环境的触碰形成对软件、硬件和信息的损害，威胁子类包括物理触碰、物理损害、偷窃等。

（9）有意/无意泄密是以非法方式向他人暴露数据，威胁子类包括内部数据暴露、外部数据暴露等。

（10）乱改是指非法篡改数据，破坏数据完整性而使组织安全性降低或者数据不可用，威胁子类包括非法修改网络/系统安全配置、非法修改用户业务信息等。

（11）抵赖是指因利益冲突而否认发送或收到数据和信息等行为，威胁子类包括原发抵赖、接收抵赖、第三方抵赖等。

（二）常见的安全攻击

对于信息系统发动的常见安全攻击有缓冲区溢出攻击、SQL 注入攻击、格式化字符串问题、整数溢出攻击、跨站脚本攻击等。

1. 缓冲区溢出攻击

缓冲区是计算机内存中存放数据的地方。当程序试图存放数据到缓冲区某个位置时，如果没有足够的空间，就会发生缓冲区溢出。在缓冲区溢出攻击中，攻击者会生成一个超过缓冲区长度的字符串，并写入缓冲区中。一般情况下，向缓冲区写入超长字符串可能出现两种结果：一种结果是超长字符串覆盖相邻的存储单元，引发程序运行失败，严重时导致系统崩溃；另一种结果是利用这种漏洞执行额外的恶意代码，甚至可以获取系统的 ROOT 权限。造成缓冲区溢出的主要原因是程序没有仔细检查用户输入。C 和 C++是最容易产生缓冲区溢出漏洞的语言，汇编语言也会造成缓冲区溢出漏洞。

2. SQL 注入攻击

SQL 注入攻击是一种非常普遍的攻击方式，获取保密的个人信息或敏感数据是其最大的威胁。攻击者通过构造含有恶意代码的数据，利用字符串连接函数生成 SQL 语句，然后提交给 SQL 数据库服务器作为输入加以执行，从而发动 SQL 注入攻击。目前的 SQL 注入攻击不再局限于数据库应用，还可以蔓延到整个服务器甚至网络，任何与数据库交互的编程语言（如 Perl、Python、Java、C#、ASP、JSP、PHP 等）都可能受到 SQL 注入攻击的影响。

3. 格式化字符串攻击

格式化字符串攻击的根本原因是没有对用户提供的输入进行验证。这种攻击与缓冲区溢出攻击不同，它并不会修改相邻内存块的内容。如果格式化字符串攻击成功，攻击者可以获取敏感信息或执行额外代码，还可以借此发动 SQL 注入攻击或跨站脚本攻击。C 和 C++语言编写的程序比较容易受格式化字符串攻击的影响。

4. 整数溢出攻击

将一个变量声明为某种类型后，该变量能存储的最大值是固定的。如果存储的值大于该固定的最大值，将导致整数溢出。攻击者通过利用代码中内存分配的问题，使应用程序出错，从而触发整数溢出攻击。整数溢出漏洞不仅可以产生逻辑错误致使应用程序崩溃，而且可以借此提升用户权限及执行额外的任意代码。受整数溢出漏洞影响的语言有 C#、VisualBasie、VisualBasic.NET、Java 和 Perl 等。

5. 跨站脚本攻击

跨站脚本攻击主要是通过在网页中植入恶意代码，并在访问者浏览网页或者通过向管理员发送信息以诱使管理员浏览网页时执行恶意代码，进而获得管理员权限和控制整个网站。攻击者利用跨站请求可以轻松地驱动用户的浏览器发出非故意的 HTTP 请求，如修改口令、诈骗性电汇和下载非法内容等请求。对于跨站脚本攻击，任何用于构建网站的编程语言和技术都可能受到影响，如 PHP、ASP、C#、VB.NET、J2EE、Perl 等。

此外，其他可以发动安全攻击的形式还有利用基于弱口令的系统、缺少口令错误验证次数、未能处理错误信息、未能及时断开数据库连接、未能正确使用 SSL 和 TLS、不恰当的文件访问、未认证的密钥交换、目录遍历等。

二、信息系统的安全测评框架

对信息系统进行安全测评需要考虑众多方面的内容，其框架如图 2-9 所示。

（一）安全测评策略

制订安全测评策略是开展信息系统安全测评实践的先决条件。在综合考虑测评目的、成本效益、风险控制等要素基础上，制订安全测评策略，以解决有关测评的原则性问题，如什么不测试、什么要测试、什么时候开始测试、测试相关约束条件等。安全测评策略是关于安全测评风险评估与控制的问题，其制订需要分析与安全测评相关的各种因素，主要包括以下六种：

<table>
<tr><td rowspan="3">信息系统及其安全性描述、分析</td><td>安全测评策略</td><td>安全测评结果分析和报告</td><td rowspan="3">安全测评过程的质量控制</td></tr>
<tr><td>安全测评策略</td><td>安全测评范围/对象/项目</td></tr>
<tr><td>安全测评策略</td><td>安全测评方案</td></tr>
<tr><td colspan="2">安全测评技术及工具库</td><td colspan="2">安全技术知识库</td></tr>
<tr><td colspan="2">安全测评方法论</td><td colspan="2">安全测评标准</td></tr>
<tr><td colspan="4">安全测评策略</td></tr>
</table>

图 2-9 信息系统安全测评框架

（1）安全测评的用户需求因素：通常用户有一定的侧重点，测试需要关注用户的重点需求。

（2）信息系统自身的各种因素：需要考虑不同信息系统的特殊性，如专用信息系统或高实时性信息系统与一般信息系统的差别。

（3）安全测评产生的影响因素：需要考虑安全测评对信息系统将要产生的影响，对安全测评活动带来的风险进行有效分析与控制。如果安全测评影响信息系统的正常运行，则必须与用户协商是否有必要开展安全测评。开展安全测评应选择一个合适的时机，避开信息系统的使用高峰期间，以免影响信息系统的性能。开展安全测评需要准备好应急和恢复措施，以应对安全测评过程中可能出现的异常状况，并在测评完成后尽快恢复信息系统的正常运行。

（4）安全测评的代价成本因素：信息系统安全测评的涉及面很广泛，但并不是每个测试项目对信息系统的安全测评都很重要。因此，在测试项目的选择上应有所取舍，力求花费较小成本而获得信息系统的安全性认知。

（5）安全测评的法律法规因素：安全测评必须遵循和满足国家相关的法律法规，同时还要明确与用户之间的权利与义务。

（6）安全测评的信息保密因素：用户的信息系统关系到用户利益，应在法律的约束下签订保密协议。

（二）安全测评的测试流程

安全测评的测试流程是一个规范信息系统安全测评的过程，用于指导如何进行安全测评。对于信息系统的安全测评，其测试流程非常重要，涉及信息系统安全测评的项目管理、质量控制等。安全测评的测试流程通常包括三个阶段：测试前的系统分析准备阶段、现场安全测试阶段和测试后的数据汇总评价阶段。现场安全测试是信息系统安全测评测试流程中最重要的部分，测试内容如图 2-10 所示。

在信息系统体系架构安全性分析过程中，应从信息系统的整体架构上审查其安全性，保证信息系统体系结构的安全性。

安全渗透测试是指从信息系统的外部或内部进行渗透攻击模拟测试，主要检测信息系统对外部或对内部所暴露出的脆弱性。当从信息系统的外部进行安全渗透测试时，如从互联网远端对信息系统进行远程安全渗透测试，此时的安全测试属于黑盒测试；当从信息系统的内部进行安全渗透测试时，此时的安全测试属于灰盒测试。从渗透的层次上，安全渗透测试可以分为网络安全渗透测试和应用安全渗透测试，前者主要针对网络层次的脆弱性和安全漏洞，后者主要针对应用层次的脆弱性和安全漏洞。

安全脆弱性检测是考虑到攻击可能来自信息系统的内部人员，在同一网段或不同网段之间进行安全性渗透测试，测试的目的是暴露信息系统对内所呈现出的脆弱性。安全脆弱性检测包括在网络、主机和应用三个层次上的测试，即在网络层次上需要检测路由器、交换机、负载均衡、防火墙、IDS 等网络设备的脆弱性和安全漏洞，在主机层次上需要检测各种操作系统和开放服务的脆弱性和安全漏洞，在应用层次上则是检测应用服务的脆弱性和安全漏洞。

安全配置检查主要检测信息系统各个组件的安装配置是否符合安全策略，即安全策略是否正确地得到落实，同样包括网络、主机和应用三个检查层次。在网络层次上主要检测

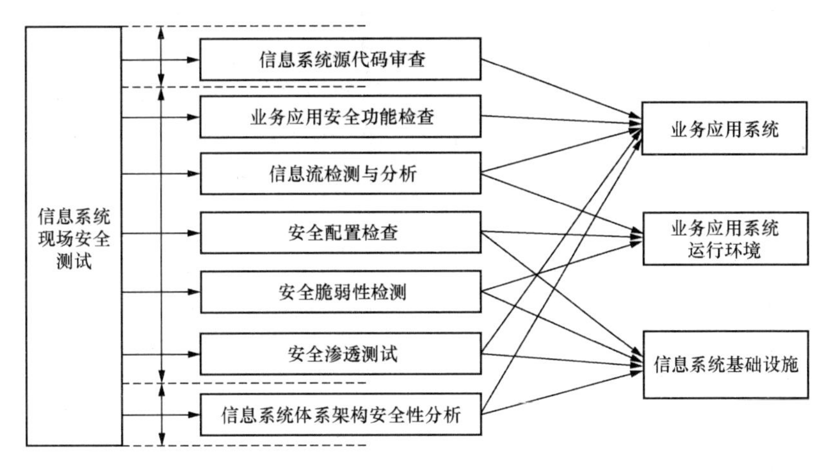

图 2-10　信息系统现场安全测试内容

路由器、交换机、负载均衡等网络设备以及防火墙、IDS、加密机等安全设备的配置状况，在主机层次上主要检测操作系统补丁安装情况、账号管理及密码策略、文件系统的访问控制、系统对外开放的服务及端口、系统内部审计子系统、防病毒子系统等的安全配置，在应用层次上检查依赖于具体的信息系统业务类型，重点是业务数据方面的安全性。

信息流检测与分析是验证信息系统实际的信息流与设计的信息流流向、机密性、完整性等的符合性，以及检测是否存在异常的信息流。

业务应用安全功能检查是对信息系统所承载的业务应用的安全功能进行验证，保证其功能符合安全性要求。

信息系统源代码审查是一个可选的测试项目。由于源代码的安全性会影响整个信息系统的安全性，通常测试人员特别重视信息系统源代码的安全性测试。

（三）安全测评的测试方法

安全测评的测试方法可分为安全静态测试和安全动态测试。安全静态测试主要分析信息系统架构、所采用协议及应用程序设计与实现过程中的缺陷，安全动态测试主要检测信息系统运行期间所表现出的安全脆弱性，这种安全脆弱性是信息系统前期设计和实施及运行期间各种因素综合产生的结果。

1. 安全静态测试

安全静态测试是信息系统的一个基础性和支撑性的安全控制措施，多用于信息系统的设计和实现过程中，以从源头上控制信息系统的安全性。对于已经建成并运行的信息系统，一般很少采用安全静态测试。安全静态测试主要包括以下三个方面的内容：

（1）信息系统设计原则和体系架构的审核。

（2）信息系统协议安全性分析与测试。

（3）信息系统源代码安全的测试。

2. 安全动态测试

安全动态测试是对投入运行的信息系统安全性所进行的测试，目的是发现信息系统潜在的漏洞和弱点。安全动态测试可采取两种方式：全方位安全测试和纵深安全测试。全方位安全测试是针对信息系统的网络拓扑结构，选择一些有代表性的测试点，对信息系统进行全面的安全性测试。该方法的重点在于测试点的选择。根据测试点所针对的测试对象，测试点可分为两类：针对主机的测试点和针对网络的测试点。纵深安全测试是指在全方位纵深安全测试的过程中，测试范围覆盖网络的整个协议层。以 TCP/IP 网络为例，纵深安全测试涵盖接口层、网络层、传输层、应用层，从各个网络协议层次测试信息系统的安全性。

（四）安全分析方法

对信息系统进行安全性分析，主要有四种方法：生命周期安全分析法、安全脆弱性分析法、安全信息流分析法、安全状态分析法。在实际工作中，需要综合运用上述方法。

1. 生命周期安全分析法

信息系统和其他系统一样是有生命周期的。因此，可以针对信息系统生命周期的各个阶段分析安全性。信息系统在生命周期的每个阶段都有其相应的任务，这些任务应包含安全相关的需求。生命周期安全分析法就是通过分析信息系统生命周期各个阶段存在的安全问题，发现各个阶段安全问题对整个信息系统带来的安全脆弱性，从而确定信息系统生命周期各个阶段的安全防护任务。

2. 安全脆弱性分析法

安全攻击主要是利用信息系统自身的脆弱性发动的。因此，安全脆弱性分析法的基本思想是查找并消除信息系统的脆弱性，使攻击者没有可以利用的脆弱性。信息系统脆弱性的分析方法有黑盒分析法、白盒分析法和灰盒分析法。这些分析方法的缺点是需要穷举信息系统的脆弱性，这点很难做到。可行的做法是先确定信息系统所要达到的安全保障级别，然后分析在此安全保障级别下信息系统不应存在的脆弱性，最后消除这些安全脆弱性。

3. 安全信息流分析法

安全信息流分析法主要有以下五个步骤：

（1）确定信息系统内部的安全信息。

（2）结合信息系统的业务流程，分析安全信息流。

（3）识别安全信息流涉及的子系统，并分析这些子系统的安全脆弱性。

（4）对上述子系统的输入/输出接口进行分析，确保这些输入/输出接口的安全。

（5）分析安全信息在上述各子系统之间传递时，可能存在的脆弱性和面临的威胁。

安全信息流分析法的特点是针对信息流做安全分析，但不太适用于业务持续性或不间断性要求高的信息系统，同时需结合其他分析方法进行安全性分析。

4. 安全状态分析法

安全状态分析法是从逻辑上将信息系统按照一定的规则划分为若干相对独立的子系统，通过分析这些子系统的安全状况评估整个信息系统的安全状态。安全状态分析法的难点在于依据什么规则对信息系统进行划分，并保证划分所得是一个最小完备集，即划分出的子系统是最小且没有重叠的子系统。一个可行的方法是按系统设备进行划分，这种划分法简易但不合理，会割裂子系统安全功能的完整性，不利于信息系统安全状态的分析和判定；也可以按安全功能划分，如标识与鉴别、访问控制、机密性、完整性、抗抵赖、审计和备份恢复类等，或者按子系统功能划分，如办公子系统、核心业务子系统、数据库子系统、网络/安全管理子系统等。

（五）风险分析方法

安全风险分析是对安全风险的影响和后果进行评估，常见的方法有基于知识的安全风险方法、基于技术的安全风险分析方法、定量分析方法和定性分析方法。

1. 基于知识的风险分析方法

基于知识的风险分析方法主要是依靠经验进行，通过采集相关信息，识别组织的风险所在和当前的安全措施，与特定的标准和惯例进行比较，找出不适合的地方，并按照标准或最佳惯例的推荐，选择安全措施，最终达到消减和控制风险的目的。此类方法多集中在管理方面，对技术层面涉及较少，组织相似性的判定、被评估组织的安全需求分析及关键资产的确定都是该方法的制约点。

2. 基于技术的风险分析方法

基于技术的风险分析方法是指对组织的技术基础结构和程序进行系统、及时的检查，对组织内部计算环境的安全性及其对内外攻击脆弱性的完整性估计。这类方法在技术上分析的比较多，技术弱点把握精确，但在管理上较弱，管理分析存在不足。

3. 定量分析方法

定量分析方法是通过将资产价值和风险等量化为财务价值的方式进行计算的一种方法。这种方法的优点是能够提供量化的数据支持，威胁对资产造成的损失直接用财物价值衡量，结果明确，易于被管理层所理解和接受。其缺点是对财产的影响程度以参与者的主观意见为基础，计算过程复杂，对分析数据的搜集目前还没有统一的标准和统一的数据库。

4. 定性分析方法

定性分析方法是根据企业本身历史事件的统计记录、社会上同类型企业或类似安全事件的统计和专家经验，并通过与企业管理、业务和技术人员的讨论、访谈和问卷调查等方法确定资产的价值权重，再通过计算方法确定某种资产所面临风险的近似大小。定性分析法能比较方便地对风险按照程度大小进行排序，避免对资产价值、威胁发生的可能性等硬性赋值导致的结果差异性较大的问题，便于企业管理、业务和技术人员更好地参与分析工作。其缺点是缺乏客观数据支持，无法进行客观的成本/效益分析。定性分析法是目前普遍采用的风险分析方法。

三、信息系统安全测评涉及的关键技术

下面介绍信息系统安全测评所涉及的一些关键技术，包括漏洞扫描技术、网络嗅探技术、渗透测试技术、入侵诱骗技术等。

（一）漏洞扫描技术

漏洞扫描是一种通过主动检查信息系统或网络自身安全以发现问题并及时堵住漏洞，从而提高信息系统或网络抗攻击能力的技术，是信息系统或网络安全保障的一个重要措施。漏洞扫描开启后，首先探测目标系统的存活主机，对存活主机进行扫描以确定开放的端口，同时利用协议指纹技术识别主机的操作系统类型，然后根据操作系统的类型和提供的网络服务调用漏洞知识库中各种漏洞进行逐一检测，判断信息系统或网络是否存在漏洞。

1. 漏洞扫描的主要策略

漏洞扫描主要有两种策略：基于主机的漏洞扫描和基于网络的漏洞扫描。

（1）基于主机的漏洞扫描。基于主机的漏洞扫描通常在目标系统上安装一个代理或者服务，以能够访问所有的文件和进程，从而可以发现更多的漏洞。现在多数基于主机的漏洞扫描在每个目标系统上都有代理，以便向中央服务器反馈信息，中央服务器通过远程控制台进行管理。基于主机的漏洞扫描的主要优点是扫描的漏洞数量多、集中化管理、网络流量负载小、通信过程可以加密，缺点是投入较高，包括价格和维护成本。

（2）基于网络的漏洞扫描。基于网络的漏洞扫描是通过网络远程扫描目标系统的漏洞。一般来说，基于网络的漏洞扫描可以视为一种漏洞信息收集，根据不同漏洞的特性构造网络数据包发给网络中的一个或多个目标系统以判断某个特定的漏洞是否存在。基于网络的漏洞扫描的主要优点是价格比较便宜，操作过程无需涉及目标系统或在目标系统上安装任何东西；缺点是不能穿越防火墙，有些信息系统的漏洞检测不到。

2. 常见的漏洞扫描工具

通常情况下，常见的漏洞扫描工具有以下四种：

（1）NSS 由 Perl 语言编成，运行速度非常快，可以执行 Sendmail、匿名 FTP、NFS 出口、TFTP、Hosts.equiv、Xhost 等检测，但对 Hosts.equiv 的扫描需要系统最高权限。

（2）Strobe 作为 TCP 端口扫描器，可以记录指定机器的所有开放端口。该工具的主要特点是能够快速识别指定机器上正在运行什么服务。

（3）SATAN 用于扫描远程主机的已知漏洞，包括但不限于以下漏洞：FTP 脆弱性、可写的 FTP 目录、NFS 脆弱性、NIS 脆弱性、Sen-dmail 等漏洞。

（4）IdentTCPscan 是一个专业扫描器，可以运行于各种平台，能够检测指定 TCP 端口进程的 UID，并通过发现的 TCP 端口进程 UID 快速识别出错误配置。

（二）网络嗅探技术

嗅探有时也称为监听，一般是指通过某种方式窃听不是发送给本机或本进程的数据包的过程。嗅探器是能够实现嗅探的工具，有软件嗅探器和硬件嗅探器两种类型。通过将嗅探技术运用于网络安全领域，可以协助安全防御体系特别是安全监控体系的实现与测试。

根据探测对象不同，网络嗅探技术可以分为通用嗅探和专用嗅探。前者支持多种协议，如 tcpdump、snifferit 等；后者一般针对特定软件或只提供特定功能，如专门针对 MSN 等即时通信软件的嗅探，专门针对邮件密码的嗅探等。根据工作环境不同，网络嗅探技术又可以分为本机嗅探、广播网嗅探和交换机嗅探等类型。

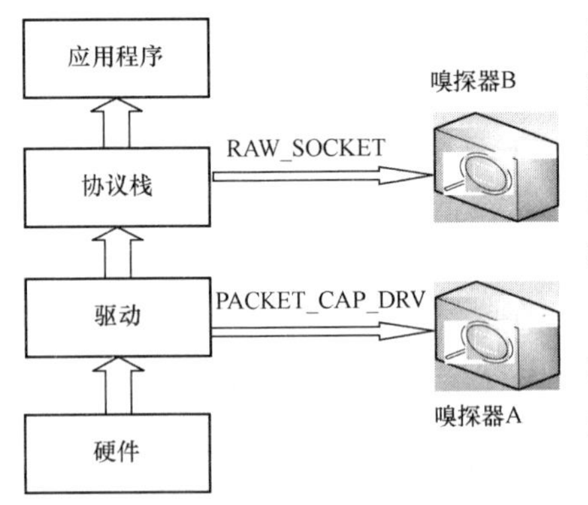

图 2-11　本机嗅探的实现原理

（1）本机嗅探。本机嗅探是指嗅探程序在某台计算机内通过某种方式获取发送给其他进程的数据包的过程。例如，当邮件客户端收发邮件时，嗅探程序可以窃听所有的交互过程和其中传递的数据。本机嗅探实现的原理如图 2-11 所示。一般来说，硬件收到网络数据包后，还需经过硬件驱动层和操作系统协议栈才能送达应用程序进行处理。因此，如果在硬件驱动层或操作系统协议栈编写数据包捕获代码，就可以获得其他应用程序的网络数据。

（2）广播网嗅探。广播网一般是指基于集线器的局域网络，所有的数据包会在该网络中广播发送（发送给所有端口）。广播网的数据传输是基于“共享”模式的，同一本地网内的所有计算机接收相同的数据包。正因如此，以太网卡都构造了硬件“过滤器”以忽略掉一切与自身无关的网络数据包，实际上是忽略掉与自身 MAC 地址不符的网络信息。广播网嗅探是发生于广播网中的嗅探行为，并利用广播网“共享”的通信方式。只要将本机以太网卡设为混杂模式，就可以使嗅探工具支持广播网或多播网的嗅探，获得该广播网段的所有数据。

（3）交换机嗅探。交换机的工作原理与集线器不同。它不再将数据包转发给所有端口，而是通过“分组交换”进行一对一的数据传输，即交换机能够记住每个端口的 MAC 地址，根据数据包的目的地址选择相应端口，只有对应该目的地址的以太网卡才会收到数据。交换机嗅探是指在交换机中通过某种方式进行的嗅探。由于交换机基于“分组交换”工作模式，将以太网卡简单地设为“混杂”模式并不能嗅探到网络上的数据包，而只能接收本机的数据包，因此需要采用其他方法实现基于交换机的嗅探。

（三）渗透测试技术

渗透测试是为了证明网络防御按照预期计划正常运行而提供的一种机制。详细地说，渗透测试是一个在评估目标主机和网络安全性时模仿黑客特定攻击行为的过程，通过尽可能完整地模拟黑客使用的漏洞发现技术和攻击手段，对信息系统进行深入探测以发现信息系统安全性最脆弱的环节。按照重要程度的不同，渗透测试的对象可以分为以下四类：

（1）可见信息。可见信息是指从互联网接入处能够看到的关于组织的任何信息，包括开放的或者被过滤的端口、系统类型、网络体系架构、应用程序、Email 地址、雇员名单、系统管理员能力要求、软件产品流通模式和雇员访问网站及下载习惯等。

（2）接入信息。接入信息是指互联网使用者访问组织的网络可以获得的信息，包括网页、电子商务、P2P、DNS、视频流及任何服务端在网内而使用者在网外的服务。

（3）信任信息。信任信息是指一种或几种证明、认可、数据完整性、接入控制、可说明性和数据机密性等内容，包括 VPN、PKI、HTTPS、SSH、Email 或其他形式（Server/Server、Server/Client、P2P）的两台计算机互联等。

（4）警报信息。警报信息是指对侵犯或者尝试侵犯可见信息、接入信息和信任行为的及时而准确的报警信息，包括日志文件分析、端口监视、流量监控、入侵检测系统和防火墙系统等。

一次完整的渗透测试通常涉及以下要素：网络勘查、端口扫描、系统识别、漏洞测试、服务探测（网站信息、电子邮件信息、名字服务、防病毒木马）、漏洞精确扫描、溢出搜寻、漏洞测试和确认、应用程序测试、防火墙和访问控制测试、入侵检测系统（IDS）测试、文件服务测试、社会工程学测试、密码破译、拒绝服务测试、Cookie 和网页缺陷分析。这些要素的组织关系如图 2-12 所示。

根据测试人员在信息系统或网络的位置不同，所采取的渗透攻击路径不同，具体有以下三种情形：

（1）内网测试。内网测试是指测试人员由网络内部发起的渗透测试。这类测试能够模拟网络内部违规操作人员的行为，最主要的“优势”是绕过了防火墙的保护。

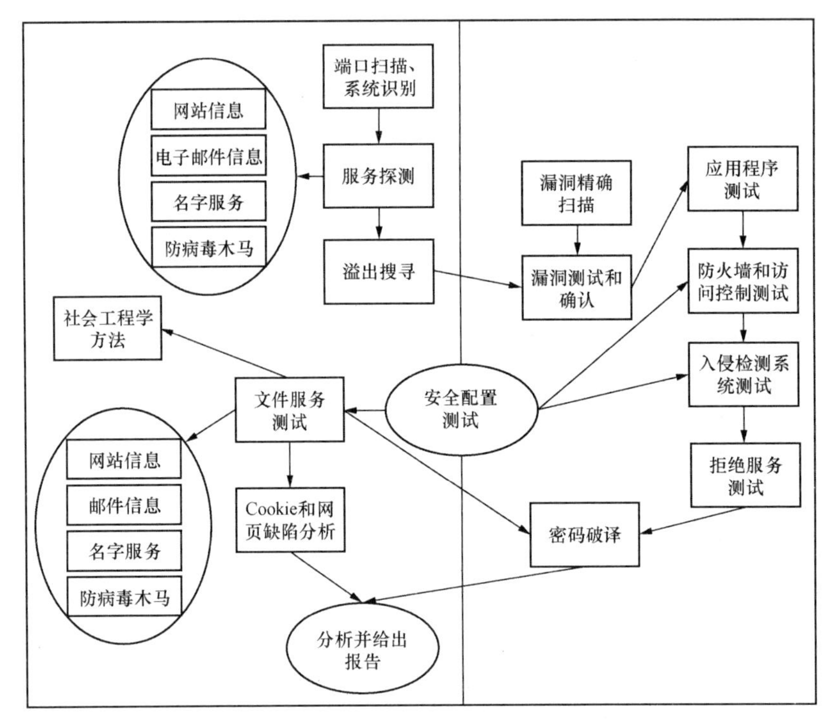

图 2-12 渗透测试元素的组织关系

（2）外网测试。外网测试是指测试人员完全位于网络外部，模拟从网络外部发起渗透攻击。攻击者对组织内部信息可能一无所知，也可能一清二楚。

（3）不同网段之间的测试。这种渗透测试是从某一网段的内部或外部，尝试对另一网段进行渗透攻击。

渗透测试在上述三种情形下所要完成的功能不尽相同。例如，考虑到内网位于防火墙的内部，其安全测试需求相对减少，内网渗透测试则以漏洞测试和口令猜测为主，集中在重要应用系统的安全漏洞测试，而针对防火墙、访问控制、IDS 等的安全配置测试可以从简。另外，可以借助一些工具进行渗透测试，如 NMAP、XSCAN 等免费软件，ISS 公司的 Scanner 系列扫描器，CORESecurity Technologies 公司的 IMPACT，ImmunitySec 公司的 Immunity CANVAS 等商业软件。

（四）入侵诱骗技术

入侵诱骗是采用诱导欺骗的方式对入侵行为进行牵制、转移甚至控制。其目的是利用特定特征吸引入侵者，使入侵者认为信息系统或网络存在可利用的安全弱点和有价值的信息资源（这些资源是伪造或不重要的），并将入侵者引向这些信息资源，同时对入侵者的各种攻击行为进行监控，从而分析和找到有效的应对方法。

1. 蜜罐技术

（1）蜜罐的概念。蜜罐技术研究的权威人士 Lacne SPitnze 对蜜罐的定义是，蜜罐是一个资源，它的价值在于它会受到探测、攻击或攻陷。蜜罐并不修正主观问题，它仅为用户提供额外的、有价值的信息。蜜罐是一种专门设计成被扫描、攻击和攻陷的网络安全资源，其价值在于被扫描、攻击和攻陷，然后对系统中所有操作和行为进行监视、记录、检测和分析。网络安全专家通过精心的伪装，如将低版本存在多个易受攻击漏洞的操作系统作为蜜罐系统，并安装一些安全后门以吸引攻击者上钩，或者放置一些网络攻击者希望得到的敏感信息（这些信息都是虚假的信息），使攻击者在进入目标系统后仍不知自己所有的行为已经处于系统的监视下。攻击者在蜜罐中耗费精力和技术，从而保护了真正有价值的，正常的系统和资源。由于蜜罐除了吸引攻击外没有其他任务，因此所有连接的尝试可以视为是可疑的，所有流入/流出蜜罐的网络流量可能预示着扫描、攻击和入侵。

（2）蜜罐的分类。按照使用目的不同，蜜罐可以分为产品型蜜罐和研究型蜜罐。产品型蜜罐的目的是为一个组织的信息系统或网络提供直接的安全保护。一般产品型蜜罐比较容易部署，而且不需要系统管理员投入大量的工作，具有代表性的产品型蜜罐包括 DTK 开源工具及 KFsensor、ManTrap、SmokeDetector 等商业产品。研究型蜜罐专门用于捕获与分析恶意软件及黑客攻击。通过部署研究型蜜罐，对攻击行为进行追踪与分析，能够捕获键击记录，了解攻击者所使用的攻击方法和工具，甚至能够监听黑客之间的交流信息。研究型蜜罐需要研究人员投入大量的时间和精力攻击监视与分析，具有代表性的研究型蜜罐是蜜网。

按照交互多少不同，蜜罐可以分为低交互型蜜罐和高交互型蜜罐。低交互型蜜罐没有真实的操作系统和应用程序，仅通过模拟方式提供一些简单的服务，如监听某些特定端口。低交互型蜜罐主要是检测未经授权的扫描或者连接，无法捕获复杂协议下的通信过程，攻击行为受到蜜罐模拟水平的限制，能够提供的关于攻击者的信息量有限。低交互型蜜罐类似一个单向连接，只有信息从外界流向本机，而没有响应信息发出，因此具有的风险很低。高交互型蜜罐具有真实的操作系统和应用程序，向攻击者提供真实而非模拟的环境，因此复杂度大大增加。高交互型蜜罐能够提供大量关于攻击者的信息，但是具有较高级别的风险，因为一旦攻击者掌握了某个高交互型蜜罐的控制权，就拥有了一个完整的操作系统发动攻击。高交互型蜜罐系统的部署代价最高，构建和维护也极为耗时，同时需要系统管理员的持续监控。高交互型蜜罐与低交互型蜜罐之间的比较参见表 2-9。

表 2-9　　低交互型蜜罐与高交互型蜜罐的比较

项目	低交互型蜜罐	高交互型蜜罐
实现方式	一般通过模拟服务和操作系统实现	采用真实的操作系统和应用程序，给予黑客真实的信息
优点	配置比较简单（没有系统管理），被穿透的可能性很小	捕获信息量大，容易检测出新的攻击方法和工具，不需预先设想黑客的行动
缺点	有限制的交互作用，容易被攻击者发现，记录的信息有限	难以配置和维护，风险较高，容易被黑客攻陷用来作为新的攻击据点

按照服务提供方式不同，蜜罐可以分为模拟蜜罐和真实蜜罐。为了使蜜罐在网络上看似为真实的主机，需要提供看似为真实的操作系统和服务。其中，服务因为要与攻击者直接交互而显得尤为重要。模拟蜜罐提供模拟的操作系统和服务，黑客的行为被蜜罐局限在模拟的级别。模拟蜜罐包括 Honeyd、SmokenDetector、KFsensor 等。真实蜜罐利用真实的操作系统和应用服务与黑客进行交互。就运行平台而言，它们又可分为真实硬件平台和虚拟硬件平台。这类蜜罐包括 Honeynet、Symantec Decoy Server 等。总体而言，模拟蜜罐比较适合作为商业产品，而真实蜜罐比较适合用于科学研究。两者的比较参见表 2-10。

表 2-10　　模拟蜜罐与真实蜜罐的比较

项目	模拟蜜罐	真实蜜罐
风险	低，系统自身安全加固相对容易	高，系统自身安全性要求高
真实程度	差，体现为具有指纹	好
获得信息量	少，主要是连接信息	多，黑客的所有行为
主要作用	预警、检测	研究攻击者行为
优点	开销少，部署相对容易，管理简单	获得信息量多，隐蔽性好
缺点	真实性较差，具有指纹；信息量有限	管理难度大，要求高；硬件开销大，部署困难；风险大

2. 蜜网技术

（1）蜜网的概念。蜜网是在蜜罐技术上逐渐发展起来的一种新技术，是一种高交互的蜜罐。它不单是一种产品，更是一种诱骗攻击者发动攻击的环境。它的目的是更有效地吸引和捕获黑客的行为并记录相关信息，并方便部署者对这些记录进行分析，以获取黑客的攻击方法，了解黑客的攻击工具，洞悉黑客的攻击心理，通过了解和学习黑客的攻击技术，进而对网络做出更好的保护。

（2）蜜网的特点。

1）综合集成化。蜜网是蜜罐技术的延伸，两者区别如下：普通的蜜罐是一台机器，蜜网则是一个有机网络，一般由数台计算机组成，并配以各种必要的软硬件，使其看似为一个真实的系统产品，该产品包括各种服务和操作系统，如 HTTP、FTP、Mail 等服务和 Windows、Linux、BSD、Solaries 等操作系统。所以，蜜网常是一个体系结构，或者说是一个解决方案。

2）高交互性。相对于 DTK、Honeyd 等低交互性的蜜罐通过模拟服务和操作系统，而不是真正安装真实的服务和操作系统捕获黑客行动记录，蜜网则通过各种真实的服务和操作系统提供“服务”，以获取黑客行动记录，黑客面对的是一个完整的系统网络，而不是虚拟的网络。

3）低风险、高收益。在蜜网内安装有各种数据控制工具，能将黑客的行为控制在允许的范围内，又能保证不使黑客知道其行为已经受到监视和约束，这样虽然黑客有可能在该网络内采用各种已掌握但未公开的技术、工具试图攻击其他网络，但不仅不能达到攻击目标，而且使部署者轻松地获取了这些信息。一旦黑客行为的后果超出了部署者可承受的范围，可以马上中断连接，由于该网络不是一个真实的系统网络，即使蜜网受到破坏，部署者最大的损失只是重装系统。由于蜜网的特殊性质，任何对蜜网网络的链接基本上是可疑的探测、扫描等攻击行为，任何由蜜网网络发出的链接都意味着网络内某主机已经遭到攻陷。因此，网络内的任何活动，均是有价值的、值得部署者关注的信息。

4）控制的灵活性。能否捕获更多的黑客行动记录，在于蜜网的控制程度。控制程度越高，黑客可进行的活动就越少，部署者可获取的信息越少；控制程度越低，黑客可进行的活动越多，部署者可获取的信息越多。这样，部署者可以在自己可以承受的范围内灵活地部署蜜网。

5）省时高效。

其他各种安全防御措施，如 IDS、防火墙，部署者需要在大量的日志中搜索有价值的少数信息，或者在系统遭到破坏后才能知道系统已经遭到黑客入侵。由于蜜网在正常情况下的任何数据包都是异常数据包，因此它记录的内容相对于 IDS 非常少。通过日志记录，蜜网可以将部署者感兴趣的事件以各种方便的途径发送给部署者，部署者不需要不间断地守候着系统，在省却大量时间的同时掌握各种关键信息。

四、信息系统脆弱性评估分析

脆弱性评估技术通过分析信息系统和网络的脆弱性，对信息系统和网络的安全状况给出量化评估结果，为信息系统和网络的安全优化提供依据。信息系统和网络的脆弱性评估已经成为信息安全防护的重要措施之一。

（一）网络脆弱性评估的发展

网络脆弱性评估是指通过对网络存在的脆弱性进行综合评估，分析网络可能遭受的安全威胁和攻击，从而反映网络的安全状态。网络脆弱性评估的目的是通过分析和识别网络的脆弱性，找出网络安全的薄弱环节并进行针对性的修复，达到以最小代价获取最大的安全回报。网络安全领域的脆弱性评估方法最早起源于黑客攻击技术和黑客攻击防范技术，随着网络规模的扩大和应用范围的增多，网络脆弱性评估方法开始发展起来。

在安全脆弱性评估的初期，主要是通过利用在实际使用中积累的经验检验更多的计算机系统的安全性，如何产生更精确、更完备的检验规则成为当时研究的重点，这种方法实际上是一种规则匹配。随着网络环境的不断变化，这种基于规则的评估方法因其自身的固有缺点，已不能满足安全评估的需要。随着数学工具的不断丰富，研究人员开始使用故障树、图、有限状态机等工具进行网络脆弱性评估的研究，脆弱性评估方法的研究成为一个新兴的研究方向。

脆弱性评估方法经历了多个阶段的发展变化，评估的手段不断成熟，评估方法和评估模型日渐丰富。纵观脆弱性评估方法的发展历史，脆弱性评估的发展过程大致可以总结为以下四个特征：

（1）由手动评估向自动评估发展。

（2）由基于主机的评估向基于网络的评估发展。

（3）由定性评估向量化评估发展。

（4）由基于规则的评估向基于模型的评估发展。

（二）脆弱性扫描工具

脆弱性扫描工具是一些自动检测远程主机或本地主机安全性弱点的程序，是针对网络主机和设备的安全薄弱环节而开发的信息安全评估工具，可用于发现整个网络设备或者主机系统存在的安全漏洞、安全隐患和开放端口。常用的脆弱性扫描工具有 ISS、SATAN、COPS、Nmap、Nessus、NAI CyberCop Scanner 等。脆弱性扫描工具按照实现方式划分，可以分为基于网络的扫描工具（如 Nmap、Nessus、ISS 等）和基于主机的扫描工具（如 COPS 等）。

扫描技术的出现使脆弱性发掘从手工阶段进入自动化探测阶段，标志着网络安全工具从被动检测（如防火墙、入侵检测）转变为主动检测的角度为网络提供安全服务，是脆弱性评估技术的一大进步。根据脆弱性扫描工具的结果，系统管理员能够发现所维护设备的各种端口分配、提供的服务、应用软件的版本及这些服务和软件呈现在网络上的安全漏洞，从而在安全维护中能够做到“有的放矢”，及时修补漏洞以提升系统的安全性，扫描工具的研究重点集中在如何找到更准确的匹配规则和更加完备的规则集。目前，国际上比较权威的脆弱性数据库有 Mitre 开发的通用脆弱性数据库（common vulnerabilities and exposures，CVE）、Symantec 公司 SecurityFocus 小组发布的 Bugtraq 库、IIS 公司发布的 X-Force 库及 CERT/CC（美国计算机紧急事件响应小组协调中心）发布的脆弱性数据库等。

（三）脆弱性扫描的评估方法

1. 基于规则的脆弱性评估方法

基于规则的脆弱性评估方法将单独攻击表示为一个基于规则系统的转移规则，并定义了不干扰规则集。使用一个状态转移模型，用状态结点表示计算机网络的配置信息和攻击者的能力，将规则集表示为状态转移过程。根据规则集属性的匹配关系，提供一种高效的脆弱性分析算法，实现网络中攻击的路径。对于不干扰规则集，该算法是类似于基于单调的方法，具有较好的可扩展性。但该算法过于依赖规则集的制定，相当于假设攻击者已经了解整个网络的详细结构，该假设不合常理。

2. 基于模型的脆弱性评估方法

基于规则的脆弱性评估依赖于规则库的完备性和准确性，对于日益庞大的网络系统规模和越来越复杂的网络安全状况，及时准确地提供规则库成为基于规则脆弱性评估方法的瓶颈。信息系统中主机间的关联性与信任关系等隐含信息对网络安全产生很大的影响，但这些都无法在规则库中体现出来，因此越来越多的科研人员将脆弱性评估的研究方向转向了基于模型的方法。

基于模型的脆弱性评估方法是为整个网络建立评估模型，首先对整个网络进行形式化描述，包括网络构成元素、系统配置信息、拓扑结构、关联关系、脆弱性信息等，将其作为输入条件，采用相应的模型构建算法，得到网络系统的所有可能的行为和状态，并通过模型分析方法，对整个网络进行安全评估。基于模型的方法可以从网络整体的角度，全面客观地对网络中脆弱性所产生的安全影响进行评估。比较典型的基于模型的脆弱性评估方法包括攻击树模型、特权图模型、攻击图模型等。

（1）攻击树模型。攻击树模型是对故障树模型的扩展。攻击树提供了一种描述信息系统所面临安全威胁和攻击的形式化方法，它以一种树型结构表示信息系统面临的攻击，提供了一种自下而上的结构表现对信息系统的攻击过程。图 2-13 所示为一个简单的攻击树。攻击树的根节点表示攻击目标，叶子结点表示实现攻击目标的不同方法，每个节点的子节点是可以实现该节点所代表目标的一种方法。

攻击树的节点可以分为 AND 型结构和 OR 型结构，如图 2-14 所示。对于 AND 型结构，攻击者想要实现攻击目标 G_0，必须同时满足 G_1～G_n 的所有子目标，缺一不可；对于 OR 型结构，攻击者想要实现攻击目标 G_0，只要满足 G_1～G_n 的任意一个子目标即可。

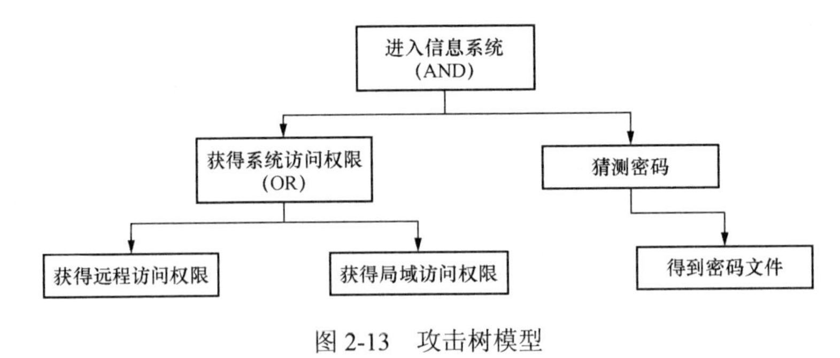

图 2-13　攻击树模型

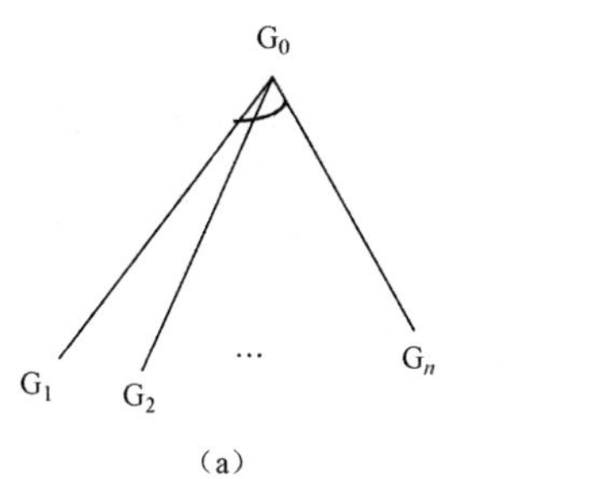

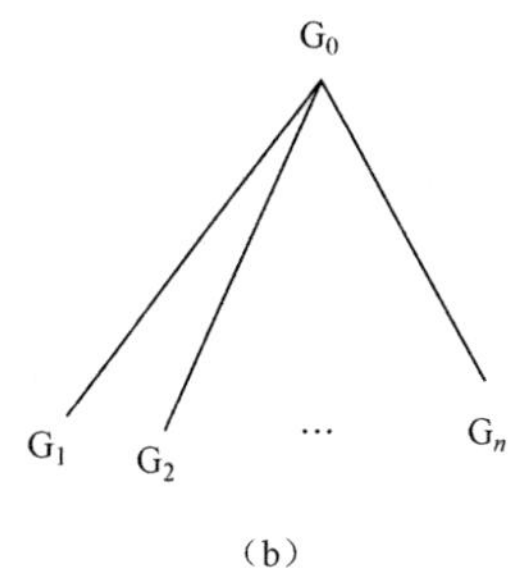

图 2-14　攻击树节点类型

（a）AND 型；（b）OR 型

（2）特权图模型。特权图反映了攻击者在攻击过程中的权限变化。特权图的节点表示用户所具有的权限集合，节点间的连线表示利用脆弱性所导致的权限转移，它反映了拥有起始节点权限的用户利用存在的脆弱性能够获取目标节点所代表的权限。

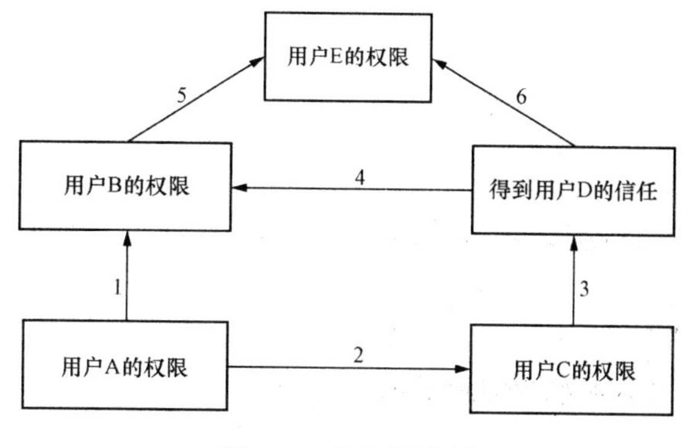

图 2-15　特权图实例

通往攻击目标的不同路径代表了攻击者实施攻击的不同过程。特权图可以用来构建攻击状态图，描述攻击者能够到达某个特定目标（如修改主机中的文件）的不同路径，并运用数学公式计算攻击者要想利用这些漏洞攻破系统所需付出代价的量化标准。图 2-15 所示为一个简单的特权图实例。

在图 2-15 中，各个连线的具体含义见表 2-11。

表 2-11　　图 2-15 中各个连线的含义

连线编号	含　　义
1	用户 A 可以成为用户组 B 的成员
2	用户 C 的密码可以被用户 A 猜到
3	用户 D 的 RHOSTS 文件可以被用户 C 改写，用户 C 可以得到用户 D 的信任
4	用户 B 可以运行属于用户 D 的程序
5	用户 B 可以修改用户 E 的 TCSHRC 文件
6	用户 D 可以修改用户 F 的 setuid 程序

（3）攻击图模型。攻击图是一种采用数学方式反映信息系统和网络可能遭受各种攻击细节的方法，由信息系统和网络中所有可能的攻击路径构成。攻击图可以看作是一个包含了多个攻击树的结构。与攻击树相比，攻击图中的节点可以拥有不止一个父节点，可以同时体现多个攻击者针对不同目标进行的攻击路径，而且支持归纳推理和演绎推理。图 2-16 所示为攻击图的一个示例。攻击图可以直观地体现出网络可能遭受攻击的详细情况，包括

攻击的发起点、攻击利用的脆弱性、攻击的目标等。

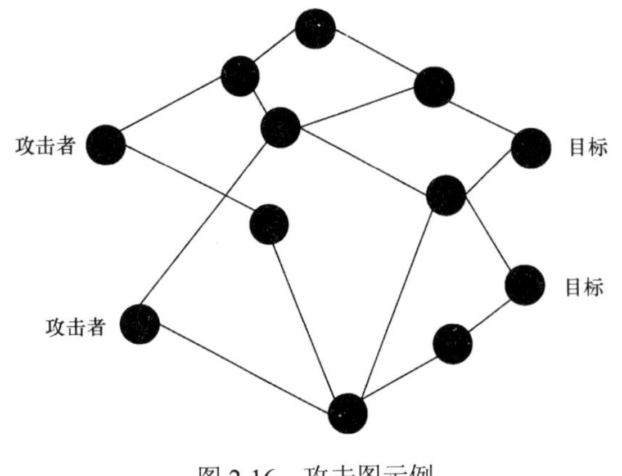

图 2-16　攻击图示例

针对信息系统和网络安全分析的攻击图存在多种形式，按照表现形式的不同，攻击图可以归纳为两种基本类型。在第一种类型的攻击图中，每个节点表示信息系统或网络的一种状态，节点之间的每条边表示由攻击者的动作而引起的状态转移。这类攻击图被称为状态枚举型攻击图，简称状态攻击图，典型的代表是 Swiler 和 Phillips 的攻击图及Sheyner基于模型检测生成的攻击场景图。在第二种类型的攻击图中，每个节点表示以逻辑语句形式呈现的系统条件，节点之间的每条边表示这些条件之间的因果关系。这类攻击图被称为依赖攻击图，典型的代表是 Noel 等人提出的属性攻击图、Xinming Ou 的 MuIVAL 逻辑攻击图和 Ingols 等人提出的多重先决条件图。

1）状态攻击图。Swiler 和 Phillips 提出用一种攻击图的生成方法分析网络安全状况。这种方法是从目标节点出发，将网络的配置文件、反映攻击者能力水平的攻击者轮廓和攻击模板这三类信息相互匹配，反向生成攻击图。攻击图的节点表示系统受到每一次攻击所处的状态，节点间的连线表。系统从一个攻击状态向另一个攻击状态的转移，通过利用最短路径算法求得攻击路径。这是状态攻击图第一次被提出，攻击图的生成采用手动方式。该方法的时间复杂度相对于网络规模呈指数增长。图 2-17 所示为两种状态攻击图规模对比。

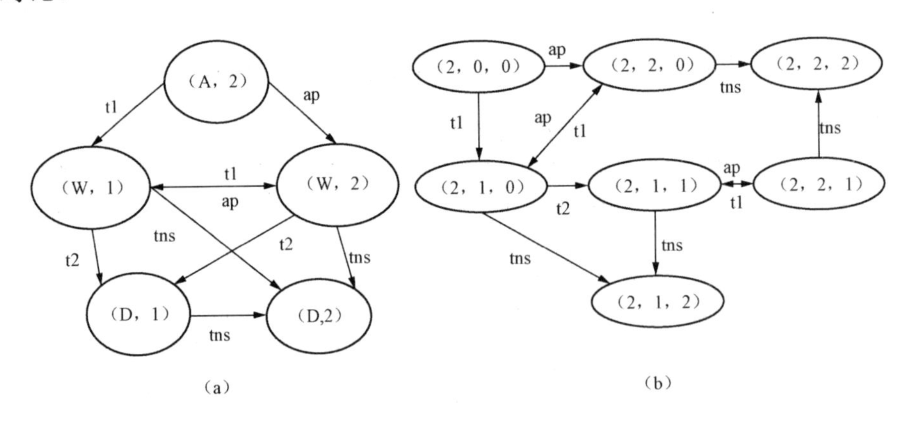

图 2-17　两种状态攻击图规模对比

（a）主机中心；（b）网络中心

Hewett 和 Kijsanayothin 用模型检测的方法构造以主机为中心的攻击图，将单个主机的属性模型化为状态节点，将漏洞利用过程模型化为状态的转移，基于攻击单调性的假设，采用模型检测工具生成所有可能的攻击路径，最终表现为主机中心攻击图。与传统的以网络状态为节点的攻击图相比，该方法对大规模网络具有较好的适用性。Xie 等人提出一种两层攻击图的生成算法，该攻击图的下层用来描述每对主机的攻击场景，称为主机对攻击图，而上层用来只显示每对主机之间的网络访问关系，称为主机访问图。主机对攻击图需要根据源主机与目的主机之间的脆弱性、安全配置及连接关系等条件生成一对主机间的状态攻击图。由于只是在一对主机之间进行状态攻击图的生成，因此时间复杂度和空间复杂度都很小。主机访问图的生成依据于下层的主机对攻击图，根据主机对攻击图的信息，将攻击者从源主机到目的主机的获取的权限信息反映在上层的主机访问图中。通过对网络中所有主机对进行分析，最终可以获得整个网络的主机对攻击图和主机访问图。这种攻击图结构比较简洁，上层主机访问图中的节点和边数目较少，能够比较清晰直观地展示网络全局的安全状况，下层的主机对攻击图能够反映所有的攻击细节，在时间复杂度上也具有较好的表现。

2）依赖攻击图。Steven Noel 等人提出用一套拓扑脆弱性分析工具（topological vulnerability analysis，TVA）生成属性攻击图。该方法通过将每一次脆弱性利用的前提条件和攻击后果描述为一组布尔值，根据逻辑运算重复在网络系统的脆弱性之间建立关联，最终生成攻击图。属性攻击图有两类节点：一类表示原子攻击，另一类为属性节点，用来表示原子攻击的每个前提条件或攻击后果。图 2-18 所示为一个简单的属性攻击图。

Xinming Ou 等人建立了一套基于逻辑的网络安全分析器（multihost/multistage vulnerability analysis，MulVAL）用分析系统中软件漏洞和网络配置的相互影响。通过将网络模型包括脆弱性、主机配置、网络配置、规则、策略等信息作为输入，通过这些输入信息和推理规则进行攻击模拟，最终将生成的攻击路径拓展为攻击图。攻击图作为反映网络安全状况的手段已经有了较为成熟的构造技术，其作为网络安全环境的一种直观表现，可以明确地反映出网络的安全状况及安全薄弱环节，攻击图表现为图的形式，具有强大的数学处理能力，因此通过图论等数学分析方法可以对其进行更深入的分析，从而为网络安全提供理论依据。目前，很多研究人员将研究重点从攻击图的生成转移到基于攻击图的网络安全度量和网络安全加固方面的研究，并取得了不少成果。

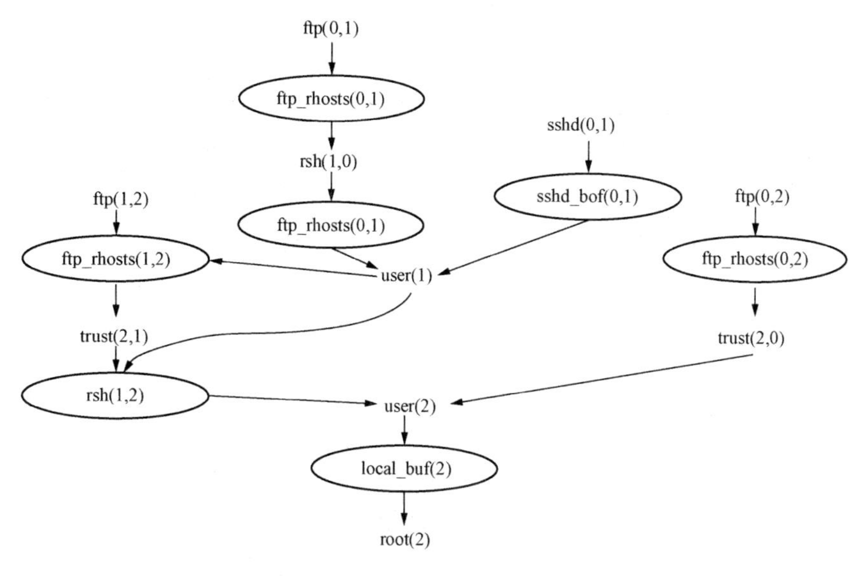

图 2-18　属性攻击图

在网络安全度量方面，Anoop Singhal 提出了计算攻击图概率所存在的两个问题：攻击图中存在含环路径导致攻击图概率重复计算问题和脆弱性利用之间的相关性所导致的概率错误计算问题。攻击图中可能存在含圈攻击路径，在进行网络概率计算时，会导致循环节点概率值的重复计算，产生与实际情况不符的错误概率值。而这些图中的含圈路径并不能简单地通过删除某些节点解决，否则丢失一些重要的无环攻击路径。此外，叶云等人提出了一种基于攻击图的网络安全概率算法解决攻击图概率计算的问题。通过删除攻击图中不可达路径，减少攻击图中的循环路径，简化攻击图。同时提出最大可达概率的概念以解决攻击图中存在的循环路径所导致的概率重复计算问题，并结合通用脆弱性评分系统（common vulnerability score system，CVSS）指标，为攻击脆弱性设定发生概率，进行网络安全的概率计算，通过与已有方案的对比，体现出较好的时间复杂度，能够更好地适应大规模网络的计算要求。然而该方法依然回避了渗透之间的相关性所导致的概率错误计算问题，并且直接采用 CVSS 指标值作为攻击概率不够具有说服力。Wang 和 S Jajodia 等人提出了最优初始条件修复集问题，利用脆弱性与其利用条件之间的逻辑关系进行逻辑推理运算寻找安全加固的方法。该方法将安全加固问题转化为布尔表达式，通过求取布尔表达式的析取范式计算出所有的修补措施集合，在此基础上求解最优修补集，从而最终得到网络中允许攻击者成功实现攻击的最小条件集。该方法更加注重网络配置元素之间的关系，而对网络中存在的脆弱性本身重视不够，此外，该方法在最坏情况下具有指数时间复杂度，对于大规模网络并不适合。

SawillaR 与 XinmingOu 利用 MulVAL 生成网络攻击图，基于 Google 的 PageRank 算法提出了 AssetRank 算法，用于对大规模网络攻击图进行分析，对攻击图中所有节点在攻击中的重要性进行了量化归类，依据其重要性等级标以不同的颜色，使管理员能够集中精力优先处理重要性更高的问题。但其过分强调了访问控制策略的重要性，而且在计算脆弱性节点等级值时对脆弱性自身属性的分析并不全面，特别是在其算法的依赖矩阵中只是考虑了节点间的依赖方式，缺乏因脆弱性自身利用的难易程度及已有攻击方法对脆弱性节点等级值影响的考虑。吴金宇等人提出了一种基于网络流的攻击图分析方法，通过将原子攻击和初始条件分别拆分为加权攻击和加权初始条件，将最优原子攻击修复集和最优初始条件修复集问题转换为基于原子攻击拆分加权攻击图中的最小 S-T 割集问题和初始条件拆分加权攻击图中的最小 S-T 割集问题，利用图论方法进行求解，指出基于网络流具有多项式复杂度的算法，可以实现对网络安全威胁弥补的作用。

本章小结

本章重点介绍了有关信息系统测评的基本理论、方法与工具等内容。针对功能测评，阐述了信息系统的质量、信息系统的缺陷及功能测评的目标、过程和模型等概念，介绍了功能测评的测试用例的设计方法、测试计划的制订原则和测试数据的生成方法等测试过程，介绍了功能测评测试方法分类及主要的黑盒测试方法和白盒测试方法。在此基础上，总结了功能测评领域的一些测试工具。针对性能测评，介绍了信息系统性能测评的指标体系，包括性能指标和可用性指标；然后介绍了芯片内性能计数器监控、芯片外硬件监控、基准测试、软件监控、分析与跟踪等性能测评常用方法，包括排队网络模型、马尔科夫链模型、Petri 网模型、随机过程代数模型等主流的性能分析模型及轨迹驱动模拟、执行驱动模拟、离散事件模拟、全系统模拟和统计模拟等性能模拟途径。在此基础上，介绍了常见的性能测评基准测评程序、可靠性测评工具。针对安全测评，分析了信息系统面临的一些主要安全威胁，总结了信息系统安全测评的主要框架，包括安全分析方法、安全测评策略、安全测评的测试方法及相应的测试流程，并对安全测评过程中涉及的关键技术，如漏洞扫描、网络嗅探、渗透测试和入侵诱骗等技术的原理与机制进行了详细阐述。

第三章

电力信息系统测评标准与规范

标准规范是开展信息系统测评认证的重要依据和参考指南。充分了解国内外制定的信息技术标准规范，不仅可以帮助我国信息化建设的有序开展，而且能够提高信息系统测评的专业水平。本章主要介绍电力行业所需遵循的一些标准规范，包括 IEC 61850、ISO/IEC 15408 等国际标准，①《信息安全技术　入侵检测系统技术要求和测试评价方法》（GB/T 20275—2006）、②《信息安全技术　网络和终端设备隔离部件测试评价方法》（GB/T 20277—2006）、③《信息安全技术　网络脆弱性扫描产品测试评价方法》（GB/T 20280—2006）、④《信息安全技术　防火墙技术要求和测试评价方法》（GB/T 20281—2006）、⑤《信息安全技术信息系统安全审计产品技术要求和测试评价方法》（GB/T 20945—2007）等国家标准，以及《电力二次系统安全防护规定》（国家电监会 5 号令）、《电力行业信息系统等级保护定级工作指导意见》等行业规范，以为电力信息系统的测评工作提供测评依据，并从技术和管理两个方面规范电力信息系统的测评实践。

第一节　电力行业国际标准

为了形成电力行业诸多设备的统一接口，国际标准化组织制定了许多关于电力设备的技术标准和测评规范。深入理解这些国际标准，有助于更好地实现电力设备的互通互联和测评认证。下面介绍电力行业需要遵循的一些国际测评规范。

一、IEC 61850 标准及其测试

（一）IEC 61850 标准概述

1. IEC 61850 标准的含义

在现代电力系统中，对变电站自动化的要求越来越高。为了方便变电站中各种设备的管理及设备之间的互联，需要一种通用的通信方式。IEC 61850 是国际电工委员会（International Electrotechnical Commission，IEC）第 57 技术委员会（Technical Commission，TC）下属的三个工作组（WG10、WG11 和 WG12）制定的变电站通信网络和系统标准，是基于网络通信平台的变电站自动化系统的唯一国际标准。IEC 61850 标准包括变电站通信网络和系统的总体要求、功能建模、数据建模、通信协议、项目管理和一致性检测等一系列标准。IEC 61850 标准规范了数据命名、数据定义、设备行为、设备自描述特征、通用配置语言、智能装置模型和通信接口，能够指导变电站自动化系统的设计、开发、施工和维护等各个阶段工作。IEC 61850 标准通过对变电站自动化系统中的对象统一进行建模，采用面向对象技术和独立于网络结构的抽象通信服务接口（abstract communication service interface，ACSI）增强了设备之间的互操作性，使不同智能电气设备（intelligent electronic device，IED）之间的信息共享和互操作成为可能，实现了不同厂家之间设备的无

缝连接。

IEC 61850 标准参考和吸收了许多已有的标准，包括远动通信协议标准（IEC 60870-5-101）、继电保护设备信息接口标准（IEC 60870-5-103）、变电站与馈线设备通信协议体系（UCA 2.0）、制造报文规范（manufacturing message specification，MMS）（ISO/IEC 9506）。IEC 61850 标准共包括以下十部分（对应于我国电力行业的标准编号为 DL/T860）：

（1）IEC 61850-1（DL/T860.1）基本原则。

（2）IEC 61850-2（DL/T860.2）术语。

（3）IEC 61850-3（DL/T860.3）一般要求。

（4）IEC 61850-4（DL/T860.4）系统和工程管理。

（5）IEC 61850-5（DL/T860.5）功能和装置模型的通信要求。

（6）IEC 61850-6（DL/T860.6）变电站自动化系统结构语言。

（7）IEC 61850-7-1（DL/T860.71）变电站和馈线设备的基本通信结构——原理和模式，IEC 61850-7-2（DL/T860.72）变电站和馈线设备的基本通信结构——抽象通信服务接口，IEC 61850-7-3（DL/T860.73）变电站和馈线设备的基本通信结构——公共数据级别和属性，IEC 61850-7-4（DL/T860.74）变电站和馈线设备的基本通信结构——兼容的逻辑节点和数据对象寻址。

（8）IEC 61850-8-1（DL/T860.81）特殊通信服务映射（special communication service mapping，SCSM）：到变电站和间隔层内及变电站层和间隔层之间的通信映射。

（9）IEC 61850-9-1（DL/T860.91）特殊通信服务映射：间隔层和过程层内及间隔层和过程层之间通信的映射，单向多路点对点串行链路上的采样值。

（10）IEC 61850-9-2（DL/T860.92）特殊通信服务映射：间隔层和过程层内及间隔层和过程层之间通信的映射，映射到 ISO/IEC 8802-3 的采样值。

（11）IEC 61850-10（DL/T860.10）一致性测试。

2. 基于 IEC 61850 标准的变电站体系结构

IEC 61850 标准将变电站通信体系分为三层：变电站层、间隔层和过程层，并为不同层间定义了清晰的接口。这种分层通过抽象通信服务接口建立一个应用层上的抽象模型，描述了各个接口之间的数据交换，给出了各种对象的统一逻辑模型。变电站层与远动控制中心和间隔层之间有通信接口，间隔层内部和间隔区之间有数据交换接口，间隔层与过程层之间有交换采样数据和控制数据接口。间隔层装有智能电子设备，智能电子设备之间通过以太网通信建立逻辑联系，根据分配的任务，由智能电子设备完成诸如控制、保护、计量和记录等功能。IEC 61850 标准建议变电站间隔层采用工业以太网技术，保证各层间能够高速地传输信息。过程层由智能传感器、控制电路等构建的二次智能电子设备组成，反映一次设备的状态和信号，实现一次设备的控制。在变电站层和间隔层之间的网络，采用抽象通信服务接口映射到制造报文规范、TCP/IP 协议、以太网或光纤网。在间隔层和过程层之间的网络采用单点向多点的单向传输以太网。变电站内的智能电子设备（如测控单元和继电保护等）均采用统一的协议，通过网络进行信息交换。

（二）IEC 61850 标准的主要特点

IEC 61850 标准与传统标准相比，其不仅是单纯的通信规约，而且是数字化变电站的标准。IEC 61850 标准还制定了变电站通信网络和系统的总体要求、系统与工程管理、一致性测试等标准。该标准具有下列特点：①分层的智能电子设备和变电站自动化系统；②根据电力系统生产过程的特点，制定了满足实时信息和其他信息传输要求的服务模型；③采用抽象通信服务接口、特定通信服务映射以适应网络技术迅猛发展的要求；④采用对象建模技术，面向设备建模和自描述以适应应用功能的发展需要，满足应用开放互操作性要求；⑤快速传输变化值；⑥采用配置语言，配备配置工具，在信息源定义数据和数据属性；⑦定义和传输元数据，扩充数据和设备管理功能；⑧传输采样测量值等。

1. 信息分层

IEC 61850 标准提出了变电站内信息分层的概念，无论是从逻辑概念还是从物理概念，都将变电站的通信体系分为以下三个层次：

（1）变电站层。变电站层使用一个以上间隔数据或整个变电站数据，控制一个以上间隔的一次设备或整座变电站，如站级连锁、程序控制、母线保护等，实现与变电站运行功能的协调工作。

（2）间隔层。间隔层主要使用一个间隔数据并作用于整个间隔的一次设备，对相关一次设备进行保护、测量和控制，对采集的信息进行处理上送，响应接收并响应变电站层、远方主站的操作要求，并在变电站层、远方主站控制失效的情况下仍能完成保护、测量和控制功能。间隔层设备主要由各间隔控制、保护、监视设备组成。间隔层设备应用了面向对象的统一建模、通信信息的分层、通信接口的抽象化和自描述规范等技术。

（3）过程层。过程层完成与过程接口的所有功能，基本状态量和模拟量的输入/输出功能，如电气量参数检测、设备健康状态检测和操作控制执行与驱动。过程层是指一次设备与传统二次设备的结合面，是智能化电气设备的智能化部分。

IEC 61850 标准的分层模式与现有大多数变电站自动化系统不同，现有变电站自动化系统中过程层的功能都是在间隔层设备中实现的，而不是由智能传感器等电子设备实现。随着光电流、电压互感器的使用，现代电力技术的发展趋势是将越来越多的间隔层功能下放至过程层。可见，IEC 61850 标准是面向未来的开放式标准。这些功能层及逻辑接口①～⑩的逻辑关系如图 3-1 所示。各种逻辑接口的含义如下：

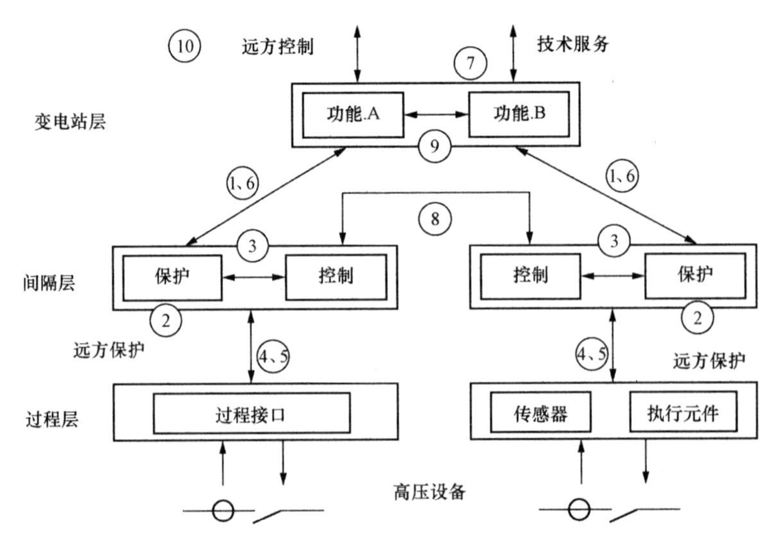

图 3-1　数字化变电站功能层及逻辑接口

①IF1：间隔层和变电站层之间保护数据交换。

②IF2：间隔层与远方保护（不在本标准范围）之间保护数据交换。

③IF3：间隔层内部数据交换。

④IF4：过程层和间隔层之间电压、电流互感器瞬时数据交换（尤其是采样）。

⑤IF5：过程层和间隔层之间控制数据交换。

⑥IF6：间隔层和变电站层之间控制数据交换。

⑦IF7：变电站层与远方工程师办公地数据交换。

⑧IF8：间隔区之间直接数据交换，尤其是用于连锁等快速功能。

⑨IF9：变电站层内部数据交换。

⑩IF10：众变电站（装置）和远方控制中心之间控制数据交换（不在本部分范围）。

2. 面向对象统一建模

IEC 61850 标准采用面向对象的建模技术，定义了基于 C/S 架构的数据模型。每个智能电子设备包含一个或多个逻辑设备。逻辑设备包含逻辑节点，逻辑节点包含数据对象，数据对象则是由数据属性构成的公用数据类的命名实例。从通信角度而言，智能电子设备同时扮演客户的角色。任何客户可以通过抽象通信服务接口和服务器通信访问数据对象，如图 3-2 所示。

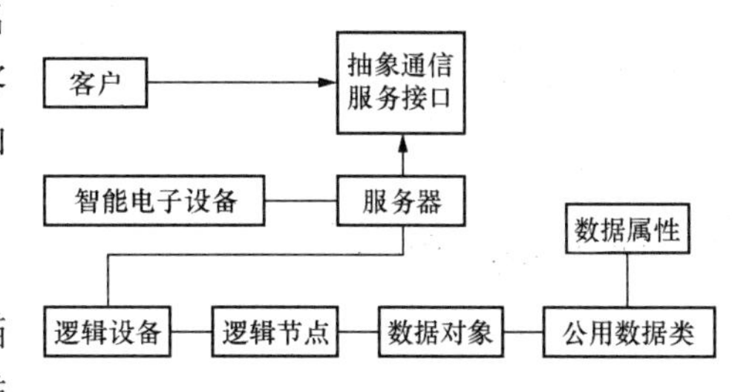

图 3-2　基于 C/S 架构的数据模型结构

3. 数据自描述

IEC 61850 标准对信息采用面向对象数据自描述的方法。智能电子设备在数据源对数据进行自描述，传输到接受方的数据都带有自说明，不需要再对数据进行工程物理量对应、标度转换等工作。因为数据本身带有说明，所以不受预先定义的限制进行传输，简化了数据管理和维护工作。IEC 61850 标准对数据均采用面向对象自描述的方法。由于技术的不断发展，变电站内的应用功能不断发展，需要传输新的信息不断发生变化，采用面向对象数据自描述方法可以适应这种发展形势的需求。IEC 61850 标准提供了 80 多种逻辑节点名字代码和 350 多种数据对象代码，23 个公共数据类，涵盖了变电站所有功能和数据对象，提供了扩展新的逻辑节点的方法，并规定了由一套数据对象代码组成的方法。这些方法有机地结合在一起，完全解决了面向对象数据自描述的问题。

4. 抽象通信服务接口

IEC 61850 标准设计了抽象通信服务接口，它是一个与智能电子设备的虚拟接口，为逻辑设备、逻辑节点、数据和数据属性提供抽象的信息建模方法，为连接、变量访问、主动数据传输、装置控制及文件传输服务等提供通信服务，与实际的通信栈和协议集无关。电力系统信息传输的主要特点是信息传输有轻重缓急之分，并且应能实现时间同步。IEC 61850 标准总结了电力生产过程的特点和要求，归纳了电力系统所必需的信息传输网络服务，设计了抽象通信服务接口，它独立于具体的网络应用层协议（如目前采用的 MMS），与采用的网络（如现在采用的 IP）无关。客户服务通过抽象通信服务接口，由特殊通信服务映射到所采用的通信栈或协议集。IEC 61850 标准使用抽象通信服务接口和特殊通信服务映射技术，解决了标准稳定性与未来网络技术发展之间的矛盾，即当网络技术发展时，只需要改动特殊通信服务映射，而不需要修改抽象通信服务接口。

（三）IEC 61850 标准的优势

1. 实现设备间互操作

IEC 61850标准在第一部分概述中对互操作性进行了解释，按照IEC 61850标准的定义，互操作性是指“一个制造厂商或者不同制造厂商提供的两个或多个智能电子设备交换信息和使用这些信息执行特定功能的能力”。IEC 61850 标准明确指出“使用本标准可以实现不同厂商设备之间的互操作”。

2. 提高信息共享水平

面向对象的数据对象统一建模、数据自描述和高速以太网的应用，使变电站信息共享水平得到大幅度提高，变电站所有设备都可以从通信网络中获取所需要的其他设备的信息，并通过通信网络向其他设备传递控制命令和输出信息，设备之间能够实时、高效、可靠地交换所有设备的完整信息，优化变电站自动化系统和各种运行支撑系统的功能分布，并使两者能够协调工作。

3. 降低设备全生命周期成本

不同变电站自动化设备厂商的技术很难兼容，设备之间的兼容性问题带来了设备全生命周期的成本上升，主要表现在设备采购成本、运行维护设备、人员培训成本、备品备件成本和电网供电能力下降等方面。具体表现如下。

（1）在设备采购时受到很多限制，在变电站改造、扩建时设备选择受到更多制约，往往需要采购与一期设备兼容的产品，若不能找到与一期能够兼容的设备，则全站二次系统需重建或一、二期设备互相独立。

（2）变电站信息共享程度低，造成功能相似的设备重复建设、重复投资。

（3）在变电站改造、扩建时，存在大量的协议转换工作，加大了工程调试工作量，延长了设备停役时间，造成电网供电能力下降。

（4）多种变电站自动化技术的并存局面给运行维护人员带来了许多困难，增加了技术人员培训成本和备品备件成本。

如果变电站自动化设备厂商都能遵循 IEC 61850 标准，上述问题能得到有效解决，设备全生命周期成本将大幅度下降。

4. 减少电网运行风险

遵循 IEC 61850 能减少电网运行风险，主要包括以下两个方面：

（1）数字化变电站改造、扩建时能够做到“厂家集中联调、现场测试验证”，在设备厂家就已解决问题，缩短改造、扩建工程的设备停役时间，极大地简化了二次回路，降低了工作安全风险，提高了电网运行的可靠性。

（2）基于 IEC 61850 标准的变电站简化了二次回路，减少了电磁干扰和复杂回路带来的风险。

（四）IEC 61850 互操作试验及一致性测试

实现设备之间的互操作性是制定 IEC 61850 标准的重要驱动力。为了保证互操作性，必须基于 IEC 61850-10 标准开展智能电子设备的一致性测试，以减少设备安装现场的通信联调工作量，并在更换或新增设备时不需改变原有设备或系统。

1. 国外 IEC 61850 互操作试验情况

互操作性试验是统一不同制造厂家对标准认识过程的有效途径。在 2004 年 IEC 61850

标准正式发布之前，国外主要厂家曾进行过多次 IEC 61850 互操作试验并取得了良好效果，为标准的成功发布和产业推广奠定了坚实基础。国际上早期的 IEC 61850 互操作试验在 ABB、SIEMENS、AREVA、KEMA 等国外公司进行过多次，从时间上可以分为以下两个阶段：2002 年以前的互操作试验为前期阶段，此时 IEC 61850 标准还处于草案阶段。为了对标准草案的正确性、合理性进行验证和测试，这些公司作为标准的主要起草者从 1997 年至 2002 年进行了多次互操作试验，并根据试验结果对标准草案进行修改。因此，这一阶段试验参加者主要考虑标准本身、样机研制和标准实现的一致性，没有过多考虑工程实际应用问题。2002 年以后的互操作试验为后期，此时的互操作试验考虑了工程应用的实际情况，并对各厂家的 IEC 61850 标准系统进行验证和测试，包括模型、工程配置工具及智能电子设备通信水平等与实际工程应用密切相关的互操作性。经过以上两个阶段的互操作试验，实现了遵循 IEC 61850 标准的不同公司产品之间的互操作性，遵循 IEC 61850 标准的产品达到了实际应用的水平。

2. 国内 IEC 61850 互操作试验情况

2005 年 5 月至 2006 年 12 月，国家电力调度通信中心按照“分阶段多次进行、国内厂家为主、适时邀请国外厂家参与”的原则，组织国内外厂家进行了六次 IEC 61850 标准互操作试验（第六次试验含 ABB、SIEMENS、AREVA、SEL 等国际公司产品），对国内电力自动化主要厂家开展IEC 61850标准研究和提高相关产品开发水平起到了巨大的推动作用，加快了国内厂家 IEC 61850 标准相关技术的研发进程。六次互操作试验后，国内大多数参加试验的厂家的产品研发水平基本与国外厂家相当，并具备了向实际工程应用提供整套系统的能力，为 IEC 61850 标准在国内的应用奠定了坚实基础。国内 IEC 61850 标准互操作试验从时间上也可分为两个阶段：前期试验包括第一次（2005 年 5 月 10 日至 11 日）至第三次（2006 年 1 月 16 日至 18 日）试验，此三次试验检验了各个参试单位对绝大多数抽象通信服务接口实现的一致性，同时通过给定命题的建模检验了各个厂家建模方式的一致性。经过三次试验，发现并解决了很多问题，为后期面向工程应用背景的试验打下了良好基础。前期试验中出现的问题，多数是标准相关段落描述不清楚引起歧义所致，说明 IEC 61850 标准自身存在不完善之处，如标准不同分册对同一数据类型定义不一致等，这些问题有的经过讨论达成一致，有的则通过向 WG10 咨询得到答复。后期试验包括第四次（2006 年 4 月 17 日至 19 日）至第六次（2006 年 12 月 13 日至 15 日）试验，此三次试验考虑了实际工程应用背景，要求各参与单位携带实际装置和面向工程化的后台系统参加试验，以测试工程应用功能为主要目的，包括变电站“四遥”、跨间隔逻辑互锁等实际必需的功能。在实现这些功能时，往往需要多种抽象通信服务接口的支持，因此也对抽象通信服务接口的一致性进行了进一步验证。

3. 一致性测试及检测机构

在变电站自动化系统集成过程中，面临的最大障碍是不同厂家甚至同一厂家不同型号的智能电子设备所采用的通信协议和用户界面都不相同，因而难以实现无缝集成和互操作。由于需要额外的软硬件实现智能电子设备互联，还需要对用户进行培训，在很大程度上削弱了变电站实现自动化的意义。因此，变电站自动化系统除实现所需功能之外，还应满足互操作性、可扩展性和高可靠性等要求。规约一致性测试应由第三方权威机构执行，以保证一致性测试结果的公正性、专业性和权威性。IEC 61850 标准第十部分即一致性测试部分定义了一致性测试的程序、内容及测试项目等。协议一致性测试是保证互操作性的基础，若不能实现互操作性，IEC 61850 标准的制定就失去了意义。因此，协议一致性测试必须是强制性的，并且要对每一系列的智能电子设备进行一致性测试，以免各厂家对协议解释的不同而造成互联不通，进而造成人力物力的巨大浪费。

规约一致性测试对规约的实施非常重要，所以一致性测试同相关规约产品的研制基本保持同步发展。IEC 61850-10 标准中规定了变电站自动化系统所用设备一致性测试的方法，其中定义对每个被测设备进行一致性测试，需要根据模型实现一致性陈述（model implementation conformance statement，MICS）、协议实现一致性陈述（protocol implementation conformance statement，PICS）和协议实现额外测试信息（protocol implementation extra information for testing，PIXIT）进行测试内容和参数的选择，并将一致性测试的要求分为静态一致性要求（定义应实现的要求）和动态一致性要求（定义由协议用于特定实现引起的要求）。IEC 61850-10 标准中一致性测试的过程如图 3-3 所示。

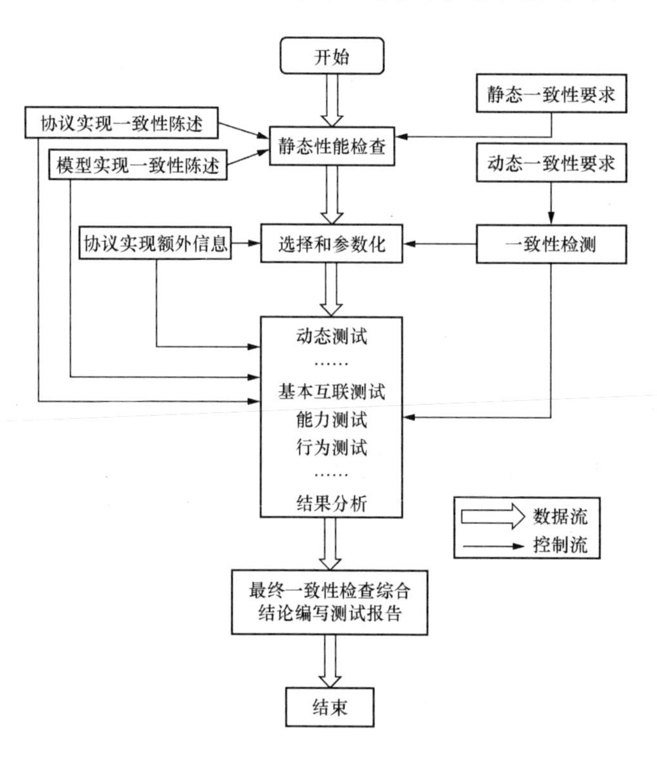

图 3-3　一致性测试过程

测试过程中，需要使用 IEC 61850 标准的分析监视工具。鉴于协议一致性测试所要求的公正性、专业性、权威性和强制性，需要建立专业的、第三方的协议测试中心。欧洲的 KEMA 公司作为一个第三方检测认证机构，参与了 IEC 61850 互操作试验。KEMA 公司被认为是 IEC 60870-5 标准公认的一致性测试机构，曾参与 IEC 60870-5 系列标准的制定，并于 1996 年开始进行 IEC 60870 系列标准的兼容性测试。同时，KEMA 公司致力于 IEC 61850 标准的测试，并成功地为 ABB 等公司的 IEC 61850 产品进行了规约的一致性测试工作。

通过试验实践积累，国内参与试验的单位掌握了 IEC 61850 标准的检测技术，实现了检测机构、制造厂家的同步成长，为 IEC 61850 标准的顺利推广做了测试技术准备。KEMA 公司的认证机制使其他未参与互操作试验的大多数厂家可以通过在 KEMA 公司进行测试以达到 IEC 61850 标准的一致性，也为用户了解符合 IEC 61850 标准的产品实现一致性的情况提供了参考。经过 2005 年至 2006 年六次国内互操作试验的实际锻炼，国内许多检测评估中心作为 IEC 61850 标准的检测单位，积累了 IEC 61850 标准的检测经验，掌握了 IEC 61850 标准的检测技术，为 IEC 61850 标准在我国的推广做好了检测准备。

二、信息技术安全性评估准则

信息技术安全评估通用准则（common criteria for information technology security evaluation）是美国、英国、法国、德国、荷兰和加拿大六国在TCSEC、ITSEC、FC和CTCPEC等评估准则的基础上，制定的信息技术安全评估国际通用标准，简称“CC”。CC 1.0版本于1996年1月正式发布，CC 2.0版本于1998年5月正式发布，CC 2.1版本于1999年正式发布，同年12月正式成为国际标准（ISO/IEC 15408—1999），CC 2.3版本于2005年正式发布，同年成为国际标准（ISO/IEC 15408—2005），取代了ISO/IEC 15408—1999，CC 3.1版本于2009年7月正式发布。CC 3.1版本与CC 2.3版本相比，主版本号“2”变为“3”，意味着CC又一次发生了重大变更。

到目前为止，CC是最全面和最完善的信息技术安全性评估准则。CC的出现使信息安全产品测评认证结果在许多国家之间得到相互认可。自CC发布1.0版本之后，我国相关部门密切关注其发展情况，对其不同的版本做了大量的研究工作。2001年3月，我国发布了《信息技术 安全技术 信息技术安全性评估准则》（GB/T 18336—2001），该标准等同采用ISO/IEC 15408—1999国家标准。2008年6月，我国正式颁布了新的评估标准——《信息技术 安全技术 信息技术安全性评估准则》（GB/T 18336—2008），并废弃了国家标准GB/T 18336—2001。GB/T 18336—2008标准等同于ISO/IEC 15408—2005国家标准。

（一）ISO/IEC 15408标准的发展历史

《信息技术 安全技术 信息技术安全性评估准则》（ISO/IEC 15408—1999）是国际标准化组织统一现有多种评估准则的结果，是在西方国家自行推出并实践测评准则和标准的基础上，通过相互之间的总结与互补发展起来的，主要包括以下阶段：

（1）1985年，美国国防部公布《可信计算机系统评估准则》（TCSEC）。

（2）1989年，加拿大公布《可信计算机产品评估准则》（CTCPEC）。

（3）1991年，欧洲公布《信息技术安全评估准则》（ITSEC）。

（4）1993年，美国公布《美国信息技术安全联邦准则》（FC）。

（5）1996年，六国七方（英国、加拿大、法国、德国、荷兰、美国国家安全局和美国国家标准与技术研究所）公布《信息技术安全性通用评估准则》（CC 1.0版本）。

（6）1998年，六国七方公布《信息技术安全性通用评估准则》（CC 2.0版本）。

（7）1999年12月，国际标准化组织接受CC 2.0版为ISO 15408标准，并正式颁布发行。

从上述阶段可以看出，CC源于TCSEC，但对TCSEC完全进行了改进。TCSEC主要是针对操作系统的评估，提出的是安全功能要求，目前仍可用于操作系统的评估。随着信息技术的发展，CC全面考虑了与信息技术安全性相关的所有因素，以“安全功能要求”和“安全保证要求”的形式描述这些因素，这些要求也可以用来构建TCSEC的各级要求。

CC定义了评估信息技术产品和系统安全性的基础准则，提出了国际上公认的信息技术安全性表述结构，即将安全要求分为规范产品和系统安全行为的功能要求和解决如何正确有效地实施这些功能问题的保证要求。功能要求和保证要求又以“类—子类—组件”的结构表述，组件作为安全要求的最小构件块，可以用于“保护轮廓”“安全目标”和“包”的构建，如由保证组件构成典型的包——“评估保证级”。另外，功能组件是连接CC与传统安全机制和服务的桥梁，以及解决CC同已有准则（如TCSEC、ITSEC）之间的协调关系，如功能组件构成TCSEC的各级要求。

（二）ISO/IEC 15408标准的先进性

ISO/IEC 15408标准的先进性体现在结构的开放性、表达方式的通用性及结构和表达方式的内在完备性和实用性四个方面。

（1）CC 在结构上具有开放性的特点，即功能要求和保证要求都可以在具体的“保护轮廓”和“安全目标”中进一步细化和扩展，如可以增加“备份和恢复”方面的功能要求或一些环境安全要求。这种开放式的结构更适应信息技术和信息安全技术的发展。

（2）CC 在表达方式上具有通用性的特点，即给出了通用的表达方式。如果用户、开发者、评估者、认可者等目标读者都使用 CC 的语言，相互之间就更容易理解和沟通。例如，如果用户使用 CC 的语言表述自己的安全需求，开发者可以更具针对性地描述产品或系统的安全性，评估者也更容易有效地进行客观评估，并确保评估结果更容易理解。这种特点是在经济全球化和全球信息化的发展趋势下，开展合格评估和评估结果国际互认的需要，并对规范实用方案的编写和安全性测试评估具有重要意义。

（3）CC 的结构和表达方式具有内在完备性和实用性的特点，体现在“保护轮廓”和“安全目标”的编制上。“保护轮廓”主要用于表达一类产品或系统的用户需求，在标准化体系中可以作为安全技术类标准，内容主要包括：对该类产品或系统的界定性描述，即确定需要保护的对象；确定安全环境，即指明安全问题——需要保护的资产、已知的威胁、用户的组织安全策略；产品或系统的安全目的，即对安全问题的相应对策——技术性和非技术性措施；功能要求、保证要求和环境安全要求等信息技术安全要求，这些要求通过满足安全目的，进一步提出在具体技术上如何解决安全问题；基本原理，指明安全要求对安全目的、安全目的对安全环境是充分且必要的及附加的补充说明信息。“保护轮廓”的编制，一方面解决了技术与真实客观需求之间的内在完备性；另一方面，用户通过分析所需产品和系统面临的安全问题，明确所需的安全策略，进而确定应采取的安全措施，包括技术和管理上的措施，有助于提高安全保护的针对性和有效性。

“安全目标”在“保护轮廓”的基础上，通过将安全要求进一步具体化，解决了要求的具体实现。常见的实用方案可以作为“安全目标”。通过“保护轮廓”和“安全目标”两种结构，可以方便地将 CC 的安全性要求应用到信息产品和系统的开发、生产、集成、测试、运行、评估、管理中。

（三）ISO/IEC 15408 标组的三个部分

CC 包括三个部分：第一部分是“简介和一般模型”，正文介绍了 CC 的有关术语、基本概念和一般模型及与评估有关的框架，附录部分主要介绍了“保护轮廓”和“安全目标”的基本内容；第二部分是“安全功能要求”，按照“类—子类—组件”的方式提出了安全功能要求，每一个类除正文之外，还有对应的提示性附录作进一步解释；第三部分是“安全保证要求”，定义了评估保证级别，介绍了“保护轮廓”和“安全目标”的评估，并按照“类—子类—组件”的方式提出了安全保证要求。

CC 的三个部分相互依存，缺一不可。其中，第一部分介绍 CC 的基本概念和基本原理，第二部分提出技术要求，第三部分提出非技术要求和对开发过程、工程过程的要求。三个部分的有机结合具体体现在“保护轮廓”和“安全目标”，“保护轮廓”和“安全目标”的概念和原理由第一部分介绍，“保护轮廓”和“安全目标”的安全功能要求和安全保证要求在第二、三部分选取，这些安全要求的完备性和一致性由第二、三部分保证。

（四）CC 3.1 版本的主要特点

CC 3.1 版作为使用多年的 CC 2.3 版本的一次较大变更，其目标是删除冗余的评估活动，减少或删除对产品提供最终安全保证贡献较小的评估活动，明确 CC 术语，减少误解，支持组合产品的安全评估认证。CC 3.1 版本的主要特点如下：

（1）明确、清晰。CC 3.1 版本在内容上有较大的调整，使用的术语比较统一，都有明确的定义。第一部分中“术语和定义”包括 CC 一般的术语和定义、ADV 类相关的术语和定义、AGD 类相关的术语和定义、ALC 相关的术语和定义、AVA 类相关的术语和定义、ACO 类相关的术语和定义六个方面。因此，CC 3.1 版本使用时非常清晰，任何术语都不会出现分歧和模棱两可的情况。

（2）结构合理、重点突出、易于理解。为了提高 CC 的实用性和信息安全产品或系统评估的效率，CC 3.1 版本对第三部分做了较大的调整，不仅从结构上对配置管理（ACM）、交付和运行（ADO）、指导性文档（AGD）、生命周期支持（ALC）、开发（ADV）和脆弱性评估（AVA）六个类及其组件进行了调整，对其内容也做了很大的更正，删除了评估过程中多次重复的相似过程及对产品提供最终安全保证贡献较小的一些活动，这样可使开发者或评估者将更多的精力放在对安全保证影响较大的一些问题上。另外，为了便于读者的阅读和理解，新版本对一些晦涩难懂或难以区分的概念进行了简单化。例如，指导性文档（AGD）类中将以前的“管理员指南”和“用户指南”统一为“操作用户指南”，这样能使评估者易于理解产品或系统的体系结构和安全功能，但不会影响评估活动的开展。

（3）支持组合产品。为了适应新一代信息安全产品或系统的安全测评需求，CC 3.1 版本增加了“组合保证包”的概念，同时增加了 ACO 类，以支持对可兼容的组合产品的安全评估认证，这一点对于以下两种情形非常重要：一种情况是产品或系统在过去某个时间已经通过了评估，现在需要重新评估；另一种情况是产品或系统的部分已经通过了评估，现在需要对产品或系统进行整体评估。CC 3.1 版不仅使以上两种情形的安全测评认证效果得到保证，而且使测评有据可依，同时大大提高了测评认证工作的效率。

（五）CC 3.1 版本的主要变化

1. 第一部分的变化

CC 3.1 版本第一部分更加明确和完善地介绍了整个 CC 标准。变化较大的地方是“术语和定义”。“术语和定义”的结构发生了变化，将“术语和定义”分为 CC 一般的术语和定义、ADV 类相关的术语和定义、AGD 类相关的术语和定义、ALC 相关的术语和定义、AVA 类相关的术语和定义、ACO 类相关的术语和定义六个方面进行介绍。另外，内容和数量上都有较大的增加，从原来的 70 条增加至现在的 161 条。

第一部分还包括其他变更：①在“概述”一章中增加了对 TOE 范畴的阐述，同时增加了 TOE 不同表现形式和不同配置参数的说明；②新版本对“一般模型”进行了简化，从 TOE 自身安全和 TOE 运行环境安全两个方面阐述安全防护措施；③用独立的一章“定制安全要求”介绍安全要求的定制操作、组件的依赖关系和扩展组件，从侧面说明新版本更加开放、灵活和实用；④用独立的一章“保护轮廓和包”介绍保护轮廓和包，以更清晰的方式阐明 PP、ST 和 TOE 评估三者之间的关系；用另一章“评估结果”分别介绍 PP 评估结果、ST/TOE 评估结果，其中 ST 不再与 PP 放在一起介绍；⑤附录 A 和 B 更加详细和清晰地介绍了 ST 和 PP 的内容，并且与第三部分“安全保证要求”中的 ASE（安全目标评估）类和 APE（保护轮廓评估）类进行了对应，使 ST 和 PP 的评估更加明确；⑥将 2.3 版本 6.4 节的“安全要求描述”中组织结构等内容在附录 C 中进行了详细的描述，并增加了怎样定义扩展组件的说明。

2. 第二部分的变化

信息安全产品或系统的安全性，包括两个方面的内容：一是产品或系统能够提供哪些安全功能。二是其所提供的安全功能的确信度有多大。CC 一直坚持安全功能和安全保证措施相互独立的理念，将产品或系统的安全要求分成安全功能要求和安全保证要求两个独立的范畴进行阐述。CC 第二部分描述安全产品或系统应该提供的安全功能，第三部分描述安全保证级的定义及为达到一定的保证级应该采取的保证措施。

在 CC 3.1 版本中，第二部分变化非常小，最主要的变化是删除了 FPT（TSF 保护）类的 FPT_SEP（域分离）和 FPT_RVM（引用仲裁）两个族及其组件。这两个族在以前版本中作为安全功能要求的可选项，仅描述了 TSF 最低保证的一些属性，这些属性在新版本中由 ADV（开发）类的 ADV_ARC（安全结构）保证要求族负责处理。ADV_ARC 族要求有充分描述，说明 TSF 是一个可靠的结构，并且充分说明 TSF 是如何保证不被旁路和保护自身的。过去的评估缺乏一种可以理解的方法去阐述该决定性的原则，因而在新版本中，ADV_ARC 族要求提供专门的说明以供评估使用。

3. 第三部分的变化

第三部分是 CC 变化最大的一部分，无论是结构还是内容都有较大的变化，对很多的安全保证类进行了重组或删除，增加了新的安全保证类——ACO 类（组合保证），不但方便了开发者阅读和理解，而且使评估者能有更多的精力去关注真正重要的保证要求，增强 TOE 的保证能力。

（1）ASE/APE（安全目标评估/保护轮廓评估）。在 CC 2.3 版本中，ASE 类和 APE 类包含大量重复的元素，以至于评估者需要做很多重复的工作。另外，该版本中没有明确地说明如何判断假设、威胁、组织安全策略和安全目标的陈述是否充分。因此，常常出现 ST/PP 文档通过了评估，但是对于潜在的最终用户不能由此确定该 TOE 或产品是否满足其安全要求的情形。CC 3.1 版本中改写 ASE/APE，这样可提高 ST/PP 的可用性，同时优化评估过程。改写之后的版本明确说明了什么是“好”的假设、威胁、组织安全策略和安全目的陈述，并且特别指出 TOE 概要规范是用于解释 TOE 是如何满足其安全要求的。

（2）ACM/ADO/AGD/ALC（配置管理/交付和运行/指导性文档/生命周期支持）。CC 3.1 版本中对 ACM/ADO/AGD/ALC 四个类的内容进行了重新组织，主要出于如下考虑：在 CC 2.3 版本中，四个类的安全保证要求之间界限不清晰。例如，ACM 类中负责处理的配置管理要求需要作用于 TOE 的整个生命周期，因此应该属于 ALC 类的范畴。再如，AGD 类中描述的管理员行为要求，也可能会包括与 TOE 类启动相关的行为，而后者却在 ADO 类中描述。因此，四个安全保证类重组成 ALC 和 AGD 两个保证类。ALC 类负责处理与开发场所相关的要求，AGD 类负责处理与用户场所相关的要求。

（3）ADV（开发）。用户、开发者、评估者和其他专家小组对 CC 2.3 版中 ADV 类反映的问题最多，普遍认为存在部分内容和要求项粒度粗细不合理和不灵活、重点不突出及技术难以操作等问题。CC 3.1 版本针对以上问题做了较大改变，相对扩大了不同保证级别之间对 ADV 类要求的差距，相应地拉大了不同级别评估的工作量。同时，增加了安全体系结构方面的要求，删除了一些模糊不清、难以实现和不合理的内容。

（4）ATE（测试）。ATE 类变化不大，主要变化是针对 ADV 类相关内容的变更做的一些调整。例如，ATE_COV 族涉及了 TSFI 的测试，ATE_DPT 涉及了 ADV_TDS 相关的测试内容。

（5）AVA（脆弱性评估）。CC 3.1 版本的 AVA 类只有一个族，即 AVA_VAN（脆弱性分析），删除了安全功能强度概念，但是增加了评估者需要分析对安全功能攻击的抵御方法的要求，原有的 AVA_MSU（误用分析）的大部分内容被融合到 AGD 类中。CC 3.1 版本还提出基于公共信息实施最低级别的脆弱性分析，同时删除了开发者执行脆弱性评定的要求。

（6）ACO（组合）。随着信息技术的进一步发展，测评机构普遍遇到组合产品的测评问题。这些组合产品有一个共性问题，即组合产品的部分或全部模块已经通过评估，但是对组合产品应该使用何种方法，以及投入多大测评工作量，成为困扰评估者的难题。为此，CC 3.1 版本中添加了 ACO 类，从 ACO_COR（组合基本原理）、ACO_DEV（开发证据）、ACO_REL（组件之间的依赖性）、ACO_CTT（合成的 TOE 测试）和 ACO_VUL（组合脆弱性分析）等六个方面合理地评估组合产品的安全性。显然，这不仅使组合产品安全性保证评估有据可依，而且尽可能地降低了重复劳动。

（六）CC 标准的发展

CC 作为评估信息技术产品和系统安全性的世界性通用准则，是信息技术安全性评估结果国际互认的基础。在 1995 年，CC 项目组成立了 CC 国际互认工作组，此工作组于 1997 年制订了过渡性 CC 互认协定。同年 10 月，美国的 NSA 和 NIST、加拿大的 CSE 和英国的 CESG 签署了该互认协定。1998 年 5 月，德国的 GISA 和法国的 SCSSI 也签署了该互认协定。1999 年 10 月，澳大利亚和新西兰的 DSD 加入该互认协定。2000 年，荷兰、西班牙、意大利、挪威、芬兰、瑞典、希腊、瑞士等国家相继加入该互认协定，其他国家也积极加入该互认协定。

从历届的国际 CC 会议可以看出，来自全球各地的信息安全专家，包括认证评估机构、信息安全厂商和其他专家小组都对 CC 标准本身的发展动态和未来趋势有着浓厚的兴趣。大家在积极参与、共同维护认证技术层面的公正和严谨，充分体现了“通用”的真实含义。大家也认识到 CC 标准在信息安全领域并不是孤立的，而是同很多其他的信息安全标准甚至信息技术标准密不可分、相辅相成。CC 3.1 版本中很多生效的变更来自于最终用户、开发者、评估者和其他专家小组的反馈，标志着 CC 3.1 版本将更加注重实用性、灵活性、开放性、可读性和可操作性，这对信息安全的未来发展具有积极的作用。

第二节 电力行业国家标准

随着信息技术的广泛应用，人们对信息系统的依赖越来越强。与此同时，信息系统的安全问题也日益突出。为了有效解决信息系统的各种安全问题，国家组织相关信息安全测评机构制定了一系列信息安全产品的测试认证标准，如《信息安全技术 入侵检测系统技术要求和测试评价方法》（GB/T 20275—2006）、《信息安全技术 网络和终端设备隔离部件测试评价方法》（GB/T 20277—2006）、《信息安全技术 网络脆弱性扫描产品测试评价方法》（GB/T 20280—2006）、《信息安全技术 防火墙技术要求和测试评价方法》

（GB/T 20281—2006）、《信息安全技术 信息系统安全审计产品技术要求和测试评价方法》（GB/T 20945—2007）等。下面介绍以上电力行业信息系统和产品所需遵循的国家标准。

一、入侵检测系统测评

2006年，国家信息安全标准化技术委员会（简称信息安全标委会，TC260）发布了《信息安全技术 入侵检测系统技术要求和测试评价方法》（GB/T 20275—2006）。该标准规定了入侵检测系统的技术要求和测评方法，其中，技术要求包括产品功能要求、产品安全要求、产品保证要求，并提出了入侵检测系统的分级要求，适用于入侵检测系统的设计、开发、测试和评价。该标准说明我国入侵检测系统已经走上标准化、规范化的轨道。

（一）入侵检测系统等级划分

1. 等级划分说明

（1）第一级。该级规定了入侵检测系统的最低安全要求。通过简单的用户标识和鉴别限制对系统功能配置和数据访问的控制，使用户具备自主安全保护的能力，阻止非法用户危害系统，保护入侵检测系统的正常运行。

（2）第二级。该级划分了安全管理角色，以细化对入侵检测系统的管理。加入审计功能，使授权管理员的行为是可追踪的。同时，增加了保护系统数据、系统自身安全运行的措施。

（3）第三级。该级通过增强审计、访问控制、系统的自身保护等要求，对入侵检测系统的正常运行提供更强大的保护。该级还要求入侵检测系统具有分布式部署、多级管理、集中管理、支持安全管理中心及较强的抗攻击能力。

2. 安全等级划分

（1）网络型入侵检测系统安全等级划分。网络型入侵检测系统的安全等级划分见表3-1、表3-2。对网络型入侵检测系统的等级评定是依据这两个表，结合产品保证要求的综合评定得出的，符合第一级的网络型入侵检测系统应满足表3-1、表3-2中所标明的一级产品应满足的所有项目，以及对第一级产品的相关保证要求；符合第二级的网络型入侵检测系统应满足表3-1、表3-2中所标明的二级产品应满足的所有项目，以及对第二级产品的相关保证要求；符合第三级的网络型入侵检测系统应满足表3-1、表3-2中所标明的三级产品应满足的所有项目，以及对第三级产品的相关保证要求。

表3-1　网络型入侵检测系统产品功能要求等级划分

产品功能要求	功能组件	一级	二级	三级
数据探测功能要求	数据收集	*	*	*
数据探测功能要求	协议分析	*	*	*
	行为监测	*	*	*
	流量监测	*	*	*
入侵分析功能要求	数据分析	*	*	*
	分析方式	*	*	*
	防躲避能力		*	*
	事件合并		*	*
	事件关联			*

续表

产品功能要求	功能组件	一级	二级	三级
入侵响应功能要求	安全告警	*	*	*
	告警方式	*	*	*
	排除响应		*	*
	定制响应		*	*
	全局预警			*
	阻断能力	*	*	*
	防火墙联动		*	*
	入侵管理			*
	其他设备联动			*
管理控制功能要求	图形界面	*	*	*
	分布式部署		*	*
	多级管理			*
	集中管理		*	*
	同台管理		*	*
	端口分离		*	*
	事件数据库	*	*	*
	事件分级	*	*	*
	策略配置	*	*	*
	产品升级	*	*	*
	统一升级	*	*	*
检测结果处理要求	事件记录	*	*	*
	事件可视化	*	*	*
	报告生成	*	*	*
	报告查阅	*	*	*
	报告输出	*	*	*
产品灵活性要求	窗口定义		*	*
	报告定制	*	*	*
	事件定义		*	*
	协议定义		*	*
	通信接口		*	*
性能指标要求	漏报率	*	*	*
	误报率	*	*	*
	还原能力			*

注 “*”表示具有该要求。

表 3-2　　网络型入侵检测系统产品安全要求等级划分

安全功能要求	功能组件	一级	二级	三级
身份鉴别	用户鉴别	*	*	*
	多鉴别机制			*
	鉴别失败的处理	*	*	*
	超时设置		*	*
	会话锁定		*	*
	鉴别数据保护			*
用户管理	用户角色	*	*	*
	用户属性定义		*	*
	安全行为管理		*	*
	安全属性管理			*
安全审计	审计数据生成		*	*
	审计数据可用性		*	*
	审计查阅		*	*
	受限的审计查阅		*	*
事件数据安全	安全数据管理	*	*	*
	数据保护		*	*
	数据存储告警			*
通信安全	通信完整性	*	*	*
	通信稳定性	*	*	*
	升级安全	*	*	*
产品自身安全	自我隐藏	*	*	*
	自我保护	*	*	*
	自我监测		*	*

注　“*”表示具有该要求。

(2)主机型入侵检测系统安全等级划分。主机型入侵检测系统的安全等级划分见表 3-3、表 3-4。对主机型入侵检测系统的等级评定是依据这两个表，结合产品保证要求的综合评定得出的，符合第一级的主机型入侵检测系统应满足表 3-3、表 3-4 中所标明的一级产品应满足的所有项目，以及对第一级产品的相关保证要求；符合第二级的主机型入侵检测系统应满足表 3-3、表 3-4 中所标明的二级产品应满足的所有项目，以及对第二级产品的相关保证要求；符合第三级的主机型入侵检测系统应满足表 3-3、表 3-4 中所标明的三级产品应满足的所有项目，以及对第三级产品的相关保证要求。

表 3-3　　　　　　主机型入侵检测系统产品功能要求等级划分

产品功能要求	功能组件	一级	二级	三级
数据探测功能要求	数据收集	*	*	*
	行为监测	*	*	*
入侵分析功能要求	数据分析	*	*	*
入侵响应功能要求	安全告警	*	*	*
	告警方式	*	*	*
	阻断能力	*	*	*
管理控制功能要求	图形界面	*	*	*
	集中管理		*	*
	同台管理		*	*
	事件数据库	*	*	*
	事件分级	*	*	*
	策略配置	*	*	*
	产品升级	*	*	*
检测结果处理要求	事件记录	*	*	*
	事件可视化	*	*	*
	报告生成	*	*	*
	报告查阅	*	*	*
	报告输出	*	*	*
产品灵活性要求	窗口定义		*	*
	报告定制	*	*	*
	事件定义		*	*
	通信接口		*	*
性能指标要求	稳定性	*	*	*
	CPU 资源占用量			
	内存占用量	*	*	*
	用户登录和资源访问	*	*	*
	网络通信	*	*	*

注　“*”表示具有该要求。

表 3-4　　　　　　主机型入侵检测系统产品安全要求等级划分

安全功能要求	功能组件	一级	二级	三级
身份鉴别	用户鉴别	*	*	*
	多鉴别机制			*
	鉴别失败的处理	*	*	*
	超时设置		*	*

续表

安全功能要求	功能组件	一级	二级	三级
	会话锁定		*	*
	鉴别数据保护			*
用户管理	用户角色	*	*	*
	用户属性定义		*	*
	安全行为管理		*	*
	安全属性管理			*
安全审计	审计数据生成		*	*
	审计数据可用性		*	*
	审计查阅		*	*
	受限的审计查阅		*	*
事件数据安全	安全数据管理	*	*	*
	数据保护	*	*	*
	数据存储告警			*
通信安全	通信完整性	*	*	*
	通信稳定性	*	*	*
	升级安全	*	*	*
产品自身安全	自我保护	*	*	*

注 “*”表示具有该要求。

（二）入侵检测系统技术要求

GB/T 20275—2006 对三个级别的入侵检测系统都提供了明确的技术要求，下面以第一级入侵检测系统为例，说明该标准制定的一些具体技术要求。其他两个级别的入侵检测系统的技术要求可详见具体标准。

1. 第一级入侵检测系统的产品功能要求

（1）数据探测功能要求。数据探测功能要求入侵检测系统具备满足规定要求的数据收集、协议分析、行为监测、流量监测等功能。其中，对于数据收集，网络型入侵检测系统应具有实时获取受保护网段内的数据包的能力，获取的数据包应足以进行检测分析，主机型入侵检测系统应具有实时获取一种或多种操作系统下主机的各种状态信息的能力。对于协议分析，网络型入侵检测系统至少应监视基于以下协议的事件：IP、ICMP、ARP、RIP、TCP、UDP、RPC、HTTP、FTP、TFTP、IMAP、SNMP、TELNET、DNS、SMTP、POP3、NETBIOS、NFS、NNTP 等。对于行为监测，网络型入侵检测系统至少应能监视端口扫描、强力攻击、木马后门攻击、拒绝服务攻击、缓冲区溢出攻击、IP 碎片攻击、网络蠕虫攻击等攻击行为，主机型入侵检测系统至少应能监视端口扫描、强力攻击、缓冲区溢出攻击、可疑连接等攻击行为。对于流量监测，网络型入侵检测系统应监视整个网络或者某一特定协议、地址、端口的报文流量和字节流量。

（2）入侵分析功能要求。对于数据分析，网络型入侵检测系统应对收集的数据包进行分析，发现攻击事件；主机型入侵检测系统应将收集到的信息进行分析，发现违反安全策略的行为，或者可能存在的入侵行为。网络型入侵检测系统应以模式匹配、协议分析、人工智能等一种或多种方式进行入侵分析。

（3）入侵响应功能要求。当入侵检测系统检测到入侵时，应自动采取相应动作以发出安全警告。告警可以采取屏幕实时提示、E-mail 告警、声音告警等几种方式。入侵检测系统在监测到网络上的非法连接时，可进行阻断。

（4）管理控制功能要求。入侵检测系统应提供友好的用户界面用于管理、配置入侵检测系统。管理配置界面应包含配置和管理产品所需的所有功能。入侵检测系统的事件数据库应包括事件定义和分析、详细的漏洞修补方案、可采取的对策等。入侵检测系统应按照事件的严重程度将事件分级，以使授权管理员能从大量的信息中捕捉到危险的事件。入侵检测系统应能提供方便、快捷的入侵检测系统策略配置方法和手段。入侵检测系统应具有及时更新、升级产品和事件库的能力，网络型入侵检测系统应提供由控制台对各探测器的事件库进行统一升级的功能。

（5）检测结果处理要求。入侵检测系统应记录并保存检测到的入侵事件。入侵事件信息应至少包含以下内容：事件发生时间、源地址、目的地址、危害等级、事件详细描述及解决方案和建议等。用户应能通过管理界面实时清晰地查看入侵事件。入侵检测系统应能生成详尽的检测结果报告，具有全面、灵活地浏览检测结果报告的功能，检测结果报告应可输出成方便用户阅读的文本格式，如字处理文件、HTML 文件、文本文件等。

（6）产品灵活性要求。入侵检测系统应支持授权管理员按照自己的要求修改和定制报告内容。

（7）主机型入侵检测系统性能要求。主机型入侵检测系统在主机正常工作状态下应该工作稳定，不应造成被检测主机停机或死机现象，CPU 和内存空间占用率不应影响主机的正常工作，不应影响所在目标主机的合法用户登录、文件资源访问和正常网络通信。

（8）网络型入侵检测系统性能要求。对于误报率，网络型入侵检测系统应按照指定的测试方法、测试工具、测试环境和测试步骤进行测试。产品应将误报率控制在应用许可的范围内，不能对正常使用产品产生较大影响。对于漏报率，网络型入侵检测系统应按照指定的测试方法、测试工具、测试环境和测试步骤，在正常网络流量下和各种指定的网络背景流量下，分别测试产品未能对指定的入侵行为进行告警的数据。系统应将漏报率控制在应用许可的范围内，不能对正常使用产品产生较大影响。

2. 第一级入侵检测系统的产品安全要求

（1）身份鉴别。对于用户鉴别，应在用户执行任何与安全功能相关的操作之前对用户进行鉴别。当用户鉴别尝试失败连续达到指定次数后，系统应锁定该账号，并将有关信息生成审计事件。最多失败次数仅由授权管理员设定。

（2）用户管理。入侵检测系统应设置多个角色，并应保证每一个用户标识是全局唯一的。

（3）事件数据安全。入侵检测系统应仅限于指定的授权角色访问事件数据，禁止其他用户对事件数据的操作。入侵检测系统应在遭受攻击时，能够完整保留已经保存的事件数据。

（4）通信安全。入侵检测系统应确保各组件之间传输的数据（如配置和控制信息、告警和事件数据等）不被泄漏或篡改。应采取点到点协议等保证通信稳定性的方法，保证各部件和控制台之间传递的信息不因网络故障而丢失或延迟。入侵检测系统应确保事件库和版本升级时的通信安全，应确保升级包是由开发商提供的。

（5）产品自身安全。产品自身安全包括自我隐藏和自我保护等。网络型入侵检测系统应采取隐藏探测器 IP 地址等措施使自身在网络上不可见，以降低被攻击的可能性；主机型入侵检测系统应具有自我保护功能（如防止程序被非法终止、停止告警）。

3. 第一级入侵检测系统的产品保证要求

（1）配置管理。开发者应为系统的不同版本提供唯一的标识。系统的每个版本应当使用它们的唯一标识作为标签。

（2）交付与运行。开发者应提供文档说明系统的安装、生成和启动的文档。

（3）安全功能开发。对于功能设计，开发者应提供系统的安全功能设计文档，应以非形式方法来描述安全功能与其外部接口，并描述使用外部安全功能接口的目的与方法，在需要的时候还要提供例外情况和出错信息的细节。对于表示对应性，开发者应在产品安全功能表示的所有相邻对之间提供对应性分析。

（4）文档要求。对于管理员指南，开发者应提供授权管理员使用的管理员指南。管理员指南应说明以下内容：①系统可以使用的管理功能和接口；②怎样安全地管理系统；③在安全处理环境中应进行控制的功能和权限；④所有对与系统的安全操作有关的用户行为的假设；⑤所有受管理员控制的安全参数，如果可能，应指明安全值；⑥每一种与管理功能有关的安全相关事件，包括对安全功能所控制的实体的安全特性进行的改变；⑦所有与授权管理员有关的 IT 环境的安全要求。管理员指南应与为评价而提供的其他文件保持一致。对于用户指南，开发者应提供用户指南。用户指南应说明以下内容：①系统的非管理用户可使用的安全功能和接口；②系统提供给用户的安全功能和接口的用法；③用户可获取但应受安全处理环境控制的所有功能和权限；④系统安全操作中用户所应承担的职责；⑤与用户有关的 IT 环境的所有安全要求。用户指南应与为评价而提供的其他文件保持一致。

（5）开发安全要求。开发者应提供开发安全文件。开发安全文件应描述在系统的开发环境中，为保护系统设计和实现的机密性和完整性，而在物理、程序、人员及其他方面所采取的必要的安全措施。开发安全文件还应提供在系统的开发和维护过程中执行安全措施的证据。

（6）测试。对于测试范围，开发者应提供测试覆盖的分析结果。测试覆盖的分析结果应表明测试文档中所标识的测试与安全功能设计中所描述的安全功能是对应的。对于功能测试，开发者应测试安全功能，并提供相应的测试文档。测试文档应包括测试计划、测试规程、预期的测试结果和实际测试结果。测试计划应标识要测试的安全功能，并描述测试的目标；测试规程应标识要执行的测试，并描述每个安全功能的测试概况，这些概况包括对其他测试结果的顺序依赖性；预期的测试结果应表明测试成功后的预期输出；实际测试结果应表明每个被测试的安全功能能按照规定进行运作。

（三）入侵检测系统测试环境和测评方法

1. 测试环境

入侵检测系统功能测评的典型网络拓扑结构如图 3-4 所示。

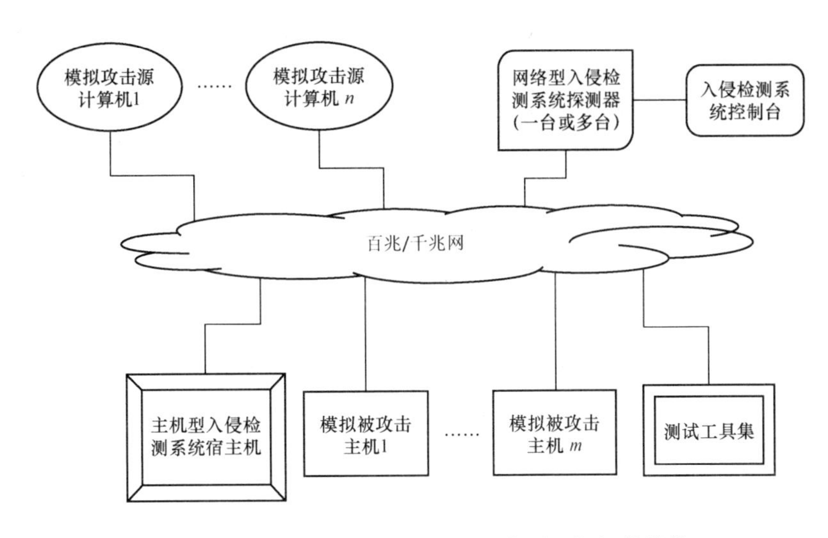

图 3-4　入侵检测系统功能测评的典型网络拓扑结构

2. 测评方法

可用的测评方法包括但不限于以下三种：①专用的网络性能分析仪生成网络背景流量；②网络数据包获取软件进行包回放；③扫描工具和攻击工具包测试产品报警能力。只要有利于科学、公正、可重复地得到入侵检测系统的测试结果，可采取多种测试工具和测试方法对系统进行测试。GB/T 20275—2006 对三个级别的入侵检测系统的技术要求，都提供了明确的测评方法。下面以第一级入侵检测系统为例，说明该标准对入侵检测系统的测评方法，其他两个级别的入侵检测系统的技术要求测评方法可详见具体标准。

（1）第一级入侵检测系统的产品功能测评。

1）数据探测功能测评。对于数据收集，所采用的测评方法如下：对网络型入侵检测系统，检查是否具有实时获取受保护网段内的数据包的能力；对主机型入侵检测系统，针对主机进行指定的操作（至少包括远程登录、猜测口令、访问服务、删除文件等），检查系统是否能够收集到这些信息。网络型入侵检测系统应能获取足够的网络数据包以分析入侵事件，主机型入侵检测系统应能获得一种或多种操作系统的各种操作和状态信息。

对于协议分析，所采用的测评方法如下：打开网络型入侵检测系统的安全策略配置，检查安全事件的描述是否具有协议类型等属性；检查产品说明书，查找关于协议分析方法的说明，按照系统所声明的协议分析类型，抽样生成协议事件，组成攻击事件测试集；配置系统的检测策略为最大策略集；发送攻击事件测试集中的所有事件，记录系统的检测结果；记录系统报告的攻击名称和类型，产品说明书中声称能够监视的协议的事件至少包括以下类型：IP、ICMP、ARP、RIP、TCP、UDP、RPC、HTTP、FTP、TFTP、IMAP、SNMP、TELNET、DNS、SMTP、POP3、NETBIOS、NFS、NNTP 等，抽样测试应未发现矛盾之处；列举系统支持的所有入侵分析方法。

对于行为监测，所采用的测评方法如下：从已有的事件库中选择具有不同特征的多个事件，组成攻击事件测试集。选取的事件应包括端口扫描类事件（如 TCP 端口扫描、UDP 端口扫描、ICMP 分布式主机扫描等）、拒绝服务类事件（如 SynFlood、UDP Flood、ICMP

Flood、IGMP 拒绝服务等）、后门类事件（如 BO、Netbus、Dolly 等）、蠕虫类事件（如红色代码、冲击波、振荡波等）、溢出类事件（如 FTP_命令溢出、SMTP_HELO_缓冲区溢出、POP3_foxmail_5.0_缓冲区溢出、Telnet_Solaris_telnet_缓冲区溢出、HTTP_IIS_Unicode_漏洞、MSSQL2000_远程溢出、FTP_AIX_溢出漏洞等）、暴力破解和弱口令类事件（如 SMTP 口令探测、HTTP 口令探测、FTP 口令探测、MSSQLSERVER_弱口令、FTP_弱口令、POP3_弱口令等），以及其他具有代表性的网络攻击事件，测试网络型入侵检测系统。从已有的事件库中选择具有不同特征的多个事件，组成攻击事件测试集，选取的事件应包括端口扫描类事件、强力攻击类事件、缓冲区溢出类事件、可疑连接，以及其他具有代表性的主机攻击事件，测试主机型入侵检测系统，配置系统的检测策略为最大策略集。发送攻击事件测试集中的所有事件，记录系统的检测结果。对攻击事件测试集的攻击，系统应报告相应的入侵事件，包括事件名称、攻击源地址、目的地址、事件发生时间、重要级别等信息，记录系统报告的攻击名称和类型。

对于流量监测，所采用的测试评价方法如下：开启流量显示功能，定义流量事件，查看流量显示界面，显示流量变化；对某一服务器发起大流量的攻击，如 Ping Flood；对特定的端口（如 80 端口）发起拒绝服务攻击。

2）入侵分析功能测评。对于数据分析，所采用的测评方法如下：从已有的事件库中选择具有不同特征的多个事件，组成攻击事件测试集。选取的事件应包括端口扫描类事件、拒绝服务类事件、后门类事件、蠕虫类事件、溢出类事件、暴力破解和弱口令类事件，以及其他具有代表性的攻击事件；配置系统的检测策略为最大策略集；发送攻击事件测试集中的所有事件，记录系统的检测结果。对攻击事件测试集的攻击，系统应报告相应的入侵事件，包括事件名称、攻击源地址、目的地址、事件发生时间、重要级别等信息；记录系统报告的攻击名称和类型。对于分析方式，所采用的测评方法如下：检查系统的事件库；打开系统的安全策略配置，检查安全事件的描述是否具有协议类型等属性；检查产品说明书，查找关于产品分析方法的说明，按照系统所声明的各类分析方法，在系统中进行检查确认。

3）入侵响应功能测评。对于安全告警，所采用的测评方法如下：触发一定的安全事件，查看是否有告警信息；检查报警界面的显示信息是否分级别显示；查看报警信息的详细记录；查看报警事件的详细解释。对于告警方式，所采用的测评方法如下：打开菜单，查看告警方式的选择；依次选择各种告警方式，测试是否能够按照指定的方法告警。对于阻断能力，所采用的测试评价方法如下：检查系统的响应策略配置界面是否具有阻断选项，选中对攻击事件的阻断选项，检查系统在监测到相应攻击时是否进行阻断。

4）管理控制功能测评。对于图形界面，所采用的测评方法如下：登录控制台界面，查看用户界面的功能，包括管理配置界面、报警显示界面等，通过界面配置控制台和探测器的连接。对于事件数据库，所采用的测评方法如下：检查系统是否将检测到的事件存储到相应的数据中，检查系统支持的数据库格式。对于事件分级，所采用的测评方法如下：打开系统的事件库，检查是否每个事件都有分级信息；检查界面显示的攻击事件是否具备事件级别信息。对于策略配置，所采用的测评方法如下：打开菜单，查看系统提供的默认策略，查看是否允许编辑或修改生成新的策略。对于产品升级，所采用的测评方法如下：检查事件特征库、控制台及探测器的升级方式。对于统一升级，所采用的测评方法如下：从主控制台做特征库升级，查看控制台是否可以在升级后将特征库下发给其下级控制台。

5）检测结果处理。对于事件记录，所采用的测评方法如下：检查系统是否具有记录事件的数据库，系统应记录并保存检测到的入侵事件；检查数据库是否具有维护功能。对于事件可视化，所采用的测评方法如下：登录控制台界面，检查通过界面是否可以实时、清晰地查看正在发生的入侵事件；触发一定的安全事件，查看报警界面的显示信息是否分级别显示。对于报告生成，所采用的测评方法如下：查看报告生成功能，查看报告的生成方式；查看生成报告的内容。对于报告查阅，所采用的测评方法如下：检查系统提供的查阅、浏览检测结果报告的功能。对于报告输出，所采用的测评方法如下：检查报告是否可输出，检查系统支持的输出格式。

6）产品灵活性。对于报告定制，所采用的测评方法如下：查看系统设置是否支持报告内容的自定义。

7）主机型入侵检测系统性能。对于稳定性，所采用的测评方法如下：至少连续运行主机型入侵检测系统七天，检查是否造成被检测主机停机或死机。测试评价结果：在主机正常工作状态下，系统应工作稳定，不应造成被检测主机停机或死机现象。对于 CPU 资源占用量，所采用的测评方法如下：打开 CPU 监测工具（如 Windows 平台的任务管理器等），运行主机型入侵检测系统的多项主要功能，记录在各种操作下 CPU 的利用情况。对于内存占用量，所采用的测评方法如下：打开内存监测工具，运行主机型入侵检测系统的多项主要功能，记录在各种操作下内存的利用情况。对于用户登录和资源访问，所采用的测评方法如下：打开主机型入侵检测系统的网络访问监测和文件检测功能，对被检测的主机进行合法用户登录（本地及远程）、合法文件访问等操作，检查是否能够顺利完成。对于网络通信，所采用的测评方法如下：打开主机型入侵检测系统的网络访问监控功能，对被检测的主机进行一系列的远程通信操作，检查是否能够顺利完成。

8）网络型入侵检测系统性能要求。对于误报率，所采用的测评方法如下：在指定的网络带宽（百兆网络、千兆网络或厂商声明的其他网络带宽）测试环境下，分别以 64、128、512、1 518B 大小的 TCP 数据包作为背景流量数据包，分别以满负荷背景流量的 25%、50%、75%、99%作为背景流量强度，随机选择攻击的源地址、目的地址和端口，测试产品探测器在各环境下对网络数据包的最大收集能力，可测试多次取平均值，以 PPS（每秒能够处理的数据包个数）为单位记录。在指定的网络带宽（百兆网络、千兆网络或厂商声明的其他网络带宽）测试环境下，分别以 64、128、512、1 518B 大小的 UDP 数据包作为背景流量数据包，分别以满负荷背景流量的 25%、50%、75%、99%作为背景流量强度，随机选择攻击的源地址、目的地址和端口，测试产品探测器在各环境下对网络数据包的最大收集能力，可测试多次取平均值，以 PPS 为单位记录。在指定的网络带宽（百兆网络、千兆网络或厂商声明的其他网络带宽）测试环境下，用模拟的真实网络数据包作为背景流量数据包，分别以满负荷背景流量的 25%、50%、75%、99%作为背景流量强度，随机选择攻击的源地址、目的地址和端口，测试产品探测器在各环境下对网络数据包的最大收集能力，可测试多次取平均值，以 PPS 为单位记录。在指定的网络带宽（百兆网络、千兆网络或厂商声明的其他网络带宽）测试环境下，测试系统分别针对 TCP 和 HTTP 协议能够建立的真实会话连接数，可测试多次取平均值，以每秒能够建立的连接数为单位记录；利用误报测试工具或通过人工构造数据包的方式，生成虚假的攻击包，查看网络型入侵检测系统是否报警；

依据已有的事件库，生成多个已知的攻击事件，查看网络型入侵检测系统是否正确报告出事件名称。

对于漏报率，所采用的测评方法如下：从已有的事件库中选择具有不同特征的多个事件，组成攻击事件测试集，发送攻击事件测试集中的所有事件，记录系统的检测结果；可选取部分攻击事件作为测试基线；选取 64、128、512、1 518B 大小的数据包作为背景流量，分别以满负荷背景流量的 25%、50%、75%、99%作为背景流量强度，将选取的基线攻击发送多次（如 100 次），记录系统的检测结果。

（2）第一级入侵检测系统的产品安全测评。

1）身份鉴别。对于用户鉴别，所采用的测评方法如下：登录系统，检查是否在执行所有功能之前要求进行身份认证。测试评价结果：在用户执行任何与安全功能相关的操作之前都应对用户进行鉴别，登录之前允许做的操作应仅限于输入登录信息、查看登录帮助等操作；允许用户在登录后执行与其安全功能相关的各类操作时，不再重复认证。

对于鉴别失败的处理，所采用的测评方法如下：检查系统的安全功能是否可定义用户鉴别尝试的最大允许失败次数，检查系统的安全功能是否可定义当用户鉴别尝试失败连续达到指定次数后，采取相应的措施（如锁定该账号）；尝试多次失败的用户鉴别行为，检查达到指定的鉴别失败次数后，系统是否采取了相应的措施，并生成了审计事件。

2）用户管理。对于用户角色，所采用的测评方法如下：检查系统的安全功能是否允许定义多个角色的用户。系统应允许定义多个角色的用户，每个角色可以具有多个用户，每个用户只能属于一个角色；应保证每一个用户标识是全局唯一的，不允许一个用户标识用于多个用户。

3）事件数据安全。对于安全数据管理，所采用的测评方法如下：模拟授权与非授权角色访问事件数据，产品安全功能是否仅允许授权角色访问事件数据。系统应限制对事件数据的访问。除了具有明确的访问权限的授权角色之外，系统应禁止其他用户对事件数据的访问。

对于数据保护，所采用的测评方法如下：至少连续运行系统 48h，并从已有的事件库中选择具有不同特征的多个事件，组成攻击事件测试集进行测试，检查系统的事件数据是否出现丢失现象。系统能够完整保留已经保存的事件数据。

4）通信安全。对于通信完整性，所采用的测评方法如下：在系统的各组件中传输配置和控制信息、告警和事件数据等信息，检查接收是否正常；检查开发者文档中对保证各组件之间通信完整性的描述。系统应在各组件之间传输的数据（如配置和控制信息、告警和事件数据等）时，数据能够被正常传输。

对于通信稳定性，所采用的测评方法如下：在系统的各部件和控制台之间传递信息，人为制造网络故障，检查信息传递是否正常；检查开发者文档中对保证各部件和控制台之间传递信息的通信稳定性的描述。系统在各部件和控制台之间传递信息时，不因网络故障而丢失或延迟，数据能够被正常传输。

对于升级安全，所采用的测评方法如下：尝试用系统所允许的各种方法升级事件库和系统软件版本，检查升级过程是否正常；检查升级包是否具有开发商的签名提示，证明该升级包是由开发商提供的合法升级包；检查开发者文档中对保证升级安全的描述。

5）产品自身安全。对于自我隐藏，所采用的测评方法如下：检查开发者文档中对网络型入侵检测系统自身安全的描述。网络型入侵检测系统应采取隐藏探测器 IP 地址等措施使自身在网络上不可见。对于自我保护，所采用的测评方法如下：检查开发者文档中对主机型入侵检测系统自身安全的描述。主机型入侵检测系统应具有自我保护功能，能够防止程序被非法终止、非法设置停止告警等行为。

（3）第一级入侵检测系统的产品保证测评。

1）配置管理。评价者应审查开发者提供的配置管理支持文件是否包含以下内容：版本号，要求开发者所使用的版本号与所应表示的产品样本完全对应，没有歧义；配置项，要求配置项有唯一的标识，从而对系统的组成有更清晰的描述；审查记录及最后结果（符合/不符合），开发者应提供唯一版本号和配置项。

2）交付与运行。评价者应审查开发者是否提供了文档说明系统的安装、生成、启动和使用的过程。用户能够通过此文档了解安装、生成、启动和使用过程。审查记录及最后结果（符合/不符合）应符合测评方法要求。

3）安全功能开发。对于功能设计，所采用的测评方法如下：评价者应审查开发者所提供的信息是否满足功能设计使用非形式化风格描述产品安全功能与其外部接口，功能设计是内在一致的，功能设计描述使用所有外部产品安全功能接口的目的与方法，适当时，要提供结果影响例外情况和出错信息的细节，功能设计完整地表示产品安全功能。评价者应确认功能设计是否是系统安全要求的精确和完整的示例。审查记录及最后结果（符合/不符合），评价者审查内容至少包括测评方法中的四个方面。开发者提供的内容应精确和完整。

对于表示对应性，所采用的测评方法如下：评价者应审查开发者是否在产品安全功能表示的所有相邻对之间提供对应性分析。其中，系统各种安全功能表示（如系统功能设计、高层设计、低层设计、实现表示）之间的对应性是所提供的抽象产品安全功能表示要求的精确而完整的示例。产品安全功能在功能设计中进行细化，并且较为抽象的产品安全功能表示的所有相关安全功能部分，在较具体的产品安全功能表示中进行细化。审查记录及最后结果（符合/不符合），评价者审查内容至少包括功能设计、高层设计、低层设计、实现表示四项。开发者提供的内容应精确和完整，并互相对应。

4）文档要求。对于管理员指南，所采用的测评方法如下：评价者应审查开发者是否提供了供授权管理员使用的管理员指南，此管理员指南是否包括如下内容：系统可以使用的管理功能和接口；如何安全地管理系统；在安全处理环境中应进行控制的功能和权限；所有对与系统的安全操作有关的用户行为的假设；所有受管理员控制的安全参数，如果可能，应指明安全值；每一种与管理功能有关的安全相关事件，包括对安全功能所控制的实体的安全特性进行的改变；所有与授权管理员有关的 IT 环境的安全要求。审查记录及最后结果（符合/不符合），评价者审查内容至少包括测评方法中的七个方面。开发者提供的管理员指南应完整。

对于用户指南，所采用的测评方法如下：评价者应审查开发者是否提供了供系统用户使用的用户指南，此用户指南是否包括如下内容：系统的非管理用户可使用的安全功能和接口，系统提供给用户的安全功能和接口的用法，用户可获取但应受安全处理环境控制的所有功能和权限，系统安全操作中用户所应承担的职责，与用户有关的 IT 环境的所有安全要求。审查记录及最后结果（符合/不符合），评价者审查内容至少包括测试评价方法中的五个方面。开发者提供的用户指南应完整，并与为评价而提供的其他文件保持一致。

5）开发安全要求。评价者应审查开发者所提供的信息是否满足以下要求：开发人员的安全管理包括开发人员的安全规章制度，开发人员的安全教育培训制度和记录；开发环境的安全管理包括开发地点的出入口控制制度和记录，开发环境的温室度要求和记录，开发环境的防火、防盗措施和国家有关部门的许可文件，开发环境中所使用安全系统必须采用符合国家有关规定的系统并提供相应证明材料；开发设备的安全管理包括开发设备的安全管理制度，如开发主机使用管理和记录，设备的购置、修理、处置的制度和记录，上网管理，计算机病毒管理和记录等；开发过程和成果的安全管理包括对系统代码、文档、样机进行受控管理的制度和记录。审查记录及最后结果（符合/不符合），评价者审查内容至少包括测评方法中的四个方面。开发者提供文档应完整。

6）测试。对于范围，评价者应审查开发者提供的测试覆盖分析结果，是否表明测试文档中所标识的测试与安全功能设计中所描述的安全功能是对应的。审查记录及最后结果（符合/不符合），开发者提供的测试文档中所标识的测试与安全功能设计中所描述的安全功能应对应。对于功能测试，所采用的测评方法如下：评价开发者提供的测试文档，是否包括测试计划、测试规程、预期的测试结果和实际测试结果；评价测试计划是否标识了要测试的安全功能，是否描述了测试的目标；评价测试规程是否标识了要执行的测试，是否描述了每个安全功能的测试概况（这些概况包括对其他测试结果的顺序依赖性）；评价期望的测试结果是否表明测试成功后的预期输出；评价实际测试结果是否表明每个被测试的安全功能能按照规定进行运作。审查记录及最后结果（符合/不符合），评价者审查内容至少包括测试评价方法中的五个方面。开发者提供的内容应完整。

二、网络和终端设备隔离部件测评

《信息安全技术 网络和终端设备隔离部件安全技术要求》（GB/T 20279—2006）以划分的安全等级为基础，针对隔离部件的技术特点，对相应的测评方法做了详细描述。该标准用以指导测评者如何测试与评价隔离部件是否达到了相应的等级，主要从对隔离部件的安全保护等级进行划分的角度说明其评价准则，以及各评价准则在不同安全级中具体实现上的差异。该标准适用于按照 GB/T 20279—2006 的安全等级保护要求所开发的隔离部件的测试和评价。

该标准明确规定了物理断开隔离部件、单向隔离部件、协议隔离部件和网闸隔离部件四种隔离部件的分级测评方法。对于物理断开隔离部件和单向隔离部件的分级测评方法，主要包括基本级要求和增强级要求两种级别要求，且两者的分级测评方法要求基本相同。对于协议隔离部件和网闸隔离部件的分级测评方法，包括第一级、第二级、第三级三种级别要求，且两者的分级测评方法要求基本相同。此外，物理断开隔离部件和单向隔离部件的分级测评方法要求同协议隔离部件和网闸隔离部件的分级测评方法要求也较接近。下面以单向隔离部件为例，说明该标准针对物理断开隔离部件、单向隔离部件、协议隔离部件和网闸隔离部件四种隔离部件所提供的分级测评方法。

（一）基本级要求

1. 访问控制

对于安全属性定义，测试产品是否设定了某些安全属性，至少包括不同安全域网络切换方式、光驱和软驱等存储设备所处安全区域、网络设备接入方式、交换存储设备访问方式和其他在开发者文档中提及的安全属性。对于属性修改，测试产品是否能够修改与安全相关属性的参数，至少包括安全域网络切换。对于属性查询，测试端设备用户是否能够进行安全属性的查询，至少包括对一个安全域网络状态进行查询。

对于访问授权与拒绝的信息物理传导隔断测试：当单向隔离部件状态为安全域A网络状态时，尝试与安全域A网络和安全域B网络进行连接，测试产品是否保证与安全域A网络主机可以互相访问，与安全域B网络主机互相不可访问；当单向隔离部件状态为安全域B网络状态时，尝试与安全域A网络和安全域B网络进行连接，测试产品是否保证与安全域B网络主机可以互相访问，与安全域A网络主机互相不可访问。此外，若设定安全域B为不可信安全域，测试产品是否同时限定安全域B网络信息只能通过特定存储区域转移至安全域A网络存储区域，从而阻止安全域A网络信息通过网络连接泄露至安全域B网络（在不可信网络状态下，端设备用户可以对交换存储区域内信息进行读写访问；在可信网络状态下，端设备用户只可以对交换存储区域内信息进行只读访问）。

对于访问授权与拒绝的信息物理存储隔断测试：对于断电后遗失信息的部件，如内存、寄存器等暂存部件，测试是否在网络转换时做清零处理，防止遗留信息窜网；对于断电后不会遗失信息的设备，如磁带机、硬盘等存储设备，测试安全域A网络与安全域B网络信息是否以不同存储设备分开存储，如单向隔离部件是否分别为安全域A网络与安全城B网络准备一个独立的硬盘；对于移动存储介质，如光盘、USB硬盘等，测试在网络转换前是否有干预提示或禁止在双网都能使用这些设备。

2. 配置管理

评价者应审查开发者提供的配置管理支持文档是否完全符合以下要求：

（1）版本号：要求开发者所使用的版本号与所应表示的隔离部件样本完全对应，没有歧义。

（2）配置项：要求配置项有唯一的标识，从而对隔离部件的组成有更清晰的描述。这些描述与部分配置管理自动化的要求相同。

3. 交付与运行

评价者应审查开发者是否提供了文档说明隔离部件的安装、生成、启动和使用的过程。用户能够通过此文档了解安装、生成、启动和使用过程。

4. 安全功能开发过程

对于功能设计，评价者应审查开发者所提供的信息是否满足以下要求：

（1）功能设计应当使用非形式化风格描述隔离部件安全功能与其外部接口。

（2）功能设计应当是内在一致的。

（3）功能设计应当描述使用所有外部隔离部件安全功能接口的目的与方法，适当时提供结果影响例外情况和错误信息的细节。

（4）功能设计应当完整地表示隔离部件安全功能。

评价者应确认功能设计是否精确和完整地体现隔离部件安全功能要求。

对于表示对应性，评价者应审查开发者是否在隔离部件安全功能表示的所有相邻对之间提供对应性分析。其中，隔离部件各种安全功能表示（如隔离部件功能设计、高层设计、低层设计、实现表示）之间的对应性是所提供的抽象隔离部件安全功能表示要求的精确而完整的示例。隔离部件安全功能在功能设计中进行细化，并且较为抽象的隔离部件安全功能表示的所有相关安全功能部分，在较具体的隔离部件安全功能表示中进行细化。

5. 指导性文档

对于管理员指南，评价者应审查开发者是否提供了供系统管理员使用的管理员指南，此管理员指南是否包括以下内容：隔离部件可以使用的管理功能和接口；如何安全地管理隔离部件；在安全处理环境中应进行控制的功能和权限；所有对与隔离部件的安全操作有关的用户行为的假设；所有受管理员控制的安全参数，如果可能，应指明安全值；每一种与管理功能有关的安全相关事件，包括对安全功能所控制的实体的安全特性进行的改变；所有与系统管理员有关的IT环境的安全要求。

对于用户指南，评价者应审查开发者是否提供了供系统用户使用的用户指南，此用户指南是否包括如下内容：隔离部件的非管理用户可使用的安全功能和接口，隔离部件提供给用户的安全功能和接口的用法，用户可获取但应受安全处理环境控制的所有功能和权限，隔离部件安全操作中用户所应承担的职责，与用户有关的IT环境的所有安全要求。

6. 测试

对于范围，评价者应审查开发者提供的测试覆盖分析结果，是否表明测试文档中所标识的测试与安全功能设计中所描述的安全功能是对应的。对于功能测试，评价开发者提供的测试文档，是否包括测试计划、测试规程、预期的测试结果和实际测试结果；评价测试计划是否标识了要测试的安全功能，是否描述了测试的目标；评价测试规程是否标识了要执行的测试，是否描述了每个安全功能的测试概况（这些概况包括对其他测试结果的顺序依赖性）；评价期望的测试结果是否表明测试成功后的预期输出；评价实际测试结果是否表明每个被测试的安全功能能按照规定进行运作。

7. 生命周期支持

评价者应审查开发者所提供的信息是否满足以下要求：

（1）开发人员的安全管理：开发人员的安全规章制度，开发人员的安全教育培训制度和记录。

（2）开发环境的安全管理：开发地点的出入口控制制度和记录，开发环境的温室度要求和记录，开发环境的防火、防盗措施和国家有关部门的许可文件，开发环境中所使用安全产品必须采用符合国家有关规定的产品并提供相应证明材料。

（3）开发设备的安全管理：开发设备的安全管理制度，包括开发主机使用管理和记录，设备的购置、修理、处理的制度和记录，上网管理、计算机病毒管理和记录等。

（4）开发过程和成果的安全管理：对产品代码、文档、样机进行受控管理的制度和记录，若代码和文档进行加密保护，必须采用符合国家有关规定的产品并提供相应证明材料。

（二）增强级要求

1. 访问控制

访问控制与基本级要求相同。

2. 不可旁路

测试实际环境，并评价开发者提供实现此项功能的相应文档。

3. 客体重用

审查开发者提供的实现此项功能的相应文档，其中是否明确指出在为所有安全域A网络或安全域B网络上的主机连接进行资源分配时，单向隔离部件采用了某种方法清除之前连接的残余信息。

4. 配置管理

对于配置管理能力，评价者应审查开发者所提供的配置管理支持文档信息是否满足以下要求：开发者应使用配置管理系统并提供配置管理文档，以及为隔离部件产品的不同版本提供唯一的标识；配置管理系统应对所有的配置项做出唯一的标识，并保证只有经过授权才能修改配置项；配置管理文档应包括配置清单、配置管理计划。配置清单用来描述组成隔离部件的配置项，配置管理计划应描述配置管理系统是如何使用的。实施的配置管理应与配置管理计划相一致。配置管理文档还应描述对配置项给出唯一标识的方法，并提供所有的配置项得到有效维护的证据。对于配置管理范围，评价者应审查开发者提供的配置管理支持文档是否完全符合以下要求：隔离部件配置管理范围，要求将隔离部件的实现表示、设计文档、测试文档、用户文档、管理员文档、配置管理文档等置于配置管理之下，从而确保它们的修改是在一个正确授权的可控方式下进行的。

5. 交付与运行

对于交付，评价者应审查开发者是否使用一定的交付程序交付物理断开隔离部件，并使用物理文档描述交付过程，并且评价者应审查开发者交付的文档是否完全符合以下要求：在给用户方交付隔离部件的各版本时，为维护安全所必需的所有程序。对于安装生成，评价者应审查开发者是否提供了文档说明隔离部件的安装、生成、启动和使用的过程。用户能够通过此文档了解安装、生成、启动和使用的过程。

6. 安全功能开发过程

安全功能开发过程对于功能设计和表示对应性的测试评价方法与基本级要求相同。对于高层设计，评价者应审查开发者所提供的信息是否满足以下要求：高层设计采用非形式化的表示；高层设计应当是内在一致的；隔离部件高层设计应当描述每一个隔离部件安全功能子系统所提供的安全功能，提供适当的体系结构实现隔离部件安全功能要求；隔离部件的高层设计应当以子系统的观点描述隔离部件安全功能的结构，定义所有子系统之间的相互关系，并将这些相互关系适当地作为数据流、控制流等外部接口表示；高层设计应当标识隔离部件安全功能要求的任何基础性的硬件、固件或软件，并且通过支持这些硬件、固件或软件所实现的保护机制，提供隔离部件安全功能表示。

7. 指导性文档

对于管理员指南，评价者应审查开发者是否提供了供系统管理员使用的管理员指南，此管理员指南是否包括以下内容：隔离部件可以使用的管理功能和接口；如何安全地管理隔离部件；在安全处理环境中应进行控制的功能和权限；所有对与隔离部件的安全操作有关的用户行为的假设；所有受管理员控制的安全参数，如果可能，应指明安全值；每一种与管理功能有关的安全相关事件，包括对安全功能所控制的实体的安全特性进行的改变；所有与系统管理员有关的 IT 环境的安全要求。评价者应确认管理员指南是否与为评价而提供的其他文档保持一致。

对于用户指南，评价者应审查开发者是否提供了供系统用户使用的用户指南，此用户指南是否包括以下内容：隔离部件的非管理用户可使用的安全功能和接口，隔离部件提供给用户的安全功能和接口的用法，用户可获取但应受安全处理环境控制的所有功能和权限，隔离部件安全操作中用户所应承担的职责；与用户有关的 1T 环境的所有安全要求。评价者应确认用户指南是否与为评价而提供的其他文档保持一致。

8. 生命周期支持

生命周期支持测试评价方法与基本级要求相同。

9. 测试

对于范围，评价者应审查开发者提供的测试覆盖分析结果，是否表明测试文档中所标识的测试与安全功能设计中所描述的安全功能是对应的，评价测试文档中所标识的测试是否完整。对于测试深度，评价开发者提供的测试深度分析，是否说明测试文档中所标识的对安全功能的测试，足以表明该安全功能和高层设计是一致的。对于功能测试，评价开发者提供的测试文档，是否包括测试计划、测试规程、预期的测试结果和实际测试结果；评价测试计划是否标识了要测试的安全功能，是否描述了测试的目标；评价测试规程是否标识了要执行的测试，是否描述了每个安全功能的测试概况（这些概况包括对其他测试结果的顺序依赖性）；评价期望的测试结果是否表明测试成功后的预期输出；评价实际测试结果是否表明每个被测试的安全功能能按照规定进行运作。对于独立性测试，评价者应审查开发者是否提供了用于测试的产品，且提供的产品是否适合测试。

10. 脆弱性评定

对于指南检查，评价者应审查开发者提供的指南性文档是否满足以下要求：评价指南性文档是否确定对隔离部件的所有可能的操作方式（包括失败和操作失误后的操作），是否确定了它们的后果，以及是否确定了对于保持安全操作的意义；评价指南性文档是否列出了所有目标环境的假设及所有外部安全措施（包括外部程序、物理或人员的控制）的要求；评价指南性文档是否完整、清晰、一致、合理。

对于脆弱性分析，评价开发者提供的脆弱性分析文档是否从用户可能破坏安全策略的明显途径出发，对隔离部件的各种功能进行了分析；对被确定的脆弱性，评价开发者是否明确记录了采取的措施；对每一条脆弱性，评价是否有证据显示在使用隔离部件的环境中该脆弱性不能被利用；对所提供的文档，评价是否表明经过标识脆弱性的隔离部件可以抵御明显的穿透性攻击。

三、网络脆弱性扫描产品测评

《信息安全技术 网络脆弱性扫描产品测试评价方法》（GB/T 20280—2006）规定了网络脆弱性扫描产品的测评方法，包括网络脆弱性扫描产品测评的内容、测评功能目标及测试环境，给出产品基本功能、增强功能和安全保证要求必须达到的具体目标。该标准的目的是为网络脆弱性扫描产品的研制、生产和认证提供技术支持和指导。正确使用符合该标准的评价活动，其结果可以得到确认，检测对象可以对网络进行脆弱性检查，对发现的安全隐患提出解决建议，从而提高产品的质量。

（一）网络脆弱性扫描产品的测试要求

被扫描主机应至少运行以下服务：HTTP、FTP、POP3、SMTP、SQL Server、Oracle，UNIX 和 Linux 服务器应运行 NFS 服务。服务器应运行常见木马，宜运行其他具有脆弱性和造成危害较严重的服务。

（二）网络脆弱性扫描产品的测评方法

1. 基本型

（1）基本功能。

1）自身安全性要求。对于身份鉴别，根据网络脆弱性扫描产品版本发行说明、管理员手册、配置管理文档等，启动网络脆弱性扫描产品 A 和 B；以授权管理员身份分别登录启动网络脆弱性扫描产品 A 和 B，运行创建普通管理员等操作。对于适用限制，根据网络脆弱性扫描产品版本发行说明、用户手册、高层设计文档、测试文档等，启动网络脆弱性扫描产品 A 和 B，进行管理配置、启动扫描等操作；记录测试结果并对该结果是否符合测评方法要求做出判断，如网络脆弱性扫描产品是否能够限制可以扫描的具体 IP 地址。

对于敏感信息保护，根据网络脆弱性扫描产品版本发行说明、用户手册、高层设计文档、测试文档等，启动网络脆弱性扫描产品 A 和 B，进行管理配置、启动扫描等操作；记录测试结果并对该结果是否符合测评方法要求做出判断，如是否对策略信息进行加密、敏感信息规避等。对于软件使用记录，根据网络脆弱性扫描产品版本发行说明、用户手册、管理员手册等，启动网络脆弱性扫描产品 A 和 B，进行以下操作以观察日志变化：管理员登录、扫描操作过程、扫描结果分析处理、产品升级、其他使用。

对于扫描数据包标记，根据网络脆弱性扫描产品版本发行说明、用户手册、管理员手册、高层设计文档、低层设计文档等，启动网络脆弱性扫描产品 A 和 B，执行扫描功能；通过抓包工具（如 TCPDUMP 等）捕获网络脆弱性扫描产品扫描数据包，并对捕获数据进行分析。对于扫描结果安全，根据网络脆弱性扫描产品版本发行说明、用户手册、管理员手册、高层设计文档、低层设计文档等，启动网络脆弱性扫描产品 A 和 B，执行扫描功能；直接利用数据库工具查证扫描结果，对扫描结果进行导入、导出及删除操作。

2）安全功能要求。对于脆弱性扫描，根据网络脆弱性扫描产品版本发行说明、安装手册、用户手册、管理员手册、配置管理文档、测试文档、高层设计文档等，确定测试对象（产品、扫描对象等），分别编写测试用例；对照测试用例，目标主机分别安装并启动相应的应用程序。启动网络脆弱性扫描产品 A 和 B，分别对被扫描机器进行扫描，并根据扫描结果，手工对比网络脆弱性扫描产品是否能够发现危险或不合理的配置等安全问题，并能提出相应的安全性建议；检查扫描结果中详细描述是否准确；按产品提供的安全性建议进行脆弱性修复后，再次进行测试，检查产品是否报告相应的脆弱性。

对于网络旁路检查，在被扫描的网络环境中，配置一个拨号上网或代理服务器或其他网络旁路服务；根据管理员手册、用户手册等，启动网络脆弱性扫描产品 B，查看扫描结果是否能够发现网络旁路服务。对于信息获取，根据管理员手册和用户手册等启动网络脆弱性扫描产品 A 和 B，对以下条目进行扫描：包括类型、版本号等信息的操作系统，TCP/IP 服务旗标，系统硬件信息，系统软件配置信息，其他网络配置信息，共享目录信息，系统运行状态信息等，对比扫描结果。对于端口和服务扫描，根据管理员手册和用户手册等启动网络脆弱性扫描产品 A 和 B，配置产品策略。针对以下端口和服务进行扫描：RPC 端口、TCP 端口、UDP 端口、端口协议分析、NT 服务等，手工对比扫描结果。

3）管理要求。对于管理员访问，根据安装手册、管理员手册、测试文档等启动网络脆弱性扫描产品 A 和 B，检测管理员访问功能；查看授权管理员访问权限，并设置普通管理员权限；验证普通管理员权限。对于扫描结果分析处理，根据《信息安全技术 网络脆弱性扫描产品测试评价方法》附录 A GB/T 20280—2006 中测试证据及上述测试过程产生的结果，进行手工对比；利用网络脆弱性扫描产品软件对扫描结果进行导入、导出、删除、定制报告、输出报告、浏览漏洞数据库等操作；仔细查看形成的扫描结果报告。

对于扫描策略定制，根据网络脆弱性扫描产品版本发行说明、安装手册、管理员手册、配置管理文档、测试文档、高层设计文档等，启动网络脆弱性扫描产品A和B，确认是否具有定制策略方法；定制已知账号和口令、扫描项目及属性、定时启动等策略，进行扫描；查看日志，验证审计功能。对于扫描对象，查看网络脆弱性扫描产品版本发行说明、安装手册、管理员手册、配置管理文档、测试文档、高层设计文档等，并启动网络脆弱性扫描产品A和B；对报警功能进行验证，观察目标系统网络性能。对于升级能力，查看网络脆弱性扫描产品版本发行说明、安装手册、用户手册等，启动网络脆弱性扫描产品A和B，根据用户手册检查产品是否具备升级更新能力。

4）使用要求。对于安装与操作控制，查看网络脆弱性扫描产品版本发行说明、安装手册、管理员手册、配置管理文档，对网络脆弱性扫描产品进行实际安装、操作。

（2）性能要求。

1）对于速度，根据网络脆弱性扫描产品安装手册、管理员手册、测试文档、高层设计文档、产品版本发行说明及产品运行界面，并启动网络脆弱性扫描产品A和B；检查网络脆弱性扫描产品是否采取有效的设计或技术手段提高扫描速度，并实际操作验证其对速度的影响。

2）对于稳定性和容错性，观察上述网络脆弱性扫描产品测试过程，确定产品是否能够避免主界面失去响应或非正常退出、扫描进度停滞不前等问题出现；反复试用网络脆弱性扫描产品。

3）对于漏洞发现能力，查看网络脆弱性扫描产品版本发行说明、安装手册、管理员手册、配置管理文档；试用网络脆弱性扫描产品。

4）对于误报率，查看网络脆弱性扫描产品版本发行说明、安装手册、管理员手册、配置管理文档；试用网络脆弱性扫描产品。

5）对于漏报率，查看网络脆弱性扫描产品版本发行说明、安装手册、管理员手册、配置管理文档；试用网络脆弱性扫描产品。

（3）安全保证要求。

1）对于配置管理，评价者应审查开发者提供的配置管理支持文件是否包含以下内容：

a. 版本号：要求开发者所使用的版本号与所应表示的网络脆弱性扫描产品样本完全对应，没有歧义。

b. 授权标识：要求开发者所提供的授权标识与所提供给用户的网络脆弱性扫描产品样本完全对应且唯一。

c. 配置项：要求配置项有唯一的标识，从而对网络脆弱性扫描产品的组成有更清晰的描述。

2）安全功能开发过程。对于功能设计，评价者应审查开发者所提供的信息是否满足以下要求：功能设计使用非形式化风格描述网络脆弱性扫描产品安全功能与其外部接口；功能设计是内在一致的；功能设计描述使用所有外部网络脆弱性扫描产品安全功能接口的目的与方法，适当时提供结果影响例外情况和错误信息的细节；功能设计完整地表示网络脆弱性扫描产品安全功能；评价者确认功能设计是否是网络脆弱性扫描产品安全功能要求的精确和完整的示例。

对于表示对应性，评价者应审查开发者是否在网络脆弱性扫描产品安全功能表示的所有相邻对之间提供对应性分析。其中，网络脆弱性扫描产品各种安全功能表示（如网络脆弱性扫描产品功能设计、高层设计、低层设计、实现表示）之间的对应性是所提供的抽象物理网络脆弱性扫描产品安全功能表示要求的精确而完整的示例。网络脆弱性扫描产品安全功能在功能设计中进行细化，并且较为抽象的网络脆弱性扫描产品安全功能表示的所有相关安全功能部分，在较具体的网络脆弱性扫描产品安全功能表示中进行细化。

3）测试。对于功能测试，评价开发者提供的测试文档，是否包括测试计划、测试过程、预期的测试结果和实际测试结果；评价测试计划是否标识了要测试的安全功能，是否描述了测试的目标；评价测试过程是否标识了要执行的测试，是否描述了每个安全功能的测试概况（这些概况包括对其他测试结果的顺序依赖性）；评价期望的测试结果是否表明测试成功后的预期输出；评价实际测试结果是否表明每个被测试的安全功能能按照规定进行运作。对于覆盖分析，评价者应审查开发者提供的测试覆盖分析结果，是否表明测试文档中所标识的测试与安全功能设计中所描述的安全功能是对应的。

4）指导性文档。指导性文档测试评价方法与基本型相同。

5）对于交付与运行，评价者应审查开发者是否提供了文档说明网络脆弱性扫描产品的安装、生成和启动的过程。用户能够通过此文档了解安装、生成、启动过程。上述过程中不应向非产品使用者提供网络拓扑信息，记录审查结果并对该结果是否符合测评方法要求做出判断。

6）对于生命周期支持，评价者应审查开发者所提供的信息是否满足以下要求：开发人员的安全管理包括开发人员的安全规章制度，开发人员的安全教育培训制度和记录；开发环境的安全管理包括开发地点的出入口控制制度和记录，开发环境的温室度要求和记录，开发环境的防火、防盗措施和国家有关部门的许可文件，开发环境中所使用安全产品必须采用符合国家有关规定的产品并提供相应证明材料；开发设备的安全管理包括开发设备的安全管理制度，如开发主机使用管理和记录，设备的购置、修理、处置的制度和记录，上网管理、计算机病毒管理和记录等；开发过程和成果的安全管理包括对产品代码、文档、样机进行受控管理的制度和记录，若代码和文档进行加密保护，必须采用符合国家有关规定的产品并提供相应证明材料；记录审查结果并对该结果是否符合测试评价方法要求做出判断，评价者审查内容至少包括测试评价方法中的四个方面。开发者提供文档应完整。

2. 增强型

（1）基本功能及性能。按照基本型中基本功能和性能要求部分介绍的测试评价方法进行测评。

（2）增强功能。

1）对于身份鉴别，根据网络脆弱性扫描产品版本发行说明、管理员手册、配置管理文档等，启动网络脆弱性扫描产品 A 和 B；以授权管理员身份分别登录启动网络脆弱性扫描产品 A 和 B，运行创建普通管理员等操作；要求产品厂商提供更换身份鉴别方式的接口，根据低层设计文档实际验证产品更换身份鉴别方式的能力。

2）对于脆弱性修补，根据网络脆弱性扫描产品安装手册、管理员手册、测试文档、高层设计文档、低层设计文档、产品版本发行说明等，逐一进行手工查对；确认脆弱性描述是否与通用的脆弱性描述方法兼容；是否针对不同的操作系统类型提出了有针对性的脆弱性修补方法，并确认其有效性；重新启动网络脆弱性扫描产品 A 和 B，进行扫描操作，对比网络脆弱性扫描产品两次扫描结果，确认是否经过第一次扫描之后，进行了部分脆弱性修复。

3）对于智能化，查看网络脆弱性扫描产品版本发行说明、安装手册、用户手册、管理员手册、配置管理文档、测试文档、高层设计文档、低层设计文档等；启动网络脆弱性扫描产品 A 和 B，进行扫描操作；改变测试环境某些网络或者系统设置，模拟设置漏洞，再次启动网络脆弱性扫描产品 A 和 B，进行扫描操作，观察两次扫描结果的变化；记录测试结果并对该结果是否符合测评方法要求做出判断。

4）对于互动接口，查看网络脆弱性扫描产品版本发行说明、安装手册、用户手册、管理员手册、配置管理文档、测试文档、高层设计文档、低层设计文档等；查询厂商，索要样板程序；编译并运行样板程序，查看运行结果；记录审查结果并对该结果是否符合测评方法要求做出判断。

5）对于与 IDS 产品的互动，根据网络脆弱性扫描产品版本发行说明、管理员手册、配置管理文档、测试文档、高层设计文档、低层设计文档等，检查产品软件安装目录；在测试环境中安装一个符合通用脆弱性描述的 IDS 环境；分别启动 IDS 和网络脆弱性扫描产品 A 和 B，手工检查对比脆弱性特征描述；编写测试用例，利用网络脆弱性扫描产品提供的接口及网络脆弱性扫描产品厂商提供的测试程序，启动网络脆弱性扫描产品及 IDS 进行测试；记录测试结果并对该结果是否符合测评方法要求做出判断。

6）对于与防火墙产品的互动，根据网络脆弱性扫描产品版本发行说明、管理员手册、配置管理文档、测试文档、高层设计文档、低层设计文档等，检查产品软件安装目录；构造一个包括木马在内的测试环境；编写测试用例，利用网络脆弱性扫描产品提供的接口及网络脆弱性扫描产品厂商提供的测试程序，启动网络脆弱性扫描产品及防火墙进行测试；记录测试结果并对该结果是否符合测评方法要求做出判断。

7）对于与其他应用程序之间的互动，根据网络脆弱性扫描产品版本发行说明、管理员手册、配置管理文档、测试文档、高层设计文档、低层设计文档等，指定并安装某种应用程序，适当地对网络脆弱性扫描产品进行产品配置；记录审查结果并对该结果是否符合测评方法要求做出判断。

（3）安全保证要求。

1）配置管理。对于授权机制，评价者应审查开发者所提供的信息是否满足以下要求：开发者应使用配置管理系统并提供配置管理文档，以及为网络脆弱性扫描产品的不同版本提供唯一的标识；配置管理系统应对所有的配置项做出唯一的标识，并保证只有经过授权才能修改配置项；配置管理文档应包括配置清单、配置管理计划。配置清单用来描述组成网络脆弱性扫描产品的配置项。在配置管理计划中，应描述配置管理系统是如何使用的。实施的配置管理应与配置管理计划相一致。配置管理文档还应描述对配置项做出唯一标识的方法，并提供所有配置项得到有效维护的证据。

对于配置管理范围，评价者应审查开发者提供的配置管理支持文件是否包含以下内容：网络脆弱性扫描产品配置管理范围，要求将网络脆弱性扫描产品的实现表示、设计文档、测试文档、用户文档、管理员文档、配置管理文档等置于配置管理之下，从而确保它们的修改是在一个正确授权的可控方式下进行的。为此，要求开发者所提供的配置管理文档应展示配置管理系统至少能跟踪上述配置管理之下的内容，文档应描述配置管理系统是如何跟踪这些配置项的，文档还应提供足够的信息证明达到所有要求。

2）安全功能开发过程。对于功能设计，评价者应审查开发者所提供的信息是否满足以下要求：功能设计应当使用非形式化风格描述网络脆弱性扫描产品安全功能与其外部接口；功能设计应当是内在一致的；功能设计应当描述使用所有外部网络脆弱性扫描产品安全功能接口的目的与方法，适当时提供结果影响例外情况和错误信息的细节；功能设计应当完整地表示网络脆弱性扫描产品安全功能；评价者应确认功能设计是否是网络脆弱性扫描产品安全功能要求的精确和完整的示例；记录审查结果并对该结果是否符合测评方法要求做出判断。

对于高层设计，评价者应审查开发者是否提供网络脆弱性扫描产品高层设计，所提供的信息是否满足以下要求：高层设计采用非形式化的表示；高层设计应当是内在一致的；网络脆弱性扫描产品高层设计应当描述每一个网络脆弱性扫描产品安全功能子系统所提供的安全功能，提供适当的体系结构实现网络脆弱性扫描产品安全功能要求；网络脆弱性扫描产品的高层设计应当以子系统的观点描述网络脆弱性扫描产品安全功能的结构，定义所有子系统之间的相互关系，并将这些相互关系适当地作为数据流、控制流等外部接口表示；高层设计应当标识网络脆弱性扫描产品安全功能要求的任何基础性的硬件、固件或软件，并且通过支持这些硬件、固件或软件所实现的保护机制，提供网络脆弱性扫描产品安全功能表示；记录审查结果并对该结果是否符合测评方法要求做出判断。

对于低层设计，评价者应审查开发者所提供的网络脆弱性扫描产品安全功能的低层设计是否满足以下要求：低层设计的表示应当是非形式化的；低层设计应当是内在一致的；低层设计应当以模块术语描述网络脆弱性扫描产品安全功能；低层设计应当描述每一个模块的目的；低层设计应当以所提供的安全功能性和对其他模块的依赖性术语定义模块间的相互关系；低层设计应当描述如何提供每一个网络脆弱性扫描产品安全策略强化功能；低层设计应当标识网络脆弱性扫描产品安全功能模块的所有接口；低层设计应当标识网络脆弱性扫描产品安全功能模块的哪些接口是外部可见的；低层设计应当描述网络脆弱性扫描产品安全功能模块所有接口的目的与方法，适当时应提供结果影响例外情况和错误信息的细节；低层设计应当描述如何将网络脆弱性扫描产品分离成网络脆弱性扫描产品安全策略加强模块和其他模块；记录审查结果并对该结果是否符合测评方法要求做出判断，评价者审查内容至少包括测试评价方法中的十个方面。开发者提供的低层设计内容应精确和完整。

对于表示对应性，评价者应审查开发者是否在网络脆弱性扫描产品安全功能表示的所有相邻对之间提供对应性分析。其中，网络脆弱性扫描产品各种安全功能表示（如网络脆弱性扫描产品功能设计、高层设计、低层设计、实现表示）之间的对应性是所提供的抽象网络脆弱性扫描产品安全功能表示要求的精确而完整的示例。网络脆弱性扫描产品安全功能在功能设计中进行细化，并且较为抽象的网络脆弱性扫描产品安全功能表示的所有相关安全功能部分，在较具体的网络脆弱性扫描产品安全功能表示中进行细化。记录审查结果并对该结果是否符合测评方法要求做出判断，评价者审查内容至少包括功能设计、高层设计、低层设计、实现表示四项。开发者提供的内容应精确和完整，并互相对应。

3）测试。对于功能测试，评价开发者提供的测试文档，是否包括测试计划、测试过程、预期的测试结果和实际测试结果；评价测试计划是否标识了要测试的安全功能，是否描述了测试的目标；评价测试过程是否标识了要执行的测试，是否描述了每个安全功能的测试概况（这些概况包括对其他测试结果的顺序依赖性）；评价期望的测试结果是否表明测试成功后的预期输出；评价实际测试结果是否表明每个被测试的安全功能能按照规定进行运作；记录审查结果并对该结果是否符合测试评价方法要求做出判断，评价者审查内容至少包括测试评价方法中的五个方面。开发者提供的内容应完整。

对于覆盖分析，评价者应审查开发者提供的测试覆盖分析结果，是否表明测试文档中所标识的测试与安全功能设计中所描述的安全功能是对应的；评价测试文档中所标识的测试是否完整；记录审查结果并对该结果是否符合测评方法要求做出判断。

对于深度，评价开发者是否提供测试深度分析；评价开发者提供的测试深度分析，若能说明测试文档中所标识的对安全功能的测试，表明该安全功能和高层设计是一致的；记录审查结果并对该结果是否符合测评方法要求做出判断，评价者测试和审查与安全功能相对应的测试，这些测试应能正确保证测试出的安全功能符合高层设计的要求。

对于独立性测试，评价者应审查开发者是否提供了网络脆弱性扫描产品经过独立的第三方测试并通过的证据；记录审查结果并对该结果是否符合测评方法要求做出判断，开发者应提供正确的第三方测试证据。

4）指导性文档。测试评价方法与基本型相同。

5）脆弱性评定。对于指南检查，评价者应确认开发者提供了指南性文档；评价者应审查开发者提供的指南性文档，是否满足以下要求：评价指南性文档是否确定了对网络脆弱性扫描产品的所有可能的操作方式（包括失败和操作失误后的操作），是否确定了它们的后果，以及是否确定了对于保持安全操作的意义；评价指南性文档是否列出了所有目标环境的假设及所有外部安全措施（包括外部程序、物理或人员的控制）的要求；评价指南性文档是否完整、清晰、一致、合理；记录审查结果并对该结果是否符合测评方法要求做出判断，开发者提供的评价指南性文档应完整。

对于脆弱性分析，评价开发者提供的脆弱性分析文档是否从用户可能破坏安全策略的明显途径出发，对网络脆弱性扫描产品的各种功能进行分析；对被确定的脆弱性，评价开发者是否明确记录了采取的措施；对每一条脆弱性，评价是否有证据显示在使用网络脆弱性扫描产品的环境中该脆弱性不能被利用；对所提供的文档，评价是否表明经过标识脆弱性的网络脆弱性扫描产品可以抵御明显的穿透性攻击；记录审查结果并对该结果是否符合测评方法要求做出判断，开发者提供的脆弱性分析文档应完整。

6）交付与运行。对于交付，评价者应审查开发者是否使用一定的交付程序交付网络脆弱性扫描产品；使用文档描述交付过程，并且评价者应审查开发者交付的文档是否包含以下内容：在给用户方交付网络脆弱性扫描产品的各版本时，为维护安全所必需的所有程序；评价者应审查上述过程中是否向非产品使用者提供网络拓扑信息；记录审查结果并对该结果是否符合测评方法要求做出判断，开发者应提供完整的文档描述所有交付的过程（文档和程序交付）。整个过程不应向非产品使用者提供网络拓扑信息。评价者应审查开发者是否提供了文档说明网络脆弱性扫描产品的安装、生成和启动的过程。用户能够通过此文档了解安装、生成、启动过程，记录审查结果并对该结果是否符合测评方法要求做出判断。

7）生命周期支持。开发安全的测试评价方法与基本型相同。

对于生命周期模型，评价者应审查开发者所提供的生命周期定义文件中是否包含以下内容：开发者定义的生命周期模型，要求开发者应建立用于开发和维护网络脆弱性扫描产品的生命周期模型，该模型应对网络脆弱性扫描产品开发和维护提供必要的控制。开发者所提供的生命周期定义文档应描述用于开发和维护网络脆弱性扫描产品的模型。标准生命周期模型，要求开发者应建立标准化的、用于开发和维护网络脆弱性扫描产品的生命周期模型，该模型应对网络脆弱性扫描产品开发和维护提供必要的控制。开发者所提供的生命周期定义文档应描述用于开发和维护网络脆弱性扫描产品的模型，解释选择该模型的原因，解释如何用该模型开发和维护网络脆弱性扫描产品，以及阐明与标准化的生命周期模型的相符性。可测量的生命周期模型，要求开发者应建立标准化的、可测量的、用于开发和维护网络脆弱性扫描产品的生命周期模型，并用该模型衡量网络脆弱性扫描产品的开发，该模型应对网络脆弱性扫描产品开发和维护提供必要的控制。开发者所提供的生命周期定义文档应描述用于开发和维护网络脆弱性扫描产品的模型，包括针对该模型衡量网络脆弱性扫描产品开发所需的算术参数或度量的细节。生命周期定义文档应解释选择该模型的原因，解释如何用该模型开发和维护网络脆弱性扫描产品，阐明与标准化的可测量的生命周期模型的相符性，以及提供利用标准化的可测量的生命周期模型进行网络脆弱性扫描产品开发的测量结果，记录审查结果并对该结果是否符合测评方法要求做出判断。

对于工具和技术，评价者应审查开发者所提供的信息是否满足以下要求：明确定义的开发工具，开发者应标识用于开发网络脆弱性扫描产品的工具，并且所有用于实现的开发工具必须有明确定义。开发者应文档化已选择的依赖实现的开发工具的选项，并且开发工具文档应明确定义实现中每个语句的含义，以及明确定义所有基于实现的选项的含义；遵照实现标准应用部分，除明确定义的开发工具的要求外，开发者应描述所应用部分的实现标准；遵照实现标准所有部分，除遵照实现标准应用部分的要求外，开发者应描述网络脆弱性扫描产品所有部分的实现标准；记录审查结果并对该结果是否符合测评方法要求做出判断。

四、防火墙测评

《信息安全技术 防火墙技术要求和测试评价方法》（GB/T 20281—2006）规定了采用“传输控制协议/网络协议（TCP/IP）”的防火墙类信息安全产品的技术要求和测评方法，适用于采用“传输控制协议/网络协议（TCP/IP）”的防火墙类信息安全产品的研制、生产、测试和评估。

（一）防火墙的技术要求

1. 总体说明

（1）技术要求分类。GB/T 20281—2006 将防火墙通用技术要求分为功能要求、性能要求、安全要求和保证要求四大类。其中，功能要求是对防火墙产品应具备的安全功能提出具体的要求，包括包过滤、应用代理、内容过滤、安全审计和安全管理等；性能要求是对防火墙产品应达到的性能指标做出规定，如吞吐量、延迟、最大并发连接数和最大连接速率；安全要求是对防火墙自身安全和防护能力提出具体的要求，如抵御各种网络攻击；保证要求是针对防火墙开发者和防火墙自身提出具体的要求，如配置管理、交付与运行、指导性文档等。

（2）安全等级划分。GB/T 20281—2006 依据《计算机信息系统　安全保护等级划分准则》（GB 17859—1999）和《信息技术 安全技术 信息技术安全性评估准则》（GB/T 18336.3—2008），以及国内测评认证机构、测评技术和防火墙产品开发现状，对防火墙产品进行安全等级划分。安全等级分为一级、二级、三级，三个级别逐级提高，功能强弱、安全强度和保证要求高低是等级划分的具体依据。安全等级突出安全特性，性能高低不作为等级划分依据。

2. 功能要求

（1）一级产品功能要求。一级产品的功能要求见表 3-5。

表 3-5　　一级产品功能要求

功能分类	功能项目要求
包过滤	支持默认禁止原则
	支持基于 IP 地址的访问控制
	支持基于端口的访问控制
	支持基于协议类型的访问控制
应用代理	支持应用层协议代理
NAT	支持双向 NAT
流量统计	支持根据 IP 地址、协议、时间等参数对流量进行统计
	支持统计结果的报表形式输出
安全审计	支持记录来自外部网络的被安全策略允许的访问请求
	支持记录来自内部网络和 DMZ 的被安全策略允许的访问请求
	支持记录任何试图穿越或到达防火墙的违反安全策略的访问请求
	支持记录防火墙管理行为
	审计记录内容
	支持日志的访问授权
	支持日志的管理
	提供日志管理工具
安全管理	支持对授权管理员的口令鉴别方式
	支持对授权管理员、可信主机、主机和用户进行身份鉴别
	支持本地和远程管理
	支持设置和修改安全管理相关的数据参数
	支持设置、查询和修改安全策略
	支持管理审计日志

（2）二级产品功能要求。二级产品除需满足一级产品的功能要求外，还需具有表 3-6 所列的功能要求。

表 3-6　　　　二级产品功能要求

功能分类	功能项目要求
包过滤	支持基于 MAC 地址的访问控制
	支持基于时间的访问控制
	支持基于用户自定义安全策略的访问控制
状态检测	支持基于状态检测技术的访问控制
深度包检测	支持基于 URL 的访问控制
	支持基于电子邮件信头的访问控制
应用代理	支持应用层协议代理
NAT	支持动态 NAT
IP/MAC 地址绑定	支持 IP/MAC 地址绑定
	支持检测 IP 地址盗用
动态开放端口	支持 FTP 的动态端口开放
策略路由	支持根据数据包信息设置路由策略
	支持设置多个路由表
带宽管理	支持客户端占用带宽大小限制
双机热备	支持物理设备状态检测
	支持 VRRP 和 STP 协议
负载均衡	支持将网络负载均衡到多台服务器
安全审计	支持记录对防火墙系统自身的操作
	支持记录在防火墙管理端口上的认证请求
	支持对日志事件和防火墙所采取的相应措施的描述
	支持日志记录存储和备份的安全
	支持日志管理工具管理日志
	支持日志的统计分析和报表生成
	支持日志的集中管理
安全管理	支持智能卡、USB 钥匙等身份鉴别信息载体
	支持鉴别失败处理
	支持对授权管理员、可信主机、主机和用户进行身份鉴别
	支持远程管理安全
	支持防火墙状态和网络数据流状态监控

（3）三级产品功能要求。三级产品除需满足一、二级产品的功能要求外，还需具有表 3-7 所列的功能要求。

表 3-7　　　　三级产品功能要求

功能分类	功能项目要求
深度包检测	支持基于用户的访问控制
	支持基于关键字的访问控制
应用代理	支持透明应用代理
动态开放端口	支持 FTP 的动态端口开放
	支持 SQL*NET 数据库协议
	支持 VLAN
带宽管理	支持动态客户端带宽管理
双机热备	支持链路状态检测的双机热备
负载均衡	支持集群工作模式的负载均衡
VPN	支持 IPSec 协议
	支持建立“防火墙至防火墙”和“防火墙至客户机”两种形式的 VPN
	支持 VPN 认证
	加密算法和验证算法符合国家密码管理的有关规定
协同联动	支持与其他安全产品的协同联动
	支持联动安全产品的身份鉴别
安全审计	支持记录协同联动响应行为事件
	支持日志存储耗尽处理机制
安全管理	支持生物特征鉴别方式
	支持管理员权限划分

3. 性能要求

（1）吞吐量。防火墙的吞吐量视不同速率的防火墙有所不同。防火墙在只有一条允许规则和不丢包的情况下，要求达到的吞吐量指标如下：对于 64B 短包，十兆和百兆防火墙的吞吐量应不小于线速的 20%，千兆及千兆以上防火墙的吞吐量应不小于线速的 35%；对于 512B 中长包，十兆和百兆防火墙的吞吐量应不小于线速的 70%，千兆及千兆以上防火墙的吞吐量应不小于线速的 80%；对于 1 518B 长包，十兆和百兆防火墙的吞吐量应不小于线速的 90%，千兆及千兆以上防火墙的吞吐量应不小于线速的 95%。在添加大数量访问控制规则（不同的 200 余条）的情况下，防火墙的吞吐量下降应不大于原吞吐量的 3%。

（2）延迟。防火墙的延迟视不同速率的防火墙有所不同，具体指标要求如下：十兆防火墙的最大延迟不应超过 1ms，百兆防火墙的最大延迟不应超过 500μs，千兆及千兆以上防火墙的最大延迟不应超过 90μs，在添加大数量访问控制规则（不同的 200 余条）的情况下，防火墙延迟所受的影响应不大于原来吞吐量的 3%。

（3）最大并发连接数。最大并发连接数视不同速率的防火墙有所不同，具体指标要求如下：十兆防火墙的最大并发连接数应不小于 1 000 个，百兆防火墙的最大并发连接数应不小于 10 000 个；千兆及千兆以上防火墙的最大并发连接数应不小于 100 000 个。

（4）最大连接速率。最大连接速率视不同速率的防火墙有所不同，具体指标要求如下：

十兆防火墙的最大连接速率应不小于每秒 500 个，百兆防火墙的最大连接速率应不小于每秒 1 500 个，千兆及千兆以上防火墙的最大连接速率应不小于每秒 5 000 个。

4．安全要求

（1）一级产品安全要求。一级产品的安全要求见表 3-8。

表 3-8　　一级产品安全要求

功能分类	安全项目要求
抗渗透	抵御各种基本的拒绝服务攻击
	检测和记录端口扫描行为
	抵御源 IP 地址欺骗攻击
	抵御 IP 碎片包攻击
恶意代码防御	拦截典型木马软件攻击行为
支撑系统	支撑系统不提供多余的网络服务
	支撑系统应不含任何高、中风险安全漏洞
非正常关机	安全策略恢复到关机前的状态
	日志信息不会丢失
	管理员重新认证

（2）二级产品安全要求。二级产品除需满足一级产品的安全要求外，还需具有表 3-9 所列的安全要求。

表 3-9　　二级产品安全要求

功能分类	安全项目要求
抗渗透	抵御各种典型的拒绝服务攻击
	检测和记录漏洞扫描行为
	拦截典型邮件炸弹工具发送的垃圾电子邮件
恶意代码防御	检测并拦截激活的蠕虫、木马、间谍软件等恶意代码的操作行为
支撑系统	构建于安全增强的操作系统之上

（3）三级产品安全要求。三级产品除需满足一、二级产品的安全要求外，还需具有表 3-10 所列的安全要求。

表 3-10　　三级产品安全要求

功能分类	安全项目要求
抗渗透	能够抵御网络扫描行为，不返回扫描信息
	支持黑名单或特征匹配等方式的垃圾电子邮件拦截策略配置
恶意代码防御	检测并拦截被 HTTP 网页和电子邮件携带的恶意代码
	恶意代码检测告警
支撑系统	构建于安全操作系统之上

5. 保证要求

（1）说明。保证要求采用增量描述方法。通常，二级产品的保证要求应包括一级产品的保证要求，三级产品的保证要求应包括一级和二级产品的保证要求；在某些项目，高等级产品的保证要求比低等级产品的保证要求更为严格，则不存在增量的关系。

（2）一级产品保证要求。

1）配置管理。配置管理应满足以下要求：开发者应为防火墙产品的不同版本提供唯一的标识，开发者应针对不同用户提供唯一的授权标识，配置项应有唯一的标识。

2）交付与运行。交付与运行应满足以下要求：评价者应审查开发者是否提供了文档说明防火墙的安装、生成、启动和使用的过程，用户能够通过此文档了解安装、生成、启动和使用过程；防火墙运行稳定；对错误输入的参数，不应导致防火墙出现异常，且给出提示信息。

3）安全功能开发过程。功能设计应满足以下要求：功能设计使用非形式化风格描述防火墙安全功能与其外部接口；功能设计是内在一致的；功能设计描述使用所有外部防火墙安全功能接口的目的与方法，适当时，要提供结果影响例外情况和错误信息的细节；功能设计完整地表示防火墙安全功能；功能设计是防火墙安全功能要求的精确和完整的示例。

开发者应在防火墙安全功能表示的所有相邻对之间提供对应性分析，具体要求如下：防火墙各种安全功能表示（如防火墙功能设计、高层设计、低层设计、实现表示）之间的对应性是所提供的抽象防火墙安全功能表示要求的精确而完整的示例；防火墙安全功能在功能设计中进行细化，抽象防火墙安全功能表示的所有相关安全功能部分，在具体防火墙安全功能表示中应进行细化。

4）指导性文档。开发者应提供供系统管理员使用的管理员指南，该指南应包括以下内容：防火墙可以使用的管理功能和接口；如何安全地管理防火墙；对一致、有效地使用安全功能提供指导；在安全处理环境中应进行控制的功能和权限；所有对与防火墙的安全操作有关的用户行为的假设；所有受管理员控制的安全参数，如有可能，应指明安全值；每一种与管理功能有关的安全相关事件，包括对安全功能所控制的实体的安全特性进行的改变；所有与系统管理员有关的IT环境的安全要求；如何配置防火墙的指令；描述在防火墙的安全安装过程中，可能要使用的所有配置选项。

开发者应提供供系统用户使用的用户指南，该指南应包括以下内容：防火墙的非管理用户可使用的安全功能和接口，防火墙提供给用户的安全功能和接口的用法，用户可获取但应受安全处理环境控制的所有功能和权限，防火墙安全操作中用户所应承担的职责，与用户有关的IT环境的所有安全要求，使用防火墙提供的安全功能的指导。

5）生命周期支持。开发者所提供的信息应满足以下要求：

a．开发人员的安全管理：开发人员的安全规章制度，开发人员的安全教育培训制度和记录。

b．开发环境的安全管理：开发地点的出入口控制制度和记录，开发环境的温室度要求和记录，开发环境的防火、防盗措施和国家有关部门的许可文件，开发环境中所使用安全产品必须采用符合国家有关规定的产品并提供相应证明材料。

c．开发设备的安全管理：开发设备的安全管理制度，包括开发主机使用管理和记录，设备的购置、修理、处置的制度和记录，上网管理、计算机病毒管理和记录等。

d. 开发过程和成果的安全管理：对产品代码、文档、样机进行受控管理的制度和记录，若代码和文档进行加密保护必须采用符合国家有关规定的产品并提供相应证明材料。

6）测试。对于范围，开发者应提供测试覆盖分析结果，且该测试文档中所标识的测试与安全功能设计中所描述的安全功能对应；对于功能测试，应满足以下要求：测试文档应包括测试计划、测试过程、预期的测试结果和实际测试结果；评估测试计划应标识要测试的安全功能，并描述测试的目标；评估测试过程应标识要执行的测试，应描述每个安全功能的测试概况（这些概况包括对其他测试结果的顺序依赖性）；评估期望的测试结果应表明测试成功后的预期输出；评估实际测试结果应表明每个被测试的安全功能能按照规定进行运作。

（3）二级产品保证要求。

1）配置管理。对于配置管理能力，应满足以下要求：开发者应使用配置管理系统并提供配置管理文档，且具备全中文操作界面，易于使用和支持在线帮助，以及为防火墙产品的不同版本提供唯一的标识；配置管理系统应对所有的配置项做出唯一的标识，并保证只有经过授权才能修改配置项；配置管理文档应包括配置清单、配置管理计划，配置清单用来描述组成防火墙的配置项，配置管理计划应描述配置管理系统是如何使用的，实施的配置管理应与配置管理计划相一致；配置管理文档还应描述对配置项做出唯一标识的方法，并提供所有的配置项得到有效维护的证据。

对于配置管理范围，应将防火墙的实现表示、设计文档、测试文档、用户文档、管理员文档、配置管理文档等置于配置管理之下，从而确保它们的修改是在一个正确授权的可控方式下进行的。为此，要求开发者所提供的配置管理文档应展示配置管理系统至少能跟踪上述配置管理之下的内容，文档应描述配置管理系统是如何跟踪这些配置项的，文档还应提供足够的信息表明达到所有要求。对于管理配置接口，防火墙应提供各个管理配置项接口，并包括防火墙使用的外部网络的服务项目。

2）交付与运行。交付与运行应满足以下要求：开发者应使用一定的交付程序交付防火墙；开发者应使用物理文档描述交付过程；开发者交付的文档应说明在给用户方交付防火墙的各版本时，为维护安全所必需的所有程序。

3）安全功能开发过程。对于高层设计，开发者所提供的信息应满足以下要求：高层设计应采用非形式化的表示；高层设计应当是内在一致的；防火墙高层设计应当描述每一个防火墙安全功能子系统所提供的安全功能，提供适当的体系结构实现防火墙安全功能要求；防火墙的高层设计应当以子系统的观点描述防火墙安全功能的结构，定义所有子系统之间的相互关系，并将这些相互关系适当地作为数据流、控制流等的外部接口表示；高层设计应当标识防火墙安全功能要求的任何基础性的硬件、固件或软件，并且通过支持这些硬件、固件或软件所实现的保护机制，提供防火墙安全功能表示。

4）指导性文档。对于管理员指南，应满足以下要求：对于应该控制在安全环境中的功能和特权，管理员指南应有警告；管理员指南应说明两种类型功能之间的差别，一种是允许管理员控制安全参数，另一种是只允许管理员获得信息；管理员指南应描述管理员控制下的所有安全参数；管理员指南应充分描述与安全管理相关的详细过程；管理员指南应与提交给测试、评估和认证的其他文件一致。对于用户指南，应满足以下要求：对于应该控制在安全处理环境中的功能和特权，用户指南应有警告；用户指南应与提交给测试、评估和认证的其他文件一致。

5）测试。对于范围，评估测试文档中所标识的测试应当完整；对于深度测试，开发者提供的测试深度分析应说明测试文档中所标识的对安全功能的测试，以表明该安全功能和高层设计是一致的；对于独立性测试，开发者应提供用于测试的产品，且提供的产品适合测试。

6）脆弱性评定。对于指南检查，开发者提供的指导性文档应满足以下要求：指导性文档应确定对防火墙的所有可能的操作方式（包括失败和操作失误后的操作），确定它们的后果，并确定对于保持安全操作的意义；指导性文档应列出所有目标环境的假设及所有外部安全措施（包括外部程序、物理或人员的控制）的要求；指导性文档应完整、清晰、一致、合理。

（4）三级产品保证要求。

1）配置管理。对于配置管理自动化，应满足以下要求：开发者应使用配置管理系统，并提供配置管理计划；配置管理系统应确保只有已授权开发人员才能对防火墙产品进行修改，并支持防火墙基本配置项的生成；配置管理计划应描述在配置管理系统中使用的工具软件。对于配置管理能力，开发者所提供的信息应满足以下要求：配置管理系统应支持防火墙基本配置项的生成，配置管理文档应包括接受计划，接受计应描述对修改过或新建的配置项进行接受的程序。对于配置管理范围，开发者提供的配置管理支持文件应包含以下内容：问题跟踪配置管理范围，除防火墙配置管理范围描述的内容外，要求特别强调对安全缺陷的跟踪；开发工具配置管理范围，除问题跟踪配置管理范围所描述的内容外，要求特别强调对开发工具和相关信息的跟踪。

2）交付与运行。交付与运行应满足以下要求：开发者交付的文档应包含产品版本变更控制的版本和版次说明，实际产品版本变更控制的版本和版次说明，监测防火墙程序版本修改说明；开发者交付的文档应包含对试图伪装成开发者向用户发送防火墙产品行为的检测方法。

3）安全功能开发过程。对于功能设计，开发者所提供的功能规范应当包括防火墙安全功能基本原理的完整表示。对于安全功能实现，开发者所提供的信息应满足以下要求：开发者应当为选定的防火墙安全功能子集提供实现表示；开发者应当为整个防火墙安全功能提供实现表示；实现表示应当无歧义地定义一个详细级别的防火墙安全功能，该防火墙安全功能的子集无须选择进一步的设计就能生成；实现表示应当是内在一致的。

对于低层设计，开发者所提供的防火墙安全功能的低层设计应满足以下要求：低层设计的表示应当是非形式化的；低层设计应当是内在一致的；低层设计应当以模块术语描述防火墙安全功能；低层设计应当描述每一个模块的目的；低层设计应当以所提供的安全功能性和对其他模块的依赖性术语定义模块间的相互关系；低层设计应当描述如何提供每一个防火墙安全策略强化功能；低层设计应当标识防火墙安全功能模块的所有接口；低层设计应当标识防火墙安全功能模块的哪些接口是外部可见的；低层设计应当描述防火墙安全功能模块所有接口的目的与方法，适当时，应提供结果影响例外情况和错误信息的细节；低层设计应当描述如何将防火墙分离成防火墙安全策略加强模块和其他模块。

对于安全策略模型，开发者所提供的信息应满足以下要求：开发者应提供一个基于防火墙安全策略子集的安全策略模型；开发者应阐明功能规范和防火墙安全策略模型之间的对应性；安全策略模型应当是非形式化的；安全策略模型应当描述所有可以模型化的安全策略模型的规则与特征；安全策略模型应当包括一个基本原理，即阐明该模型对于所有可模型化的安全策略模型，是与其一致的，而且是完整的；安全策略模型和功能设计之间的对应性阐明应当说明，所有功能规范中的安全功能对于安全策略模型，是与其一致的，而且是完整的。

4）指导性文档。对于管理员指南，应满足以下要求：管理员指南应描述各类需要执行管理功能的安全相关事件，包括在安全功能控制下改变实体的安全特性；管理员指南应包括安全功能如何相互作用的指导。对于用户指南，应描述用户可见的安全功能之间的相互作用。

5）生命周期支持。对于生命周期模型，开发者所提供的生命周期定义文件中应包含以下内容：开发者应建立用于开发和维护防火墙的生命周期模型，该模型应对防火墙开发和维护提供必要的控制。开发者所提供的生命周期定义文档应描述用于开发和维护防火墙的模型。对于标准生命周期模型，开发者应建立标准化的、用于开发和维护防火墙的生命周期模型，该模型应对防火墙开发和维护提供必要的控制。开发者所提供的生命周期定义文档应描述用于开发和维护防火墙的模型，解释选择该模型的原因，解释如何用该模型开发和维护防火墙，以及阐明与标准化的生命周期模型的相符性。

对于可测量的生命周期模型，要求开发者建立标准化的、可测量的、用于开发和维护防火墙的生命周期模型，并用此模型衡量防火墙的开发。该模型应对防火墙开发和维护提供必要的控制。开发者所提供的生命周期定义文档应描述用于开发和维护防火墙的模型，包括针对该模型衡量防火墙开发所需的算术参数或度量的细节。生命周期定义文档应解释选择该模型的原因，解释如何用该模型开发和维护防火墙，阐明与标准化的可测量的生命周期模型的相符性，以及提供利用标准化的可测量的生命周期模型进行防火墙开发的测量结果。

对于工具和技术，开发者所提供的信息应满足以下要求：明确定义的开发工具，要求开发者标识用于开发防火墙的工具，并且所有用于实现的开发工具必须有明确定义。开发者应文档化已选择的依赖实现的开发工具的选项，并且开发工具文档应明确定义实现中每个语句的含义，以及明确定义所有基于实现的选项的含义；遵照实现标准——应用部分，除明确定义的开发工具的要求外，要求开发者描述所应用部分的实现标准；遵照实现标准——所有部分，除遵照实现标准——应用部分的要求外，要求开发者描述防火墙所有部分的实现标准。

6）测试。对于功能测试，应满足以下要求：实际测试结果应表明每个被测试的安全功能按照规定进行运作，提供防火墙在整个开发周期内各个阶段的测试报告。对于独立性测试，测试记录及最后结果（符合/不符合），开发者应提供能适合第三方测试的产品。

7）脆弱性评定。对于脆弱性分析，应满足以下要求：开发者提供的脆弱性分析文档应从用户可能破坏安全策略的明显途径出发，对防火墙的各种功能进行分析；对被确定的脆弱性，评估开发者应明确记录采取的措施；对每一条脆弱性，应有证据显示在使用防火墙的环境中该脆弱性不能被利用；所提供的文档应表明经过标识脆弱性的防火墙可以抵御明显的穿透性攻击；开发者提供的分析文档，应阐明指导性文档是完整的。

（二）防火墙的测评方法

测评方法与技术要求一一对应，它给出具体的测评方法验证防火墙产品是否达到技术要求中所提出的要求。它由测试环境、测试工具、测试方法和预期结果四个部分构成。

1. 功能测试

防火墙功能测试环境示意如图 3-5 所示。其中，在路由模式下，172.16.3.x 为外部网络地址，192.168.2.x 为 DMZ 网络地址，192.168.1.x 为内部网络地址；在透明模式下，内部网络、外部网络和 DMZ 均配置为 192.168.1.x 网络地址。功能测试需要的工具有专用防火墙测试系统或模块，协议分析仪或包捕获工具，以及 IP 包仿真器。

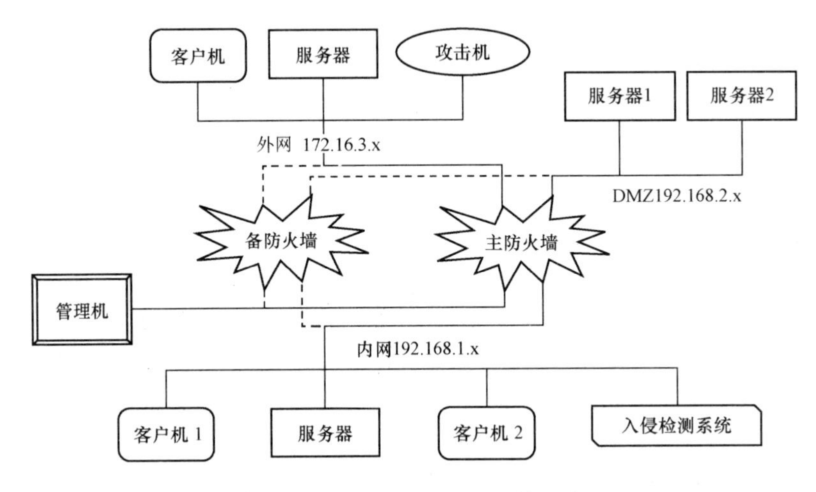

图 3-5　防火墙功能测试环境示意

（1）包过滤。包过滤的测试方法如下：①检查防火墙的默认安全策略；②配置基于 MAC 地址的包过滤策略，产生相应的网络会话；③配置基于源 IP 地址、目的 IP 地址的包过滤策略，产生相应的网络会话；④配置基于源端口、目的端口的包过滤策略，产生相应的网络会话；⑤配置基于协议类型的包过滤策略，产生相应的网络会话；⑥配置基于时间的包过滤策略，产生相应的网络会话；⑦配置用户自定义的包过滤策略，过滤条件是以上②～⑥过滤条件的部分或全部组合，产生相应的网络会话。

（2）状态检测。状态检测的测试方法如下：①配置启动防火墙状态检测模块；②配置包过滤策略，允许特定条件的网络会话通过防火墙；③产生满足该特定条件的一个完整的网络会话；④产生满足该特定条件的网络会话中的不是第一个连接请求 SYN 包的一个或多个数据包。

（3）深度包检测。深度包检测的测试方法如下：①配置基于 URL 的内容过滤策略，产生相应的网络会话；②配置基于基于电子邮件 Subject、To、From 域等的内容过滤策略，产生相应的网络会话；③配置基于文件类型的内容过滤策略，产生相应的网络会话；④配置基于用户的内容过滤策略，产生相应的网络会话；⑤配置基于 HTTP 网页和电子邮件关键字的内容过滤策略，产生相应的网络会话。

（4）应用代理。应用代理的测试方法如下：①分别为内部网络用户访问外部网络、外部网络用户访问 DMZ 服务器设置代理功能，产生相应的网络会话；②通过协议分析仪，检查一个网络会话是否被分为内外两个会话；③检查客户端是否需要设置代理服务器地址；④为应用代理配置不同的安全策略，检查安全策略的有效性。

（5）NAT。NAT 的测试方法如下：①为内部网络用户访问外部网络主机分别设置“多对一”和“多对多”SNAT，检查内部网络中的主机能否通过防火墙访问外部网络中的主机；②为外部网络用户访问 DMZ 服务器分别设置“一对多”和“多对多”DNAT，检查外部网络的主机能否通过防火墙访问 DMZ 的服务器；③在内部网络、外部网络和 DMZ 服务器内设置协议分析仪，检验数据包在经过防火墙 NAT 功能前后的源地址、目的地址和包头信息，以验证防火墙地址转换功能的有效性。

（6）IP/MAC 地址绑定。IP/MAC 地址绑定的测试方法如下：①为防火墙设置 IP/MAC 地址绑定策略；②使用自动绑定或手工绑定功能将内部网络中主机的 IP 与 MAC 地址绑定；③分别产生正确 IP/MAC 绑定的会话和盗用 IP 的会话，检查绑定的有效性。

（7）动态开放端口。动态开放端口的测试方法如下：①设置防火墙动态开放端口策略以支持以下应用；②内部网络主机通过 FTP（包括主动模式和被动模式）访问外部网络，检查防火墙是否能及时打开 FTP 数据连接所使用的动态端口，网络会话是否连接正常；③使用支持 H.323 协议的视频工具（如 NetMeeting）在内部网络和外部网络中的用户发起视频会议，检查防火墙是否能及时打开所使用的动态端口，视频会议是否正常进行；④内部网络主机访问外部网络 SQL 服务器，检查防火墙是否支持 SQL*NET 数据库协议；⑤设置内部网络和外部网络的主机在同一 VLAN，产生特定的网络会话，检查防火墙是否支持 VLAN。

（8）策略路由。策略路由的测试方法如下：①根据源目标地址、进入接口、传输层接口或数据包负载内容等参数配置防火墙策略路由；②产生相应的网络会话，检查策略路由的有效性。

（9）流量统计。流量统计的测试方法如下：①配置防火墙流量统计策略，产生相应的网络流量；②检查防火墙能否进行流量统计，并如何输出统计结果。

（10）带宽管理。带宽管理的测试方法如下：①配置防火墙带宽管理策略，产生相应的网络流量；②从内部网络向外部网络发送流量，流量速率在带宽允许的范围内；③从内部网络向外部网络发送流量，使流量的速率超出带宽允许的范围。

（11）双机热备。双机热备的测试方法如下：①通过两台防火墙建立双机热备系统，连续产生正常的网络会话；②切断主防火墙电源，检查备防火墙是否能够及时发现故障并接管主防火墙进行工作；③拔掉内部网络、外部网络或与 DMZ 相连的任意网线，检查备防火墙是否能够及时发现故障并接管主防火墙进行工作。

（12）负载均衡。负载均衡的测试方法如下：①设置防火墙负载均衡策略；②在外部网络主机上，产生大量访问 DMZ 中服务器的网络流量；③通过协议分析仪或包捕获工具观察网络流量，根据数据包源目标地址和流量大小，检查防火墙是否成功实现了负载均衡功能；④设置防火墙集群工作模式，使多台防火墙集群工作，测试是否达到负载均衡效果。

（13）VPN。VPN 的测试方法如下：①分别创建防火墙至防火墙、防火墙至客户端的 VPN 隧道，产生相应的网络会话；②检查 VPN 隧道的加密算法、认证算法等属性；③通过协议分析仪和协议符合性测试工具，测试 VPN 会话是否符合协议规范并是安全的。

（14）协同联动。协同联动的测试方法如下：①以 IDS 联动为例，进行测试；②配置防火墙联动策略，并设定认证方式；③外部网络主机向内部网络主机发起策略定义为阻断的攻击，检查防火墙是否能够及时接收 IDS 报警，并拦截该攻击；④大量发起策略定义为阻断的攻击，测试防火墙是否因联动而造成拒绝服务。

（15）安全审计。安全审计的测试方法如下：

1）产生以下事件，检查防火墙是否记录以下日志：从外部网络访问内部网络和安全区域的服务，以及从内部网络访问外部网络、安全区域和防火墙自身；分别从内部网络、外部网络和安全区域发起防火墙安全策略所禁止的数据包；尝试登录防火墙管理端口，并进行身份鉴别；重新启动被测防火墙系统；重新启动被测防火墙的安全策略；修改系统时钟；通过 IP 包仿真器伪造 IP 数据包，产生协议类型选择为除 TCP、UDP 和 ICMP 之外的非标准协议数据包；尝试登录防火墙管理端口，并进行错误操作，如输入错误口令；进行多次 UDP（如 DNS）和 ICMP（如 ping）协议的访问；进行 FTP 连接操作。

2）从本地或远程管理端尝试以非授权管理员的身份访问日志。

3）以授权管理员身份登录，查看是否能进行日志查阅、保存、删除和清空的操作。

4）查看防火墙是否能对审计事件进行检索和排序。

5）查看防火墙是否具有将审计记录备份的功能，日志应能够被保存在一个安全、永久的地方。

6）测试防火墙是否只能使用日志管理工具管理日志。

7）通过在防火墙的本地操作，生成与其存储空间大小相近的日志文件，模拟存储耗尽的情况。

8）检查防火墙的统计分析和报表生成功能。

（16）管理。管理的测试方法如下：①查看防火墙的管理方式是否支持本地管理和远程管理方式，并进行验证；②查看防火墙本地和远程管理是否必须通过口令认证；③查看防火墙本地和远程管理是否支持生物特征鉴别；④查看防火墙是否确保管理员在进行操作之前，对管理员、主机和用户等进行唯一的身份识别；⑤在登录过程中输入错误口令，达到防火墙设定的最大失败次数（如五次）后，查看防火墙是否能够终止可信主机或用户建立会话的过程，并对该失败用户做禁止访问处理；⑥查看防火墙是否提供管理员权限划分功能，并查看防火墙各管理员的权限；⑦通过协议分析仪查看防火墙的管理信息是否安全；⑧查看防火墙的加密是否符合国家密码管理的有关规定。

2. 性能测试

（1）吞吐量。吞吐量的测试方法如下：①配置测试防火墙只有一条默认允许规则；②进行 UDP 双向吞吐量测试；③配置防火墙在 200 条以上不同访问控制规则；④进行 UDP 双向吞吐量测试。

（2）延迟。延迟的测试方法如下：①配置防火墙只有一条默认允许规则；②取上述（1）中测得的最大吞吐量，进行延迟测试；③配置防火墙有 200 条以上不同访问控制规则；④取上述（1）中测得的最大吞吐量，进行延迟测试。

（3）最大并发连接数。最大并发连接数的测试方法如下：①配置防火墙允许某种 TCP 连接；②通过专用性能测试设备测试防火墙所能维持的 TCP 最大并发连接数。

（4）最大连接速率。最大连接速率的测试方法如下：①配置防火墙允许某种 TCP 连接；②通过专用性能测试设备测试防火墙的 TCP 连接速率。

3. 安全性测试

（1）抗渗透。抗渗透的测试方法如下：①采用渗透测试工具或专用性能测试设备，对防火墙进行各种拒绝服务攻击。攻击手段至少包括 Syn Flood、UDP Flood、ICMP Flood 和 Ping of Death；②采用端口扫描工具或专业漏洞扫描器，对防火墙及所保护网络进行信息探测；③采用渗透测试工具或专用性能测试设备，对防火墙进行源 IP 地址欺骗、LAND 等攻击；④采用渗透测试工具或专用性能测试设备，对防火墙进行 IP 碎片包攻击；⑤采用邮件炸弹攻击工具，对防火墙所保护的电子邮件服务器进行攻击；⑥检查防火墙能否抵御上述攻击，是否造成性能下降或崩溃。

（2）恶意代码防御。恶意代码防御的测试方法如下：①从外部网络对防火墙所保护的 Web 服务器和电子邮件服务器发送不同的含有恶意代码的数据；②在外部网络通过木马等恶意代码的客户端程序连接内部网络或 DMZ 上受木马感染的服务器或主机。

（3）支撑系统。支撑系统的测试方法如下：①通过随机文档及登录查看，检查防火墙的核心操作系统；②通过专业漏洞扫描器，对防火墙进行安全扫描分析。

（4）非正常关机。非正常关机的测试方法如下：①防火墙正常工作状态中；②产生掉电、强行关机等导致的防火墙关闭；③重新启动防火墙进行检查。

4. 保证要求测试

（1）配置管理。配置管理的测试方法如下：①检查防火墙的版本号，应与所应表示的防火墙产品样本完全对应，没有歧义；②检查防火墙的授权标识，要求开发者所提供的授权标识与所提供给用户的防火墙产品样本完全对应且唯一；③检查防火墙的配置管理系统，并尝试各种操作；④检查防火墙的各种配置管理文件。

（2）交付与运行。交付与运行的测试方法如下：①审查防火墙随机文档，是否能说明防火墙产品的安装、生成和启动的过程；②审查防火墙在连续一周时间内的连续运行情况；③在防火墙配置管理系统中输入错误参数，查看防火墙反应。

（3）安全功能开发过程。安全功能开发过程的测试方法如下：①审查防火墙的安全策略设置指南；②审查防火墙的高层设计描述；③审查防火墙的低层设计描述；④审查防火墙的非形式的一致性证明。

（4）指导性文档。指导性文档的测试方法如下：①审查防火墙的管理员指南；②审查防火墙的用户指南。

（5）生命周期支持。生命周期支持的测试方法如下：①检查防火墙的生命周期模型及相关的技术和工具；②检查开发人员的安全管理；③检查开发环境的安全管理；④检查开发设备的安全管理；⑤检查开发过程和成果的安全管理。

（6）测试。测试方法如下：①审查防火墙的自测报告，是否覆盖防火墙全部安全功能；②审查防火墙是否具有整个开发周期的测试报告；③审查开发者提供的测试文档；④审查开发者提供的测试覆盖分析结果；⑤审查开发者提供的测试深度分析；⑥审查开发者是否提供了防火墙产品经过独立的第三方测试并通过的证据。

（7）脆弱性评定。脆弱性评定的测试方法如下：①确认指导性文档，并检查其内容；②通过随机文档，检查开发者在开发过程中是否对防火墙安全机制强度进行分析；③通过随机文档，检查开发者在开发过程中是否对防火墙的脆弱性进行分析；④评估开发者提供的脆弱性分析文档。

五、信息系统安全审计产品测评

安全审计产品能够为信息系统安全风险评估、安全策略制订提供强有力的数据支撑，针对信息系统的违规行为进行监测并提供事件追溯的依据。安全审计产品不仅能对信息系统各组成要素进行事件采集，而且可将采集数据进行系统分析，并形成可自定义的报告，降低网络安全管理成本，保障信息系统正常运行。《信息安全技术 信息系统安全审计产品技术要求和测试评价方法》（GB/T 20945—2007）规定了安全审计产品的基本技术要求和扩展技术要求，提出了该类产品应达到的安全目标，并给出了该类产品的基本功能、增强功能和安全保证要求。该标准规定了安全审计产品的测评方法，包括安全审计产品测评的内容，测评功能目标及测试环境，给出了产品基本功能、增强功能和安全保证要求必须达到的具体目标。该标准的目的是指导设计者如何设计和实现安全审计产品，并为安全审计产品的测评和应用提供技术支持和指导，适用于对信息系统各客体进行审计事件采集、处理、分析，并提供审计报告、报警、响应及审计数据记录、备份的安全产品的开发、测评和应用。

（一）编制目标和原则

安全审计产品是一种对计算机网络及信息系统进行人工或自动的审计跟踪、保存和维护审计记录的工具。安全审计产品通过准确记录信息系统及网络内发生的各种事件，向信息系统或网络管理者提供及时的报警，并按照设定的策略采取相应的保护行动，对信息系统和网络的滥用及入侵起到防范作用。由于此类产品直接关系网络的安全性，因此必须对该类产品的实现和测评制定相应的国家标准。

1. 编制目标

以当前国内外网络安全领域广泛使用的安全审计产品所具备的基本功能及《信息安全技术信息系统安全审计产品技术要求和测试评价方法》为基础规定安全审计产品的评估准则，以国内外同类产品的测试、评估办法为基础规定安全审计产品的评估准则。力求广泛吸取国内外先进的信息安全标准的相关内容，根据我国实际国情和信息安全状况制定出领先的、对信息系统安全审计产品的测评具有指导意义的产品测评标准。

2. 编制原则

GB/T 20945—2007 力求与国际接轨且必须符合我国信息安全的现状，必须遵从我国有关法律法规的规定。其主要编制原则如下：

（1）先进性。该标准是技术发展的要求，而先进的标准对技术和产品的研发、测评具有引导、规范和推动作用。因此，标准的编写必须遵照先进性原则，要保证先进性就必须参考国际先进标准，吸取其精华。

（2）实用性。产品评估准则必须是可用的，这样才能对相应产品的测评起到指导和规范作用，因此需要遵从实用性原则。

（3）兼容性。该标准既要与国际接轨，又要与我国现有的政策、法律、法规相一致。

（4）可操作性。制定该标准的一个重要目的是对相关产品进行测评和对比，因此必须具有良好的可操作性，这样才能成为产品测评和对比的客观标准。

（二）有关问题的说明

1. 国外相关标准情况

在制定 GB/T 20945—2007 之前，尚未发现国际上关于信息系统安全审计产品的类似评估标准。根据调研发现，英国和加拿大主要根据 CC 进行 IT 安全产品的测评和认证及相关的 PP 及 ST 报告。另外，查询了国家测评认证中心、军队信息安全检测中心、公安部等单位。由于 CC 是通用的产品开发、测评的准则，对各个安全类有详细的说明和要求，但由于其广泛通用性，它对某一特定类别的安全产品的测评缺乏可操作性和针对性。

2. 标准制定目的和适用范围

制定 GB/T 20945—2007 意在规范我国网络安全领域的一类网络安全工具——安全审计产品的研制、开发、测试、评估和采购等方面，与其他相关法规和标准并无冲突，而是起到了相辅相成的作用。该标准对信息系统安全审计产品的开发、测评和应用起到规范和引导的作用。针对一类具体的产品，具有灵活和可操作性的特点。该标准适用于对信息系统各客体进行审计事件采集、处理、分析，提供审计报告、报警、响应及审计数据记录、备份的安全产品的开发、测评和应用。

3. 关于标准结构的说明

GB/T 20945—2007 主要由技术要求和测评方法两部分组成。技术要求划分为功能要求、性能要求、保证要求三类。其中，功能要求又分为安全功能要求和自身安全要求两部分。安全功能要求包括审计跟踪、审计数据保护、安全管理、标识和鉴别、产品升级、联动要求和扩展要求等内容，自身安全要求包括自身审计数据生成、自身安全审计记录独立存放、审计代理安全、产品卸载安全、系统时间安全和系统部署安全等。性能要求包括稳定性、资源占用、网络影响和吞吐量等内容。安全保证要求包括配置管理保证、交付与运行保证、指导性文档、测试保证、脆弱性分析保证和生命周期支持等内容。测评方法部分对测试环境和测评的方法、步骤进行了规范，测试内容来自于该标准中技术要求部分相关章节。该标准确定了所有的测试项目及结果，力求准确全面。

4. 关于产品分级的说明

根据相关编制要求，对审计市场现状进行了深入调查，参照市场相关资料及用户抽样调查。审计产品覆盖范围主要分为主机审计、网络审计、数据库管理系统审计、应用系统审计、其他审计五大类。其中，主机、服务器审计的代表产品有汉邦信息安全审计系统、金鹰易视桌面监控审计、格方天一网络审计系统等；网络审计的代表产品有汉邦网络审计系统、光华 S_Audit 网络入侵检测与安全审计系统、启明星辰天玥网络安全审计系统；数据库管理系统审计的代表产品有汉邦数据库审计系统、光华 DB_Audit 数据库安全审计系统、格方天一数据库审计系统；应用系统审计的代表产品有汉邦应用审计系统、万达分布式应用审计系统等；其他审计的代表产品有汉邦信息安全监管系统对安全设备的审计、天融信安全审计综合分析系统对安全设备的审计等产品。该标准将功能要求划分为审计跟踪、审计数据保护、安全管理、标识和鉴别、产品升级、联动要求和监管要求七个方面。其中，每个方面继续细分，力争做到编制该标准四个原则的完整结合。

5. 关于性能测试的说明

GB/T 20945—2007 将性能要求划分为稳定性、资源占用、网络影响和吞吐量等几个方面。根据性能要求本身的特点，性能要求没有采取定量的原则。对于量化指标，可以要求产品提供商在产品说明书中进行说明。因此，该标准在针对性能测试的测评方法部分按照技术要求中规定的要求提出了验证检查的办法。

（三）安全审计产品分级

1. 基本型

基本型安全审计产品是对主机、服务器、网络、数据库管理系统、应用系统等客体采集对象进行审计，并对审计事件进行分析和响应的安全审计产品。

2. 增强型

增强型安全审计产品是对主机、服务器、网络、数据库管理系统和应用系统中至少两类客体采集对象进行审计，并对审计事件进行关联分析与响应的安全审计产品。

（四）功能要求

1. 安全功能要求

（1）审计跟踪。

1）审计事件生成。对于审计数据采集，基本型安全审计产品至少应包括以下一类采集范围，增强型安全审计产品至少应包括以下两类采集范围：①主机、服务器审计数据采集包括目标主机的启动和关闭、日志、软/硬件信息、外围设备使用、文件使用、网络连接；②网络审计数据采集包括网络协议、入侵行为、网络流量；③数据库管理系统审计数据采集包括数据库数据操作、数据库结构操作、数据库用户更改；④应用系统审计数据采集包括应用系统的日志和操作；⑤其他审计数据采集包括网络设备日志和其他系统审计记录。对于用户身份关联，产品应将可审计的事件与引起该事件的用户身份相关联。对于系统安全策略定义的紧急事件，产品应直接向报警处理器发送报警消息。对于审计数据生成效率，产品应在实际的系统环境和网络带宽下实时地进行审计数据生成。对于事件鉴别扩展接口，增强型安全审计产品应提供一个功能接口，对其自身无法鉴别的安全事件，用户可通过该接口将扩展的事件鉴别模块以插件的形式接入事件辨别器。

2）审计记录。对于可理解的格式，产品应按照事件的分类和级别，采用可理解的格式生成包含以下内容的审计记录：事件 ID、事件主体、事件客体、事件发生的日期和时间、事件类型、事件的级别、主体身份、事件的结果（包括成功或失败）。产品应通过采用通用的、标准的审计数据格式，将不同应用系统产生的审计数据按照统一的标准化格式进行组织和存储。对于数据库支持，产品应支持至少一种主流数据库，将审计记录存放到数据库中，方便用户查阅、检索和统计分析。对于数据安全存储，产品应对产生的审计记录数据进行保护，防止其被泄漏或篡改。

3）审计分析。对于潜在危害，产品应提供一个审计事件集合。当这些事件的发生、累计发生次数或发生频率超过设定的阈值时，表明信息系统出现了可能的潜在危害。针对这些事件集合，应有一个固定的规则集，利用该规则集对信息系统的潜在危害进行分析。审计事件集合应可定制。

对于异常事件和行为，产品应维护一个与被审计信息系统相关的异常事件集合。当这些异常事件发生时，表明被审计信息系统产生了潜在或实际的危害与攻击。异常事件集合应可定制。产品应对异常事件和行为进行分析处理，如用户活动异常、系统资源滥用或耗尽、网络应用服务超负荷、网络通信连接数剧增。

对于复杂行为，基本型安全审计产品应进行以下操作：对不规则或频繁出现的事件进行统计分析，对相互关联的事件进行综合分析和判断，向授权用户提供自定义匹配模式。增强型安全审计产品应进行以下操作：多审计功能协作审计，各审计功能关联分析。对于审计分析接口，增强型安全审计产品应提供审计分析接口，便于用户开发或选择不同的审计分析模块以增强自身的审计分析能力。

对于系统报警消息，当审计分析器的分析表明信息系统出现潜在危害、异常事件及攻击行为时，产品应向报警处理器发送报警消息或者生成特殊的审计记录。对于审计分析报告，产品应至少支持按关键字生成、按模块功能生成、按危害等级生成、按自定义格式生成等分析报告生成方式；报告内容应至少支持文字、图像两种描述方式；审计数据报告生成格式应至少支持 TXT、HTML、DOC、XLS 等文件格式。

4）事件响应。安全审计产品可对事件辨别器和审计分析器发送的报警消息采取相应的响应动作。对于产生报警，产品应产生报警，报警方式应至少包含以下两种方式：向中央控制台发送报警消息，向系统管理员发送报警邮件，向网管中心发送 SNMP、Trap 消息，向声光电发生装置发送声光电信号，向网管人员发送 SMS 短消息。对于响应方式，产品应采取相应响应方式，以保证信息系统及自身的安全。应至少采取以下一种形式的响应方式：对策略中标记为阻断的攻击进行阻断，调用授权管理员预定义的操作或应用程序，向其他网络产品发送互动信号以进行联合行动的协商和执行。

5）审计查阅。对于常规查阅，产品应为授权管理员提供查阅审计记录的功能，查阅的结果应以用户易于理解的方式和格式提供并且能生成报告和进行打印。对于有限查阅，产品应确保除授权管理员之外，其他用户无权对审计记录进行查阅。对于可选查阅，产品应为授权管理员提供将审计记录按一定的条件进行选择、搜索、分类和排序的功能，所得结果应以用户友好的、便于理解的形式提供报告或打印。

6）审计记录存储。对于安全保护，产品应至少采取一种安全机制，保护审计记录数据免遭未经授权的删除或修改，如采取严格的身份鉴别机制和适合的文件读写权限等。任何对审计记录数据的删除或修改都应生成系统自身安全审计记录。对于可用性保证，在审计存储空间耗尽、遭受攻击等异常情况下，产品应采取相应措施保证已存储的审计记录数据的可用性。对于保存时限，产品应提供设置审计记录保存时限的最低值功能，用户可根据自身需要设定记录保存时间。产品应设定默认保存时间，至少为两个月。

7）审计策略。对于事件分类和分级，产品应对可审计跟踪的事件按用户可理解的方式进行分类，以方便用户浏览和策略定制。同时，应将可审计事件的重要程度划分为不同的级别，对不同级别的事件采取不同的处理方式。对于默认策略，产品应设置系统默认策略，对可审计事件进行审计。对于策略模板，产品应为用户提供多套策略模板，使用户可根据具体的信息系统要求选择最适宜的审计策略，对可审计事件进行审计。对于策略定制，产品应使用户可自主定制适合本地实际环境的审计策略。

（2）审计数据保护。对于数据传输控制，审计代理与审计跟踪记录中心相互传输审计记录数据及配置和控制信息时，产品应确保只有授权管理员能决定数据传输的启动或终止。对于数据传输安全，增强型安全审计产品在审计代理与审计跟踪记录中心相互传输审计记录数据及配置和控制信息时，应保证传输的数据不被泄漏或篡改，保证在传输错误或异常中断的情况下能重发数据。

（3）安全管理。对于管理角色，产品应为管理角色进行分级，使不同级别的管理角色具有不同的管理权限。管理角色应至少分为以下三种：管理员（可对审计产品本身进行管理、下发审计策略、处理实时报警信息），日志查看员（可对具体日志进行查看、分析、处理并可使用审计分析器及报告生成器），审计日志查看员（可对管理员用户和日志查看员用户对审计系统的操作进行审计）。对于操作审计，产品应对不同管理角色在管理期间的全部活动生成相应的审计记录。这些记录用来在系统遭到破坏时进行事故分析，并为行为的追溯提供依据。对于安全状态监测，管理员能实时获取网络安全状态信息，监测产品的运行情况，并对其产生的日志和报警信息进行汇总和统一分析。

（4）标识和鉴别。对于管理角色属性，产品应为每个管理角色规定与之相关的安全属性，如管理角色标识、鉴别信息、隶属组、权限等，并提供使用默认值对创建的每个管理角色的属性进行初始化的功能。对于用户鉴别，在某个管理角色需要执行管理功能之前，产品应对该管理角色的身份进行鉴别。对于多重鉴别，产品应根据不同管理角色的管理职责和权限采用不同的身份鉴别机制。对于重鉴别，当已通过身份鉴别的管理角色空闲操作的时间超过规定值，在该管理角色需要执行管理功能前，产品应对该管理角色的身份重新进行鉴别。对于鉴别数据保护，产品应保证鉴别数据不被未授权查阅或修改。对于鉴别失败处理，产品应为管理员登录设定一个授权管理员可修改的鉴别尝试阈值，当管理员的不成功登录尝试超过阈值，系统应通过技术手段阻止管理员的进一步鉴别请求，如账号失效一段时间，锁定该管理员账号直至超级管理员恢复该管理员的被鉴别能力等。

（5）产品升级。对于手动升级，授权管理员能定期对产品进行手动的升级，如更新匹配规则库、策略文件及服务程序等。授权管理员取得升级包后，能按照升级说明文件的要求，对系统进行升级。对于自动升级，产品应定期检查相关升级网站，自动下载系统升级包，下载完毕后自动运行升级程序进行升级。升级过程中可暂时终止系统服务程序的运行，升级完成后应重新启动服务程序，按照原有的策略继续运行。自动升级应采取身份验证、数字签名等手段以避免得到错误或伪造的系统升级包。对于审计代理升级，分布式审计所包含的各审计代理应支持自动检测审计中心版本，自动下载升级包进行升级。对于升级日志记录，产品应自动审计记录升级日志。升级日志应至少包含时间、目标、目的、内容、版本等信息。

（6）联动要求。对于联动支持，增强型安全审计产品应与当前主流的其他类型的安全产品以相互确认的协议或通信方式交流审计信息，采取联合行动以加固或保护被审计信息系统。对于联动接口，增强型安全审计产品应至少提供一个标准的、开放的接口，能按照该接口规范为其他类型安全产品编写相应的程序模块，达到与其联动的目的。

（7）监管要求。增强型安全审计产品可兼具监管功能。部分安全事件可通过使用监管功能进行管理。

2. 自身安全要求

（1）自身审计数据生成。产品应对与自身安全相关的以下事件生成审计记录：对产品进行操作的尝试，如关闭审计功能或子系统；产品管理员的登录和注销；对安全策略进行更改的操作；对鉴别机制的使用；读取、修改、破坏审计跟踪数据的尝试；因鉴别尝试不成功的次数超出了设定的限值，导致的会话连接终止；对管理角色进行增加、删除和属性修改的操作；对安全功能配置参数的修改、设置和更新，无论是否成功。

（2）自身安全审计记录独立存放。安全审计产品应将自身安全审计记录与被审计的目标信息系统的审计记录分开保存至不同的记录文件或数据库或同一数据库的不同表中，方便用户查阅和分析。

（3）审计代理安全。硬件代理应具备抗病毒、入侵攻击的能力；软件代理应具备自保护能力，使用专用卸载程序对软件代理进行卸载时应提供密码保护，除专用卸载程序外用户不可手工删除、停用；审计跟踪记录中心应提供检测信息系统是否已安装软件代理的功能。若未安装软件代理，将产生报警。

（4）产品卸载安全。卸载产品时，应采用相关技术对产品中保存的审计数据进行删除，或提醒用户删除。

（5）系统时间安全。产品应提供同步审计代理与审计跟踪记录中心时间的功能，并应同时自动记录审计代理与审计跟踪记录中心的时间。

（6）管理信息传输安全。安全审计产品需要通过网络进行管理，应能对管理信息进行保密传输。

（7）系统部署安全。增强型安全审计产品应支持多级分布式部署模式，保证安全审计系统某分中心遭受攻击、通信异常等问题时产品正常运行。

（五）性能要求

1. 稳定性

软件代理在宿主操作系统上应工作稳定，不应造成宿主机崩溃情况。硬件代理产品在与产品设计相适应的网络带宽下应运行稳定。

2. 资源占用

软件代理的运行对宿主机资源，如 CPU、内存空间和存储空间的占用，不应超过宿主机的承受能力。不应影响对宿主机合法的用户登录和资源访问。

3. 网络影响

产品的运行不应对原网络正常通信产生明显影响。

4. 吞吐量

产品应有足够的吞吐量，保证对被审计信息系统接受和发送的海量数据的控制。在大流量的情况下，产品应通过自身调节做到动态负载均衡。

（六）保证要求

1. 配置管理保证

（1）开发商应使用配置管理系统，为产品的不同版本提供唯一的标识。

（2）开发者应针对不同用户提供唯一的授权标识。

（3）要求配置项应有唯一标识。

（4）开发商应提供配置管理文档。

2. 交付与运行保证

（1）开发商应确保产品的交付、安装、配置和使用是可控的。

（2）开发商应以文件方式说明产品的安装、配置和启动的过程。

（3）用户手册应详尽描述产品的安装、配置和启动运行所必需的基本步骤。

（4）上述过程中不应向非产品使用者提供网络拓扑信息。

3. 指导性文档

（1）管理员指南。对于管理员指南，具体要求如下：开发商应提供针对产品管理员的管理员指南；管理员指南应描述管理员可使用的管理功能和接口；管理员指南应描述如何以安全的方式管理产品；对于在安全处理环境中必须进行控制的功能和特权，管理员指南应提出相应的警告；管理员指南应描述所有受管理员控制的安全参数，并给出合适的参数值；管理员指南应包含安全功能如何相互作用的指导；管理员指南应包含如何安全配置产品的指令；管理员指南应描述在产品的安全安装过程中可能要使用的所有配置选项；管理员指南应充分描述与安全管理相关的详细过程；管理员指南应能指导用户在产品的安装过程中产生一个安全的配置。

（2）用户指南。对于用户指南，具体要求如下：开发商应提供用户指南；用户指南应描述非管理员用户可用的功能和接口；用户指南应包含使用产品提供的安全功能和指导；用户指南应清晰地阐述产品安全运行中用户所必须履行的职责，包含产品在安全使用环境中对用户行为的假设。

4. 测试保证

对于功能测试，具体要求如下：开发商应测试产品的功能，并记录结果；开发商在提供产品时应同时提供该产品的测试文档；测试文档应由测试计划、测试过程描述和测试结果组成；测试文档应确定将要测试的产品功能，并描述将要达到的测试目标；测试过程的描述应确定将要进行的测试，并描述测试每一安全功能的实际情况；测试文档的测试结果应给出每一项测试的预期结果；开发商的测试结果应证明每一项安全功能与设计目标相符。

对于测试覆盖面分析报告，具体要求如下：开发商应提供对产品测试覆盖范围的分析报告；测试覆盖面分析报告应证明测试文件中确定的测试项目可覆盖产品的所有安全功能。对于测试深度分析报告，具体要求如下：开发商应提供对产品的测试深度的分析报告，测试深度分析报告应证明测试文件中确定的测试能充分表明产品的运行符合安全功能规范。对于独立性测试，开发商应提供用于适合测试的部件，且提供的测试集合应与其自测产品功能时使用的测试集合相一致。

5. 脆弱性分析保证

（1）指南检查。对于指南检查，具体要求如下：开发者应提供指导性文档。在指导性文档中，应确定对产品的所有可能的操作方式，包含失败和操作失误后的操作、它们的后果及对于保持安全操作的意义。指导性文档还应列出所有目标环境的假设及所有外部安全措施，包含对外部程序、物理或人员的控制的要求。指导性文档应是完整的、清晰的、一致的、合理的。

（2）脆弱性分析。开发者应从用户可能破坏安全策略的途径出发，对产品的各种功能进行分析并提供文档。对被确定的脆弱性，开发者应明确记录采取的措施。对每一条脆弱性，应有证据显示在使用产品的环境中该脆弱性不能被利用。在文档中，还需证明经过标识脆弱性的产品可以抵御明显的穿透性攻击。脆弱性分析文档应明确指出产品已知的安全隐患、能够侵犯产品的已知方法及如何避免这些隐患被利用。

6. 生命周期支持

开发者应提供开发安全文件。开发安全文件应描述在产品的开发环境中，为保护产品设计和实现的机密性和完整性，而在物理、程序、人员及其他方面所采取的必要的安全措施。开发安全文件还应提供在产品的开发和维护过程中执行安全措施的证据。

（七）测评方法

1. 安全功能

（1）审计跟踪。

1）审计事件生成。对于审计数据采集，主机和服务器的审计测试包括启动和关闭目标主机，审查审计记录；审查目标主机的日志审计记录；审查目标主机的软、硬件信息审计记录；模拟使用目标主机的外围设备，审查审计记录；模拟使用目标主机文件，审查审计记录；从目标主机进行网络连接，审查审计记录。网络的审计测试包括从目标主机发起服务请求，审查审计记录；模拟网络入侵行为，进行审计记录；向网络发送大量畸形数据包造成网络流量加大，审查审计记录。数据库管理系统的审计测试包括模拟进行数据库数据操作，审查审计记录；模拟更改数据库结构，审查审计记录；模拟更改数据库用户，审查审计记录。应用系统的审计测试包括审查目标应用系统日志审计记录；进行目标应用系统操作，审查审计记录。其他的审计测试包括审查网络设备日志审计记录，审查其他系统审计记录。

对于紧急事件报警，检查系统配置是否支持紧急事件定义，生成紧急事件，检查审计记录，检查报警处理器是否收到报警信息。对于审计数据生成，将产品部署在测试环境，生成约占网络带宽 70%左右的背景流量，检查审计跟踪检验器。对于事件鉴别扩展接口，检查事件定义模块，自定义安全事件模块。

2）审计记录。对于审计记录格式，评价者应审查审计记录中是否包含事件 ID、事件发生的日期和时间、事件类型、事件级别、事件主体和事件结果。对于数据库支持，评价者应审查产品是否支持产品说明手册声称支持的数据库类型，支持的数据库类型至少包含一种主流数据库，如 SQL Server、Oracle 等。对于审计记录数据安全存储，评价者应审查产品说明手册声称的审计记录安全措施，对声称的措施进行核实。

3）审计分析。对于潜在危害，评价者应检查审计事件集合，评价者应检查事件报警触发条件。对于异常事件和行为，用户越权访问，审查审计记录；耗尽系统资源，审查审计记录；网络应用服务超负荷，审查审计记录；建立大量网络通信连接，审查审计记录。

对于复杂行为，基本型安全审计产品的测评内容如下：评价者审查产品手册产品是否具有概率统计分析能力并验证，审查产品手册产品是否具有关联分析能力并验证，审查产品手册产品是否提供自定义匹配模式并验证。增强型安全审计产品的测评内容如下：进行与基本型相同的测试，评价者审查多审计功能协作审计的能力，审查各审计功能是否可关联分析。

对于审计分析接口，查看产品说明手册是否包含提供审计分析接口的说明；对审计分析接口进行测试，是否可选择不同的审计分析模块。对于审计报警信息，评价者应审查产品的报警信息是否详细、完整、容易理解，审查产品的报警信息是否包含以下内容：事件ID、事件主体、事件客体、事件发生时间、事件危险级别及事件描述。对于审计分析报告，评价者应审查产品的生成报告是否详细、完整、容易理解，审查产品是否能支持按关键字、模块功能、危害等级、自定义格式等方式生成审计分析报告，审查产品是否能支持文字、图像两种描述方式，审查审计数据报告是否能支持 TXT、HTML、DOC、XLS 等系统格式。

4）事件响应。对于报警形式，评价者应审查产品说明手册对支持报警方式的描述，验证报警方式是否准确、有效。对于响应方式，评价者应审查产品说明手册是否包含产品对支持的响应方式的描述，并且测试响应机制是否准确、有效。

5）审计查阅。对于常规查阅，打开审计跟踪检阅器，查阅审计记录，生成和打印报告。对于有限查阅，评价者以不具有审计查阅权限的用户身份登录系统，查阅审计记录，生成报告，打印报告，进入审计记录存储的目录，检查是否可以查看审计记录。对于可选查阅，评价者进入审计跟踪检阅器，进行选择、搜索、分类、排序操作。

6）审计记录存储。对于安全保护，评价者应审查产品说明手册是否包含对审计记录保护机制的描述，对保护机制进行核实，对审计记录数据进行删除或修改。对于可用性，评价者应审查产品说明手册具有何种保证审计记录可用性的机制，对保证机制进行核实。对于保存时限，评价者应审查产品说明手册中审计数据最低保存时限的说明，对产品是否允许用户设置保存时限进行核实，查看系统默认保存时限。

7）审计策略。对于事件分级和分类，打开审计跟踪检阅器，查看是否对可审计事件进行分类、分级。对于默认策略，打开审计跟踪检阅器，查看产品是否具有默认策略，对默认策略进行核实验证。对于策略模板，打开审计跟踪检阅器，检查产品是否提供两套以上的策略模板。对于策略定制，打开审计跟踪检阅器，检查产品是否提供策略定制能力。

（2）审计数据保护。对于数据传输控制，评价者分别以授权管理员和非授权管理员的身份登录系统，在审计代理和审计跟踪记录中心之间传输审计记录数据及配置和控制信息。对于数据传输安全，在审计代理和审计跟踪记录中心之间传递信息，通过网络嗅探的方式获取传输的内容；通过网络注入的方式篡改传输的数据，审查系统是否能够发现；人为制造异常中断，审查重新连接后是否重传；审查开发者文档中对保证审计代理和审计跟踪记录中心之间传递信息的安全性的描述。

（3）安全管理。对于管理角色，检查产品是否允许定义多个角色，是否具有系统管理员、日志查看员、审计日志查看员管理角色权限，是否可以进行细粒度权限划分。对于操作审计，评价者应审查产品说明书是否详细描述系统所支持的可审计行为，评价者应切换不同角色对系统进行操作测试并查看审计记录是否对不同角色的管理行为进行详细而完备的记录。对于安全状态监测，查询产品说明书，查看系统是否支持管理员安全状态监测功能；以管理员角色登录系统，查看是否可以监测系统状态。

（4）标识和鉴别。对于角色属性，评价者应审查产品说明手册中是否为各管理角色规定与之相关的安全属性，如管理角色标识、鉴别信息、隶属组、权限等；分别以不同管理角色身份登录，测试产品是否使用默认值对创建的各管理角色的属性进行初始化。对于身份鉴别中的用户鉴别，登录产品，并切换为不同用户，检查是否在执行管理功能之前要求首先进行身份认证。对于身份鉴别中的多重鉴别，用不同角色登录产品，检查产品是否支持对高级别用户的高强度鉴别机制。对于身份鉴别中的重鉴别，审查产品说明书是否描述产品支持重鉴别，并获取空闲操作的阈值；登录产品并空闲操作达到阈值，然后执行管理功能，检查产品是否要求重新鉴别。对于身份鉴别中的鉴别数据保护，检查产品是否只允许授权用户查阅或修改鉴别数据。对于身份鉴别中的鉴别失败处理，检查产品是否定义用户鉴别尝试的最大允许失败次数，是否定义当用户连续鉴别尝试失败达到阈值后采取的措施；尝试多次失败的用户鉴别行为，检查达到阈值后，系统是否采取相应措施并生成审计事件。

（5）产品升级。对于手动升级，审查产品说明书是否描述产品支持手动升级，并按照产品说明书，测试产品是否可实施手动升级。对于自动升级，评价者应审查产品说明书是否描述产品支持自动升级，并按照产品说明书，测试产品是否可实施自动升级。对于审计代理升级，评价者应审查产品说明书是否描述产品支持审计代理升级，并按照产品说明书，测试审计代理是否可检测中心版本，下载相应升级包，实施在线升级。对于升级日志记录，评价者应审查产品是否可自动审计记录升级日志，并审查升级日志是否包含时间、目标、目的、内容、版本等信息。

（6）联动。对于联动支持，评价者应审查产品说明书是否描述产品支持与其他产品的联动，并按照产品说明书，测试产品是否可与其他产品联动。对于联动接口，评价者应审查产品说明书是否描述产品提供联动接口。

（7）监管功能。评价者应审查产品说明书，产品是否支持对安全事件的监管功能，测试产品是否可以完成监管操作。

2. 自身安全

（1）自身审计数据生成。测评方法如下：关闭或开启审计功能/子系统，审查审计记录；登录并从产品退出，审查审计记录；更改产品配置策略，审查审计记录；登录到产品并改变身份，审查审计记录；读取并尝试修改审计跟踪数据，审查审计记录；多次尝试不成功的登录产品，审查审计记录；进行用户管理操作，审查审计记录；更改安全配置，审查审计记录。

（2）自身安全审计记录。测评方法如下：评价者应审查产品是否生成自身审计记录，审查产品自身审计记录是否与其他记录分开保存至不同的记录文件或数据库或同一数据库的不同表中。

（3）审计代理安全。测评方法如下：评价者应审查产品说明，硬件代理是否具备抗病毒、入侵攻击的能力；使用专用卸载程序卸载软件代理，查看是否启动密码保护；不通过专用卸载程序，测试是否可以删除或停用软件代理；查看审计跟踪记录中心是否可以检测信息系统软件代理的安装。

（4）产品卸载安全。测评方法如下：评价者应测试在卸载产品时审计数据是否删除或提醒用户删除。

（5）系统时间安全。测评方法如下：评价者应审查产品说明手册，产品是否提供同步审计代理与审计跟踪记录中心时间的功能，并审查审计代理与审计跟踪记录中心是否时间同步并有自动记录。

（6）系统部署安全。测评方法如下：评价者应审查产品说明手册，产品是否支持多级分布式部署模式。

3. 产品性能

（1）稳定性。测评方法如下：软件代理测试，连续运行产品至少三天，检查是否造成宿主机崩溃或异常；硬件代理测试，制造不大于 80%的背景流量，检查产品是否可正常工作。

（2）资源占用。测评方法如下：对软件代理进行测试，制造大量审计事件后，在宿主机上对资源占用进行检查。

（3）网络影响。测评方法如下：对产品进行测试，启动产品前后对网络流量进行监控。

（4）吞吐量。测评方法如下：向信息系统输送大流量数据，检查信息系统承载情况。

4. 保证要求

（1）配置管理。评价者应审查开发者所提供的信息是否满足以下要求：审查产品开发手册，检查开发商是否使用配置管理系统；审查开发商提供的配置管理文档是否能说明配置管理系统至少能跟踪以下各项：版本号，要求开发者所使用的版本号与所应表示的产品完全对应，没有歧义；配置项，要求配置项有唯一的标识，从而对产品的组成有更清晰的描述，这些描述与部分配置管理自动化的要求相同；产品实现表示、设计文档、测试文档、用户文档、管理员文档、配置管理文档和安全缺陷，并描述配置管理系统是如何跟踪配置项的。

（2）交付与运行。测评方法如下：评价者应审查开发商是否使用一定的交付程序交付产品并将其文档化，是否提供详细的安装手册，是否提供详细的用户手册。

（3）指导性文档。对于管理员指南，测评方法如下：评价者应审查开发者是否提供了供系统管理员使用的管理员指南，并且此管理员指南是否包含以下内容：描述管理员可使用的管理功能和接口；描述如何以安全的方式管理产品；对于在安全处理环境中必须进行控制的功能和特权，提出相应的警告；描述所有受管理员控制的安全参数，并给出合适的参数值；安全功能如何相互作用的指导；如何安全配置产品的指令；描述在产品的安全安装过程中可能要使用的所有配置选项；充分描述与安全管理相关的详细过程；指导用户在产品的安装过程中产生安全配置的详细过程。评价者应审查管理员指南是否与为评价而提供的其他文件保持一致。

对于用户指南，测评方法如下：评价者应审查开发者是否提供了供系统用户使用的用户指南，并且此用户指南是否包含以下内容：描述非管理员用户可用的功能和接口；使用产品提供的安全功能和指导；清晰阐述产品安全运行中用户必须履行的职责，包含产品在安全使用环境中对用户行的假设。评价者应审查用户指南是否与为评价而提供的其他所有文件保持一致。

（4）测试保证。对于功能测试，测评方法如下：评价开发者提供的测试文档，是否包含测试计划、测试过程描述和测试结果；评价测试文档是否确定将要测试的产品功能，是否描述将要达到的测试目标；评价测试过程的描述是否确定将要进行的测试，是否描述测试全部安全功能的实际情况；评价测试文档的测试结果是否给出全部测试的预期结果；评价开发商的测试结果是否证明安全功能和设计目标相符。对于测试覆盖面，测评方法如下：评价者应审查开发者提供的测试覆盖分析结果，是否表明测试文件中确定的测试项目可覆盖产品所有的安全功能。对于测试深度分析，测评方法如下：评价者应审查开发商提供的产品测试深度分析结果，是否表明产品的运行符合安全功能规范。

（5）独立性。测评方法如下：评价者应审查开发者是否提供了适于测试的产品，且审查测试集是否覆盖开发商自测产品功能时使用的测试集合。

（6）脆弱性分析。对于指南检查，测评方法如下：评价者应确认开发者提供了指导性文档，并评价开发者提供的指导性文档是否确定对网络脆弱性扫描产品的所有可能的操作方式（包含失败和操作失误后的操作），是否确定它们的后果及是否确定对于保持安全操作的意义；评价指导性文档是否列出所有目标环境的假设及所有外部安全措施，包含外部程序、物理或人员的控制的要求；评价指导性文档是否完整、清晰、一致、合理。

对于脆弱性分析，测评方法如下：评价开发者提供的脆弱性分析文档，是否从用户可能破坏安全策略的途径出发，对产品的各种功能进行分析；对被确定的脆弱性，评价开发者是否明确记录采取的措施；对每一条脆弱性，评价是否有证据显示在使用产品的环境中该脆弱性不能被利用；评价所提供的文档，是否证明经过标识脆弱性的产品可以抵御明显的穿透性攻击。

（7）生命周期支持。评价者应审查开发者所提供的信息是否满足以下要求：开发人员的安全管理包括开发人员的安全规章制度，开发人员的安全教育培训制度和记录；开发环境的安全管理包括开发地点的出入口控制制度和记录，开发环境的温室度要求和记录，开发环境的防火、防盗措施和国家有关部门的许可文件，开发环境中所使用安全产品必须采用符合国家有关规定的产品并提供相应证明材料；开发设备的安全管理包括开发设备的安全管理制度，包括开发主机使用管理和记录，设备的购置、修理、处置的制度和记录，上网管理、计算机病毒管理和记录等；开发过程和成果的安全管理包括对产品代码、文档、样机进行受控管理的制度和记录，若代码和文档进行加密保护必须采用符合国家有关规定的产品并提供相应证明材料。

六、信息系统安全等级保护测评

为进一步加强和规范计算机信息系统安全，公安部、国家保密局、国家密码管理局、国务院信息化工作办公室于2007年6月和7月联合颁布了《信息安全等级保护管理办法》（公通字［2007］43号）和《关于开展全国重要信息系统安全等级保护定级工作的通知》（公信安［2007］861号），并于2007年7月20日召开了全国重要信息系统安全等级保护定级工作部署专题电视电话会议，这标志着我国信息安全等级保护制度历经十多年的探索正式开始实施。

（一）开展信息系统安全等级保护工作的政策和法律依据

国家高度重视信息安全保护工作。1994年，国务院发布了《中华人民共和国计算机信息系统安全保护条例》（国务院147号令，以下简称《条例》），该条例是计算机信息系统安全保护的法律基础。其中第九条规定“计算机信息系统实行安全等级保护。安全等级的划分标准和安全等级保护的具体办法，由公安部会同有关部门制定”。公安部在《条例》发布实施后便着手开始计算机信息系统安全等级保护的研究和准备工作，提出了从整体上解决国家信息安全问题的办法，为进一步确定信息安全发展主线、中心任务，提出了总要求。

2003年，《国家信息化领导小组关于加强信息安全保障工作的意见》（中办发［2003］27号）明确指出实行信息安全等级保护，“要重点保护基础信息网络和关系国家安全、经济命脉、社会稳定等方面的重要信息系统，抓紧建立信息安全等级保护制度，制定信息安全等级保护的管理办法和技术指南”。这标志着等级保护从计算机信息系统安全保护的一项制度提升到国家信息安全保障一项基本制度。同时，文件明确了各级党委政府在信息安全保障工作中的领导地位，以及“谁主管谁负责，谁运营谁负责”的信息安全保障责任制。2004年9月，公安部会同国家保密局、国家密码管理委员会办公室和国务院信息化工作办公室联合出台了《关于信息安全等级保护工作的实施意见》（公通字［2004］66号），明确了信息安全等级保护工作的职责分工、工作实施的要求等。

2003年—2006年，公安部和国家保密局、国家密码管理局和国务院信息化工作办公室联合开展了等级保护基础调查和等级保护试点工作，出台了《关于开展信息系统安全等级保护基础调查工作的通知》（公信安［2005］1431号）和《关于开展信息安全等级保护试点工作的通知》（公信安［2006］573号）。通过对65 117家单位，涉及115 319个信息系统的基础调查，基本了解和掌握了全国信息系统，特别是重要信息系统的基本情况，为制定信息安全等级保护政策奠定了坚实的基础。13个省区市和三个部委联合开展了信息安全等级保护试点工作，通过试点，完善了开展信息安全等级保护工作的模式和思路，检验和完善了开展信息安全等级保护工作的方法、思路与规范标准，探索了开展等级保护工作领导、组织、协调的模式和办法，为全面开展信息安全等级保护工作奠定了坚实的基础。

2007 年 6 月，公安部会同国家保密局、国家密码管理局和国务院信息化工作办公室联合出台了《信息安全等级保护管理办法》（公通字〔2007〕43 号，以下简称《管理办法》）和《关于开展全国重要信息系统安全等级保护定级工作的通知》（公信安〔2007〕861 号），明确了信息安全等级保护制度的基本内容、流程及工作要求，进一步明确了信息系统运营使用单位和主管部门、监管部门在信息安全等级保护工作中的职责、任务，为开展信息安全等级保护工作提供了规范保障。同时，全国信息安全标准化技术委员会下发了《信息系统安全保护等级实施指南》（报批稿）、《信息系统安全保护等级定级指南》（报批稿）、《信息系统安全等级保护基本要求》（报批稿）。历过十多年的探索、试点，初步形成了信息安全等级保护标准体系，正式开启了我国信息安全保护工作的新时代。

（二）信息系统安全等级保护等级划分与主要工作环节

（1）等级划分。信息系统的安全保护等级是根据信息系统在国家安全、经济建设、社会生活中的重要程度，信息系统遭到破坏后对国家安全、社会秩序、公共利益及公民、法人和其他组织的合法权益的危害程度等因素划分的。系统定级是进行等级保护规划和建设的前提，是等级保护建设的起点。目前，国家已出台文件将信息安全划分为以下五级：

第一级，自主保护级。信息系统受到破坏后，对公民、法人和其他组织的合法权益造成损害，但不损害国家安全、社会秩序和公共利益。信息系统运营、使用单位应当依据国家有关管理规范和技术标准自主进行保护。

第二级，指导保护级。信息系统受到破坏后，对公民、法人和其他组织的合法权益造成严重的损害，或者对社会秩序和公共利益造成损害，但不损害国家安全。信息系统运营、使用单位应当依据国家有关管理规范和技术标准进行保护。国家信息安全监管部门对该级信息系统信息安全等级保护工作进行指导。

第三级，监督保护级。信息系统受到破坏后，对社会秩序和公共利益造成严重的损害，或者对国家安全造成损害。信息系统运营、使用单位应当依据国家有关管理规范和技术标准进行保护。国家信息安全监管部门对该级信息系统信息安全等级保护工作进行监督、检查。

第四级，强制保护级。信息系统受到破坏后，对社会秩序和公共利益造成特别严重的损害，或者对国家安全造成严重的损害。信息系统运营、使用单位应当依据国家有关管理规范、技术标准和业务专门需求进行保护。国家信息安全监管部门对该级信息系统信息安全等级保护工作进行强制监督、检查。

第五级，专控保护级。信息系统受到破坏后，对国家安全造成特别严重的损害。信息系统运营、使用单位应当依据国家管理规范、技术标准和业务特殊安全需求进行保护。国家指定专门部门对该级信息系统信息安全等级保护工作进行专门监督、检查。

（2）主要工作环节。

1）组织开展调查摸底。各信息系统主管部门、运营使用单位组织开展对所属信息系统的摸底调查，全面掌握信息系统的数量、分布、业务类型、应用或服务范围、系统结构，以及系统建设规划等基本情况，为开展信息安全等级保护工作打下基础。

2）合理确定保护等级。各信息系统主管部门和运营使用单位要按照《管理办法》和《信息系统安全等级保护定级指南》，确定定级对象的安全保护等级。涉密信息系统的等级确定按照国家保密局的有关规定和标准执行。对拟确定为第四级以上的信息系统，由运营使用单位或主管部门请国家信息安全保护等级专家评审委员会评审。

3）开展安全建设整改。各信息系统主管部门和运营使用单位应当根据确定的安全保护等级，对已有的信息系统按照等级保护的管理规范和技术标准，采购和使用相应等级要求的信息安全产品，落实安全技术措施，完成系统整改。对新建、改建、扩建的信息系统，按照等级保护的管理规范和技术标准进行信息系统的规划设计、建设施工。

4）组织系统安全测评。信息系统建设完成后，运营使用单位应当依照《管理办法》选择符合要求的测评机构进行测评。已投入运行的信息系统在完成系统整改后也应当进行测评。经测评后，信息系统安全状况未达到安全保护等级要求的，运营使用单位应当制订方案进行整改。

5）依法履行备案手续。信息系统安全保护等级为第二级以上的信息系统运营使用单位或主管部门，应当在系统投入运行后（新建系统）或确定等级后（已运营的系统）30日内到地（市）及以上公安机关网监部门办理备案手续；鼓励第一级和第五级的信息系统到公安机关网监部门办理备案手续。隶属于中央的在京单位，其跨省或者全国统一联网运行、由主管部门统一定级的信息系统，由主管部门向公安部办理备案手续。跨地区、跨省（市）或者全国统一联网运行的信息系统在各地运行、应用的分支系统，向地级以上市公安局网监部门备案。涉密信息系统建设使用单位依据《管理办法》和国家保密局的有关规定，到保密工作部门备案。

6）加强安全监督检查。公安机关应当会同有关部门加强对信息系统的监督检查，对未依法履行定级、备案手续的单位，督促其限期改正。发现定级不准的信息系统，应当通知运营使用单位或其主管部门重新审核确定。对安全措施不符合要求的，要指导其落实整改措施。各级保密工作部门加强对涉密信息系统安全等级保护工作的指导、监督和检查。国家密码管理部门加强对信息安全等级保护密码管理。

7）建设技术支撑体系。信息安全等级保护协调小组根据《管理办法》建立健全管理制度，向社会推荐符合要求的安全专用产品、安全测评机构。组织开展继续教育工作，加强对安全专业技术人员的培训，提高信息系统运营使用单位和主管部门，以及安全专用产品研发机构、安全服务机构安全专业技术人员的技术和法律知识水平。

8）健全长效工作机制。在信息安全等级保护职能部门、信息系统主管部门、运营使用单位之间建立畅通的联络机制。落实信息系统主管部门对运营使用单位的监督和指导责任，建立职能部门、主管部门对信息系统的定期监督和检查机制。

（三）信息安全等级保护测评的目的、原则、主要内容、方法及流程

（1）等级测评目的。建立信息安全等级保护制度，通过测试手段对安全技术和安全管理各个层面的安全控制进行整体性验证，为除市属电子政务和涉及国家秘密之外、三级以上的所有信息系统的运营和使用单位提供信息安全等级保护职责履行情况的数据和信息。

信息系统等级测评是对运营和使用单位信息系统建设和管理的状况进行等级测评。依

据国家《信息系统安全等级保护基本要求》、《信息系统安全等级保护测评准则》，在对信息系统进行安全技术和安全管理的安全控制测评及系统整体测评结果基础上，针对不同等级的信息系统遵循的不同标准进行综合系统安全测评评审后确定，由等级保护测评中心给予相应的系统安全等级评审意见。

（2）等级测评的基本原则。信息系统安全等级保护的核心是对信息系统分等级、按标准进行建设、管理和监督。信息系统安全等级保护实施过程中应遵循以下基本原则：

1）自主保护原则。信息系统运营、使用单位，及其主管部门按照国家相关法规和标准，自主确定信息系统的安全保护等级，自行组织实施安全保护。

2）重点保护原则。根据信息系统的重要程度、业务特点，通过划分不同安全保护等级的信息系统，实现不同强度的安全保护，集中资源优先保护涉及核心业务或关键信息资产的信息系统。

3）同步建设原则。信息系统在新建、改建、扩建时应当同步规划和设计安全方案，投入一定比例的资金建设信息安全设施，保障信息安全与信息化建设相适应。

4）动态调整原则。要跟踪信息系统的变化情况，调整安全保护措施。由信息系统的应用类型、范围等条件的变化或其他原因引起安全保护等级需要变更的，应当根据等级保护的管理规范和技术标准的要求，重新确定信息系统的安全保护等级，根据信息系统安全保护等级的调整情况，重新实施安全保护。

（3）等级测评内容。对信息系统安全等级保护状况进行测评，应包括以下两个方面的内容：一方面安全控制测评，主要测评信息安全等级保护要求的基本安全控制在信息系统中的实施配置情况；另一方面是系统整体测评，主要测评分析信息系统的整体安全性。其中，安全控制测评是信息系统整体安全测评的基础。对安全控制测评的描述，使用测评单元方式组织。测评单元分为安全技术测评和安全管理测评两大类。安全技术测评包括物理安全、网络安全、主机系统安全、应用安全和数据安全五个层面上的安全控制测评。安全管理测评包括安全管理机构、安全管理制度、人员安全管理、系统建设管理和系统运维管理五个方面的安全控制测评。

（4）等级测评方法及流程。主要采用访谈、检查、测试等方法进行等级保护测评。

1）访谈。访谈是指测评人员通过与信息系统有关人员（个人/群体）进行交流、讨论等活动，获取证据以证明信息系统安全等级保护措施是否有效的一种方法。访谈使用各类调查问卷和访谈大纲。

2）检查。检查不同于行政执法意义上的监督检查，是指测评人员通过对测评对象进行观察、查验、分析等活动，获取证据以证明信息系统安全等级保护措施是否有效的一种方法。检查可以使用各种检查表和相应的安全调查工具。

3）测试。测试是指测评人员通过对测评对象按照预定的方法/工具使其产生特定的行为等活动，查看、分析输出结果，获取证据以证明信息系统安全等级保护措施是否有效的一种方法。测试包括功能测试、渗透性测试、系统漏洞扫描等。其中，等级评估的一个重要内容是对 TOE 进行脆弱性分析，探知产品或系统安全脆弱性的存在，其主要目的是确定 TOE 能够抵抗具有不同等级攻击潜能的攻击者发起的渗透性攻击。因此，渗透性测试是在 TOE 预期使用环境下进行的测试，以确定 TOE 中潜在的脆弱性的可利用程度。系统漏洞扫描主要是利用扫描工具对系统进行自动检查，根据漏洞库的描述对系统进行模拟攻击测试，如果系统被成功入侵，说明存在漏洞。系统漏洞扫描主要分为网络漏洞扫描和主机漏洞扫描等方式。

（5）等级测评程序。信息系统安全等级保护测评过程包括以下四个阶段：

1）测评申请阶段。被测单位向测评中心提出测评申请，测评中心对被测单位的申请材料进行审查，在双方达成共识的情况下，双方签订保密协议、委托书、合同。

2）测评准备阶段。测评中心成立项目组后，工作人员到被测单位了解被测评系统的信息，制作信息系统业务调查报告，信息系统规划设计分析报告，与被测单位共同讨论测评方案和测评工作计划，达成共同认可的测评方案和测评工作计划。

3）测评检查阶段。在进入现场检测测试阶段时，测评中心项目组成员在参照系统体系建设相关资料（系统建设方案、技术资料、管理资料、日常维护资料）后，对测评单位进行安全管理机构检查、安全管理制度检查、系统备案依据检查、技术要求落实情况测评、定期评估执行情况检查、等级响应、处理检查、教育和培训检查，生成管理检查记录、技术检查记录和核查报告。

4）测评综合分析阶段。测评中心最后进行核查结果分析、等级符合性分析、专家评审，生成等级测评报告和安全建议报告。

第三节 电力行业规范

本节主要介绍电力领域存在的信息系统安全防护、测评规范等行业规范的内容。

一、电力监控系统安全防护规定

电力二次系统安全防护工作是指通过一定的技术手段或者管理措施，达到保护电力实时系统及电力调度数据网络安全。通过建设较健全的二次安防系统， 可以较为有效地抵御外部团体或威胁源发起的恶意攻击，并且在系统遭到破坏后，能第一时间恢复绝大部分功能，防止发生电力二次系统安全事件或由此导致的一次系统事故、大面积停电事故，以达到保障电网安全稳定运行的目的。

2004 年 12 月 20 日，原国家电力监管委员会（以下简称国家电监会）发布了《电力二次系统安全防护规定》（国家电监会 5 号令），自 2005 年 2 月 1 日起施行。2014 年 8 月 1 日，国家发展和改革委员会发布了《电力监控系统安全防护规定》，自 2014 年 9 月 1 日起施行，原国家电监会 5 号令同时废止。《电力监控系统安全防护规定》总共包括总则、技术管理、安全管理、保密管理、监督管理和附则六个章节，二十四条规定。

在技术管理方面，《电力监控系统安全防护规定》明确了“安全分区、网络专用、横向隔离、纵向认证”原则的具体要求，包括：

（1）安全分区。根据系统业务的重要性及对一次系统可能的影响程度进行了划分，分为生产控制大区和管理信息大区，其中生产控制大区分为控制区（安全区 I）和非控制区（安全区 II）。

（2）网络专用。电力调度数据网在专用的网络通道上使用独立的网络设备进行组网，实现与电力企业其他数据网及外部公用数据网的安全隔离。电力调度数据网划分为逻辑隔离的实时子网和非实时子网，分别连接控制区和非控制区。

（3）横向隔离。在生产控制大区与信息管理大区之间实现高强度隔离，必须部署经国家指定部门检测认证的电力专用横向单向隔离装置。生产控制大区内部的安全区之间应部署防火墙或具有访问控制功能的设备，实现逻辑隔离。

（4）纵向认证。在生产控制大区与广域网的纵向连接上需实现双向身份认证、访问控制和数据加密功能；具体应部署经国家指定部门检测认证的电力专用纵向加密认证装置或加密认证网关及相应设施。

同时，在安全分区边界处应当采取必要的安全防护措施，禁止任何穿越生产控制大区和管理信息大区之间边界的通用网络服务。生产控制大区中的业务系统应当具有高安全性和高可靠性，禁止采用安全风险高的通用网络服务功能。另外，还应依照电力调度管理体制建立基于公钥技术的分布式电力调度数字证书系统，为生产控制大区中的重要业务系统提供认证加密机制。

《电力监控系统安全防护规定》建立在《电力二次系统安全防护规定》的基础上，在技术管理方面主要有以下两点重要更新。

（1）设置安全接入区。生产控制大区的业务系统在与其终端的纵向连接中使用无线通信网、电力企业其他数据网（非电力调度数据网）或外部公用数据网的虚拟专用网络方式（VPN）等进行通信的，应当设立安全接入区。安全接入区与生产控制大区中其他部分的连接处必须设置经国家指定部门检测认证的电力专用横向单向安全隔离装置。

（2）设备选型和配置。电力监控系统在设备选型及配置时，应当禁止选用经国家相关管理部门检测认定并经国家能源局通报存在漏洞和风险的系统及设备；对于已经投入运行的系统及设备，应当按照国家能源局及其派出机构的要求及时进行整改，同时应当加强相关系统及设备的运行管理和安全防护。

在安全管理方面，《电力监控系统安全防护规定》明确电力企业应当按照“谁主管谁负责，谁运营谁负责”的原则，建立健全电力监控系统安全防护管理制度；明确电力调度机构负责直接调度范围内的下一级电力调度机构、变电站、发电厂涉网部分的电力监控系统安全防护的技术监督，发电厂内其他监控系统的安全防护可由其上级主管单位实施技术监督；要求电力调度机构、发电厂、变电站等运行单位的电力监控系统安全防护实施方案必须经本企业的上级专业管理部门和信息安全管理部门及相应电力调度机构的审核，方案实施完成后应当由上述机构验收。接入电力调度数据网络的设备和应用系统，其接入技术方案和安全防护措施必须经直接负责的电力调度机构同意。

在保密管理方面，电力监控系统相关设备及系统的开发单位、供应商应以合同条款或保密协议的方式保证其所提供的设备及系统符合本规定的要求，并在设备及系统的生命周期内对此负责。电力监控系统专用安全产品的开发单位、使用单位及供应商，应当按国家有关要求做好保密工作。对生产控制大区安全评估的所有评估资料和评估结果，应当按国家有关要求做好保密工作。

在监督管理方面，明确国家能源局及其派出机构负责制定电力监控系统安全防护相关管理和技术规范，并监督实施。

在附则部分，《电力监控系统安全防护规定》解释了电力监控系统、电力调度数据网络、控制区和非控制区的概念。

为了确保发电厂监控系统及电力调度数据网的安全，抵御电厂监控系统的各种攻击和破坏，保障电力系统的安全稳定运行，电厂根据自动化监控的需求，依据《电力监控系统安全防护规定》，安全防护的建设要点示例如下：

（1）实施方案。在项目开展前编制实施方案是一个重要步骤，需细化主站、变电站端的安全防护策略、规则配置规划及业务与设备的 IP 地址划分等。

（2）主站建设。主站端整体结构如下：① 通过配置纵向互联交换机，达到接入安全区Ⅰ纵向数据通信的业务、实现对接入系统之间的访问控制；②通过配置安全区Ⅱ互联交换机，达到接入安全区Ⅱ纵向数据通信的业务，实现对接入系统之间的访问控制和通信；③通过配置纵向加密认证装置，对本端与远端的安全区Ⅰ业务系统或模块之间的数据通信进行身份认证及访问控制，并对传输的数据进行加密和解密；④通过配置互联防火墙，对本端与远端之间的安全区Ⅱ业务系统或模块之间的数据通信进行访问控制；⑤配置两台横向互联硬件防火墙，部署在安全区Ⅰ与安全区Ⅱ的网络边界，一方面实现两区的逻辑隔离，另一方面实现安全区Ⅰ有关业务系统可同时使用实时 VPN 和非实时 VPN 传输。

（3）站端建设。根据变电站电压等级的不同，站端建设要点也各有侧重。以下是其中一种配置：①配置纵向互联区域交换机，对安全区Ⅰ有纵向数据通信的业务系统内部及系统之间进行访问控制和通信；②配置安全区Ⅱ互联交换机，对安全区Ⅱ有纵向数据通信的业务系统内部及系统之间进行访问控制和通信；③配置纵向加密认证装置或网关，部署在安全区Ⅰ纵向互联交换机与调度数据网专用虚拟网络之间，对本端与远端的安全区Ⅰ相关业务或模块之间的数据通信进行身份认证及访问控制，并实现对数据的加密和解密；④配置纵向互联硬件防火墙，并将其部署在安全区Ⅱ与调度数据网络非实时专用虚拟网络之间，对本端及远端的安全区Ⅱ相关业务系统或模块之间的数据通信进行访问控制；⑤配置一台横向互联硬件防火墙，部署在安全区Ⅰ与安全区Ⅱ的网络边界，一方面实现两区的逻辑隔离，另一方面实现安全区Ⅰ有关业务系统可同时使用实时 VPN 和非实时 VPN 传输。

（4）业务接入管理。业务接入管理要遵循提前介入、规范化实施原则，在新建变电站投产前需与工程建设单位提前沟通，要求站端提前制定实施方案，提交至地调主站进行审核，审核通过后方可进行下一步工作。地调主站端自动化人员需要根据调度数据网建设规划给出变电站业务地址段及各业务 IP 划分原则，做到所有电压等级变电站统一化建设。

二、电力行业信息系统安全等级保护基本要求

电力系统信息安全问题已经威胁到电力系统的安全、稳定、经济和优质运行，影响着“数字电力系统”的实现进程。研究电力系统信息安全问题，开发相应的应用系统，制定电力系统遭受外部攻击时的防范与系统恢复措施等信息安全战略是当前电力信息化工作的重要内容。电力系统信息安全已经成为电力企业生产、经营和管理的重要组成部分。为了贯彻落实国家关于信息安全等级保护工作的要求，国家电力监管委员会组织编制了《电力行业信息系统等级保护定级工作指导意见》，并于 2007 年 11 月 23 日发布。随着电力信息化工作的持续开展，国家电力监管委员会于 2011 年 3 月提出《电力行业信息系统安全等级保护基本要求》（征求意见稿）。该规范依据国家信息安全等级保护管理规定和电力行业有关要求，由国家电力监管委员会制定并提出，是电力行业信息安全等级保护相关系列规范性文件之一。该规范与《电力行业信息系统安全等级保护定级工作指导意见》（电监信息[2007]44 号）、《计算机信息系统安全保护等级划分准则》（GB 17859—1999）、《信息安全技术 信息系统安全等级保护基本要求》（GB/T 22239—2008）等标准共同构成了电力行业信息系统安全等级保护的相关配套标准规范。该规范针对电力系统中的两类重要信息系统：管理信

息系统和生产控制信息系统，分别给出了安全等级的划分及不同安全等级需要达到的具体要求，为开展电力系统的信息安全等级保护测评工作提供了具有较高操作性的指导文件。

（一）通用要求

1. 适用范围

该规范规定了电力行业管理类信息系统和生产控制类信息系统不同安全等级的信息系统等级保护要求，包括安全技术指标和安全管理指标，用于指导电力行业各单位信息系统的安全等级保护建设工作。其中，通用要求部分同时适用于管理类信息系统和生产控制类信息系统，管理类信息系统基本要求适用于管理类信息系统的安全等级保护建设工作，生产控制类信息系统基本要求适用于生产控制类信息系统的安全等级保护建设工作。

2. 规范性参考文件

该规范的规范性参考文件包括《信息安全等级保护管理办法》（公通字［2007］43 号）、《计算机信息系统安全保护等级划分准则》（GB 17859—1999）、《信息安全技术 信息系统安全等级保护基本要求》（GB/T 22239—2008）、《电力二次系统安全防护规定》（电监会 5 号令）、《电力行业网络与信息安全监督管理暂行规定》（电监信息［2007］50 号）、《电力行业信息系统安全等级保护定级工作指导意见》（电监信息［2007］44 号）。

3. 信息系统不同安全等级的安全保护能力

不同安全等级的信息系统应具备的基本安全保护能力如下：

（1）第一级安全保护能力：应能够防护系统免受来自个人的、拥有很少资源的威胁源发起的恶意攻击，一般的自然灾难及其他相当危害程度的威胁所造成的关键资源损害，在系统遭到损害后，能够恢复部分功能。

（2）第二级安全保护能力：应能够防护系统免受来自外部小型组织的、拥有少量资源的威胁源发起的恶意攻击，一般的自然灾难及其他相当危害程度的威胁所造成的重要资源损害，能够发现重要的安全漏洞和安全事件，在系统遭到损害后，能够在一段时间内恢复部分功能。

（3）第三级安全保护能力：应能够在统一安全策略下防护系统免受来自外部有组织的团体、拥有较为丰富资源的威胁源发起的恶意攻击，较为严重的自然灾难及其他相当危害程度的威胁所造成的主要资源损害，能够发现安全漏洞和安全事件，在系统遭到损害后，能够较快恢复绝大部分功能。

（4）第四级安全保护能力：应能够在统一安全策略下防护系统免受来自国家级别的、敌对组织的、拥有丰富资源的威胁源发起的恶意攻击，严重的自然灾难及其他相当危害程度的威胁所造成的资源损害，能够发现安全漏洞和安全事件，在系统遭到损害后，能够迅速恢复所有功能。（第五级安全保护能力略）。

4. 信息系统安全保护等级的定级要素

信息系统的安全保护等级由两个定级要素决定：等级保护对象受到破坏时所侵害的客体和对客体造成侵害的程度。

（1）受侵害的客体。等级保护对象受到破坏时所侵害的客体包括以下三个方面：①公民、法人和其他组织的合法权益；②社会秩序、公共利益；③国家安全。

（2）对客体的侵害程度。对客体的侵害程度由客观方面的不同外在表现综合决定。由于对客体的侵害是通过对等级保护对象的破坏实现的，因此对客体的侵害外在表现为对等级保护对象的破坏，通过危害方式、危害后果和危害程度加以描述。等级保护对象受到破坏后对客体造成侵害的程度归结为以下三种：①造成一般侵害；②造成严重侵害；③造成特别严重侵害。

（3）定级要素与等级的关系。定级要素与信息系统安全保护等级的关系见表 3-11。

表 3-11　　定级要素与安全保护等级的关系

受侵害的客体	对客体的侵害程度		
	一般侵害	严重侵害	特别严重侵害
公民、法人和其他组织的合法权益	第一级	第二级	第三级
社会秩序、公共利益	第二级	第三级	第四级
国家安全	第三级	第四级	第五级

5. 总体要求、基本技术要求和基本管理要求

信息系统安全等级保护应依据信息系统的安全保护等级情况，保证它们具有相应等级的基本安全保护能力，不同安全保护等级的信息系统要求具有不同的安全保护能力。

基本安全要求是针对不同安全保护等级信息系统应该具有的基本安全保护能力提出的安全要求，根据实现方式的不同，基本安全要求分为总体要求、基本技术要求和基本管理要求三大类。其中，总体要求与各个单位的总体安全策略相关，主要通过落实总体安全策略直接导出的、所有信息系统必须遵从的总体安全防护要求来体现；基本技术要求与信息系统提供的技术安全机制有关，主要通过在信息系统中部署软硬件并正确配置其安全功能来实现；基本管理要求与信息系统中各种角色参与的活动有关，主要通过控制各种角色的活动，从政策、制度、规范、流程及记录等方面做出规定来实现。总体要求概括了电力行业信息安全防护策略的基本要求，基本技术要求从物理安全、网络安全、主机安全、应用安全和数据安全几个层面提出，基本管理要求从安全管理制度、安全管理机构、人员安全管理、系统建设管理和系统运维管理几个方面提出，总体要求、基本技术要求和基本管理要求是确保信息系统安全不可分割的三个部分。基本安全要求从各个层面或方面提出了系统的每个组件应该满足的安全要求，信息系统具有的整体安全保护能力通过不同组件实现基本安全要求来保证。除了保证系统的每个组件满足基本安全要求外，还要考虑组件之间的相互关系，以保证信息系统的整体安全保护能力。

根据保护侧重点的不同，基本技术要求进一步细分为保护数据在存储、传输、处理过程中，不被泄漏、破坏和免受未授权的修改的信息安全类要求；保护系统连续正常运行，免受对系统的未授权修改、破坏而导致系统不可用的服务保证类要求；通用安全保护类要求。对于涉及国家秘密的信息系统，应按照国家保密工作部门的相关规定和标准进行保护。对于涉及密码的使用和管理，应按照国家密码管理的相关规定和标准实施。

（二）管理类信息系统要求

1. 总体要求

（1）总体技术要求。管理类信息系统的总体技术要求如下：

1）管理信息大区网络与生产控制大区网络应物理隔离，两网之间有信息通信交换时应部署符合电力系统要求的单向隔离装置。

2）管理信息大区网络可进一步划分为内部网络和外部网络，两网之间有信息通信交换时防护强度应强于逻辑隔离。

3）具有层次网络结构的单位可统一提供互联网出口。

4）二级系统统一成域，三级系统单独成域。

5）三级系统域由独立子网承载，每个域有唯一网络出口，可在网络出口处部署三级等级保护专用装置为系统提供整体安全防护。

（2）总体管理要求。管理类信息系统的总体管理要求如下：

1）如果本单位管理信息大区仅有一级信息系统时，通用管理要求等同采用一级。

2）如果本单位管理信息大区含有二级及以下等级信息系统时，通用管理要求等同采用二级。

3）如果本单位管理信息大区含有三级及以下等级信息系统时，通用管理要求等同采用三级。

2. 第一级基本要求

（1）技术要求。

1）物理安全。对于物理访问控制，机房出入应安排专人负责，控制、鉴别和记录进入的人员。对于防盗窃和防破坏，应将主要设备放置在机房内，将设备或主要部件进行固定，并设置明显的不易除去的标记。对于防雷击，机房建筑应设置避雷装置。对于防火，机房应设置灭火设备。对于防水和防潮，应对穿过机房墙壁和楼板的水管增加必要的保护措施，采取措施防止雨水通过机房窗户、屋顶和墙壁渗透。对于温湿度控制，机房应设置必要的温湿度控制设施，使机房温湿度的变化在设备运行所允许的范围之内。对于电力供应，应在机房供电线路上配置稳压器和过电压防护设备。

2）网络安全。对于结构安全，应保证关键网络设备的业务处理能力满足基本业务需要，保证接入网络和核心网络的带宽满足基本业务需要，绘制与当前运行情况相符的网络拓扑结构图。对于访问控制，应在网络边界部署访问控制设备，启用访问控制功能；应根据访问控制列表对源地址、目的地址、源端口、目的端口和协议等进行检查，以允许/拒绝数据包出入；应通过访问控制列表对系统资源实现允许或拒绝用户访问，控制粒度至少为用户组。对于网络设备防护，应对登录网络设备的用户进行身份鉴别；应具有登录失败处理功能，可采取结束会话、限制非法登录次数和当网络登录连接超时自动退出等措施；当对网络设备进行远程管理时，应采取必要措施防止鉴别信息在网络传输过程中被窃听。

3）主机安全。对于身份鉴别，应对登录操作系统和数据库系统的用户进行身份标识和鉴别。对于访问控制，应启用访问控制功能，依据安全策略控制用户对资源的访问；应限制默认账户的访问权限，重命名系统默认账户，修改这些账户的默认口令；应及时删除多余的、过期的账户，避免共享账户的存在。对于入侵防范，操作系统应遵循最小安装的原则，仅安装需要的组件和应用程序，并保持系统补丁及时得到更新。对于恶意代码防范，应安装防恶意代码软件，并及时更新防恶意代码软件版本和恶意代码库。

4）应用安全。对于身份鉴别，应提供专用的登录控制模块对登录用户进行身份标识和鉴别；应提供登录失败处理功能，可采取结束会话、限制非法登录次数和自动退出等措施；应启用身份鉴别和登录失败处理功能，并根据安全策略配置相关参数。对于访问控制，应提供访问控制功能控制用户组/用户对系统功能和用户数据的访问；应由授权主体配置访问控制策略，并严格限制默认用户的访问权限。对于通信完整性，应采用约定通信会话方式的方法保证通信过程中数据的完整性。对于软件容错，应提供数据有效性检验功能，保证通过人机接口输入或通过通信接口输入的数据格式或长度符合系统设定要求。

5）数据安全。对于数据完整性，应能够检测到重要用户数据在传输过程中完整性受到破坏。对于数据备份和恢复，应能够对重要信息进行备份和恢复。

（2）管理要求。

1）安全管理制度。对于管理制度，应建立日常管理活动中常用的安全管理制度。对于制定和发布，应指定或授权专门的人员负责安全管理制度的制定，将安全管理制度以某种方式发布到相关人员手中。

2）安全管理机构。对于资金保障，应保障落实信息系统安全建设、运维及等级保护测评资金等，系统建设资金筹措方案和年度系统维护经费应包括信息安全保障资金项目。对于岗位设置，应设立系统管理员、网络管理员、安全管理员等岗位，并定义各个工作岗位的职责。对于人员配备，应配备一定数量的系统管理员、网络管理员、安全管理员等。对于授权和审批，应根据各个部门和岗位的职责明确授权审批部门及批准人，对系统投入运行、网络系统接入和重要资源的访问等关键活动进行审批。对于沟通和合作，应加强与行业信息安全监管部门、公安机关、通信运营商、银行及相关单位和部门的合作与沟通（增强）。

3）人员安全管理。对于人员录用，应指定或授权专门的部门或人员负责人员录用，应对被录用人员的身份和专业资格等进行审查，并确保其具有基本的专业技术水平和安全管理知识。对于人员离岗，应立即终止由于各种原因离岗员工的所有访问权限，收回各种身份证件、钥匙、徽章等，以及机构提供的软硬件设备（落实）。对于安全意识教育和培训，应按照行业信息安全要求制订安全教育和培训计划，对信息安全基础知识、岗位操作规程等进行的培训应至少每年举办一次（新增），对各类人员进行安全意识教育和岗位技能培训，告知人员相关的安全责任和惩戒措施。对于外部人员访问管理，应确保在外部人员访问受控区域前得到授权或审批。

4）系统建设管理。对于系统定级，应明确信息系统的边界和安全保护等级，以书面的形式说明信息系统确定为某个安全保护等级的方法和理由，确保信息系统的定级结果经过行业信息安全主管部门等相关部门的批准（细化）。对于安全方案设计，应根据系统的安全保护等级选择基本安全措施，依据风险分析的结果补充和调整安全措施；应以书面的形式描述对系统的安全保护要求和策略、安全措施等内容，形成系统的安全方案；应对安全方案进行细化，形成能指导安全系统建设、安全产品采购和使用的详细设计方案。

对于产品采购和使用，应确保安全产品采购和使用符合国家的有关规定，电力系统专用信息安全产品应经行业主管部门指定的安全机构测评方可采购使用（新增）。对于自行软件开发，应确保开发环境与实际运行环境物理分开，确保软件设计相关文档由专人负责保管。对于外包软件开发，应根据开发要求检测软件质量，在软件安装之前检测软件包中可能存在的恶意代码，确保提供软件设计的相关文档和使用指南。

对于工程实施，应指定或授权专门的部门或人员负责工程实施过程的管理。对于测试验收，应对系统进行安全性测试验收，在测试验收前应根据设计方案或合同要求等制订测试验收方案，在测试验收过程中应详细记录测试验收结果，并形成测试验收报告。对于系统交付，应编制系统交付清单，并根据交付清单对所交接的设备、软件和文档等进行清点；应对负责系统运行维护的技术人员进行相应的技能培训；应确保提供系统建设过程中的文档和指导用户进行系统运行维护的文档。对于安全服务商选择，应确保安全服务商的选择符合国家的有关规定，与选定的安全服务商签订与安全相关的协议，明确约定相关责任。

5）系统运维管理。对于环境管理，应指定专门的部门或人员定期对机房供配电、空调、温湿度控制等设施进行维护管理，对机房的出入、服务器的开机或关机等工作进行管理，建立机房安全管理制度，对有关机房物理访问，物品带进、带出机房和机房环境安全等方面的管理做出规定。

对于资产管理，应编制与信息系统相关的资产清单，包括资产责任部门、重要程度和所处位置等内容。对于介质管理，应确保介质存放在安全的环境中，对各类介质进行控制和保护；应对介质归档和查询等过程进行记录，并根据存档介质的目录清单定期盘点。对于设备管理，应对信息系统相关的各种设备、线路等指定专门的部门或人员定期进行维护管理；应建立基于申报、审批和专人负责的设备安全管理制度，对信息系统的各种软硬件设备的选型、采购、发放和领用等过程进行规范化管理。对于网络安全管理，应指定人员对网络进行管理，负责运行日志、网络监控记录的日常维护和报警信息分析和处理工作；应定期进行网络系统漏洞扫描，对发现的网络系统安全漏洞进行及时的修补。

对于系统安全管理，应根据业务需求和系统安全分析确定系统的访问控制策略；应定期进行漏洞扫描，对发现的系统安全漏洞进行及时的修补；应安装系统的最新补丁程序，在安装系统补丁之前，应在测试环境中测试通过，并对重要文件进行备份后，方可实施系统补丁程序的安装（增强）。对于恶意代码防范管理，应提高所有用户的防病毒意识，告知及时升级防病毒软件，在读取移动存储设备上的数据及网络上接收文件或邮件之前，进行病毒检查，外来计算机或存储设备接入网络系统之前也应进行病毒检查。对于备份与恢复管理，应识别需要定期备份的重要业务信息、系统数据及软件系统等，规定备份信息的备份方式、备份频度、存储介质、保存期等。对于安全事件处置，应报告所发现的安全弱点和可疑事件，但任何情况下用户均不应尝试验证弱点；应制定安全事件报告和处置管理制度，规定安全事件的现场处理、事件报告和后期恢复的管理职责。

3. 第二级基本要求

（1）技术要求。

1）物理安全。对于物理位置的选择，机房和办公场地应选择在具有防震、防风和防雨等能力的建筑内。对于物理访问控制，机房各出入口应安排专人值守或配置电子门禁系统，控制、鉴别和记录进入的人员（增强），进入机房的来访人员应经过申请和审批流程，并限制和监控其活动范围。

对于防盗窃和防破坏，应将主要设备放置在机房内；应将设备或主要部件进行固定，并设置明显的不易除去的标记；应将通信线缆铺设在隐蔽处，可铺设在地下或管道中；应对介质分类标识，存储在介质库或档案室中；主机房应安装必要的防盗报警设施。对于防雷击，机房建筑应设置避雷装置，设置交流电源地线。对于防火，机房应设置灭火设备和火灾自动报警系统。对于防水和防潮，主机房应尽量避开水源，与主机房无关的给排水管道不得穿过主机房，与主机房相关的给排水管道必须有可靠的防渗漏措施（落实），采取措施防止雨水通过机房窗户、屋顶和墙壁渗透，防止机房内水蒸气结露和地下积水的转移与渗透。对于防静电，关键设备应采用必要的接地防静电措施。对于温湿度控制，机房应设置温湿度自动调节设施，使机房温湿度的变化在设备运行所允许的范围之内。对于电力供应，应在机房供电线路上配置稳压器和过电压防护设备；应提供短期的备用电力供应，至少满足关键设备在断电情况下的正常运行要求。对于电磁防护，电源线和通信线缆应隔离铺设，避免互相干扰。

2）网络安全。对于结构安全，管理信息大区网络与生产控制大区网络应物理隔离，两网之间有信息通信交换时应部署符合电力系统要求的单向隔离装置（新增）；管理信息大区网络可进一步划分为内部网络和外部网络，两网之间有信息通信交换时防护强度应强于逻辑隔离（新增）；具有层次网络结构的单位可统一提供互联网出口（新增）；应保证关键网络设备的业务处理能力具备冗余空间，满足业务高峰期需要；应保证接入网络和核心网络的带宽满足业务高峰期需要；应绘制完整的网络拓扑结构图，有相应的网络配置表，包含设备 IP 地址等主要信息，与当前运行情况相符（增强）；应根据各部门的工作职能、重要性和所涉及信息的重要程度等因素，划分不同的子网或网段，并按照方便管理和控制的原则为各子网、网段分配地址段。

对于访问控制，应在网络边界部署访问控制设备，启用访问控制功能；应能根据会话状态信息为数据流提供明确的允许/拒绝访问的能力，控制粒度为端口级（增强）；应按用户和系统之间的允许访问规则，决定允许或拒绝用户对受控系统进行资源访问，控制粒度为单个用户。以拨号或 VPN 等方式接入网络的，应采用强认证方式，并对用户访问权限进行严格限制（增强）。应限制具有拨号、VPN 等访问权限的用户数量（增强）。

对于安全审计，应对网络系统中的网络设备运行状况、网络流量、用户行为等进行日志记录，审计记录应包括事件的日期和时间、用户、事件类型、事件是否成功及其他与审计相关的信息。对于边界完整性检查，应能够对内部网络中出现的内部用户未通过准许私自连接至外部网络的行为进行检查。对于入侵防范，应在网络边界处监视以下攻击行为：端口扫描、强力攻击、木马后门攻击、拒绝服务攻击、缓冲区溢出攻击、IP 碎片攻击和网络蠕虫攻击等。

对于网络设备防护，应对登录网络设备的用户进行身份鉴别，对网络设备的管理员登录地址进行限制；网络设备标识应唯一，同一网络设备的用户标识也应唯一；禁止多个人员共用一个账号（增强）；身份鉴别信息应不易被冒用，口令复杂度应满足要求并定期更换；应修改默认用户和口令，不得使用默认口令，口令长度不得小于八位，要求是字母和数字或特殊字符的混合，且不得与用户名相同，口令应定期更换，并加密存储（增强）；应具有登录失败处理功能，可采取结束会话、限制非法登录次数和当网络登录连接超时自动退出等措施；当对网络设备进行远程管理时，采取必要措施防止鉴别信息在网络传输过程中被窃听；应封闭不需要的网络端口，关闭不需要的网络服务，如需使用 SNMP 服务，应采用安全性增强版本，并应设定复杂的 Community 控制字段，不使用 Public、Private 等默认字段（新增）。

3）主机安全。对于身份鉴别，应对登录操作系统和数据库系统的用户进行身份标识和鉴别，操作系统和数据库系统管理用户身份鉴别信息应不易被冒用，口令复杂度应满足要求并定期更换，口令长度不得小于八位，且为字母、数字或特殊字符的混合组合，用户名和口令禁止相同（细化）；启用登录失败处理功能，可采取结束会话、限制非法登录次数和自动退出等措施，限制同一用户连续失败登录次数（增强）；当对服务器进行远程管理时，应采取必要措施，防止鉴别信息在网络传输过程中被窃听；应为操作系统和数据库系统的不同用户分配不同的用户名，确保用户名具有唯一性。对于访问控制，应启用访问控制功能，依据安全策略控制用户对资源的访问；应实现操作系统和数据库系统特权用户的权限分离；应限制默认账户的访问权限，重命名系统默认账户，修改这些账户的默认口令；应及时删除多余的、过期的账户，避免共享账户的存在。

对于安全审计，审计范围应覆盖到服务器上的每个操作系统用户和数据库用户；系统不支持该要求的，应以系统运行安全和效率为前提，采用第三方安全审计产品实现审计要求（落实）；审计内容应包括重要用户行为、系统资源的异常使用和重要系统命令的使用等系统内重要的安全相关事件，至少包括用户的添加和删除、审计功能的启动和关闭、审计策略的调整、权限变更、系统资源的异常使用、重要的系统操作（如用户登录、退出）等（细化）；审计记录应包括事件的日期、时间、类型、主体标识、客体标识和结果等，应保护审计记录，避免受到未预期的删除、修改或覆盖等。

对于入侵防范，操作系统应遵循最小安装的原则，仅安装必要的组件和应用程序，并通过设置升级服务器等方式保持系统补丁及时得到更新，补丁安装前应进行安全性和兼容性测试（增强）。对于恶意代码防范，应在本机安装防恶意代码软件或独立部署恶意代码防护设备，并及时更新防恶意代码软件版本和恶意代码库（细化），应支持防恶意代码的统一管理。对于资源控制，应通过设定终端接入方式、网络地址范围等条件限制终端登录，根据安全策略设置登录终端的操作超时锁定，根据需要限制单个用户对系统资源的最大或最小使用限度（细化）。

4）应用安全。对于身份鉴别，应提供专用的登录控制模块对登录用户进行身份标识和鉴别，应用系统用户身份鉴别信息应不易被冒用，口令复杂度应满足要求并定期更换，提供用户身份标识唯一和鉴别信息复杂度检查功能，保证应用系统中不存在重复用户身份标识；用户在第一次登录系统时修改分发的初始口令，口令长度不得小于八位，且为字母、数字或特殊字符的混合组合，用户名和口令禁止相同，应用软件不得明文存储口令数据（增强）；应提供登录失败处理功能，可采取结束会话、限制非法登录次数和自动退出等措施；应启用身份鉴别、用户身份标识唯一性检查、用户身份鉴别信息复杂度检查及登录失败处理功能，并根据安全策略配置相关参数。

对于访问控制，应提供访问控制功能，依据安全策略控制用户对文件、数据库表等客体的访问，访问控制的覆盖范围应包括与资源访问相关的主体、客体及它们之间的操作；应由授权主体配置访问控制策略，并严格限制默认账户的访问权限；应授予不同账户为完成各自承担任务所需的最小权限，并在它们之间形成相互制约的关系。对于安全审计，应提供覆盖到每个用户的安全审计功能，对应用系统的用户登录、用户退出、增加用户、修改用户权限等重要安全事件进行审计（细化）；应保证审计活动的完整性，保证无法删除、修改或覆盖审计记录（增强）；审计记录的内容应至少包括事件的日期时间、发起者信息、类型、描述和结果等。

对于通信完整性，应采用校验码技术保证通信过程中数据的完整性。对于通信保密性，在通信双方建立连接之前，应用系统应利用密码技术进行会话初始化验证；应对通信过程中用户口令、会话密钥等敏感信息字段进行加密（细化）。对于软件容错，应提供数据有效性检验功能，保证通过人机接口输入或通过通信接口输入的数据格式或长度符合系统设定要求；在发生故障时，应用系统应能够继续提供部分功能，确保系统能够实施恢复措施（细化）。对于资源控制，当应用系统的通信双方中的一方在一段时间内未作响应，另一方应能够自动结束会话；应能够对应用系统的最大并发会话连接数和单个账户的多重并发会话进行限制。

5）数据安全。对于数据完整性，应能够检测到鉴别信息和重要业务数据在传输过程中其完整性受到破坏。对于数据保密性，应采用加密或其他保护措施实现鉴别信息的存储保密。对于备份和恢复，应对重要信息进行备份，并对备份介质定期进行可用性测试（增强）；应提供关键网络设备、通信线路和数据处理系统的硬件冗余，保证系统的可用性。

（2）管理要求。

1）安全管理制度。对于管理制度，应制订信息安全工作的总体方针和安全策略，说明机构安全工作的总体目标、范围、原则和安全框架等；应对安全管理活动中重要的管理内容建立安全管理制度；应对安全管理人员或操作人员执行的重要管理操作建立操作规程。对于制定和发布，应指定或授权专门的部门或人员负责安全管理制度的制定，组织相关人员对制定的安全管理制度进行论证和审定，将安全管理制度以某种方式发布到相关人员手中。对于评审和修订，定期或在发生重大变更时对安全管理制度进行检查和审定，对存在不足或需要改进的安全管理制度进行修订（增强）。

2）安全管理机构。对于岗位设置，应设立安全主管、安全管理各个方面的负责人岗位，并定义各负责人的职责；应设立系统管理员、网络管理员、安全管理员等岗位，并定义各个工作岗位的职责。 对于人员配备，应配备一定数量的系统管理员、网络管理员、安全管理员等，安全管理员不能兼任网络管理员、系统管理员、数据库管理员等。对于资金保障，应保障落实信息系统安全建设、运维及等级保护测评资金等（新增），系统建设资金筹措方案和年度系统维护经费应包括信息安全保障资金项目（新增）。对于授权和审批，应根据各个部门和岗位的职责明确授权审批部门及批准人，对系统投入运行、网络系统接入和重要资源的访问等关键活动进行审批，针对关键活动建立审批流程，并由批准人签字确认，并存档备查（增强）。

对于沟通和合作，应加强各类管理人员之间、组织内部机构之间及信息安全职能部门内部的合作与沟通，加强与行业信息安全监管部门、公安机关、通信运营商、银行及相关单位和部门的合作与沟通（细化）。对于审核和检查，安全管理员应负责定期进行安全检查，检查内容包括系统日常运行、系统漏洞和数据备份等情况。

3）人员安全管理。对于人员录用，应指定或授权专门的部门或人员负责人员录用，规范人员录用过程，对被录用人员的身份、背景和专业资格等进行审查，对其所具有的技术技能进行考核；应与安全管理员、系统管理员、网络管理员等关键岗位的人员签署保密协议（细化）。对于人员离岗，应规范人员离岗过程，及时收回离岗员工的所有访问权限（增强），收回各种身份证件、钥匙、徽章等，以及机构提供的软硬件设备，只有在收回访问权限和各种证件、设备之后方可办理调离手续（细化）。对于人员考核，应定期对各个岗位的人员进行安全技能及安全认知的培训及考核。对于安全意识教育和培训，应对各类人员进行安全意识教育、岗位技能培训和相关安全技术培训，告知人员相关的安全责任和惩戒措施，并对违反、违背安全策略和规定的人员进行惩戒；应按照行业信息安全要求，制订安全教育和培训计划，对信息安全基础知识、岗位操作规程等进行的培训应至少每年举办一次（增强）。对于外部人员访问管理，应确保在外部人员访问受控区域前得到授权或审批，批准后由专人全程陪同或监督，并登记备案。

4）系统建设管理。对于系统定级，应明确信息系统的边界和安全保护等级，应以书面的形式说明信息系统确定为某个安全保护等级的方法和理由。对于跨电力公司联网运行的信息系统，由电力行业网络与信息安全领导小组办公室统一确定安全保护等级。对于属同一电力公司，但跨省联网运行的信息系统，由公司责任部门统一确定安全保护等级。对于通用信息系统，由领导小组办公室提出安全保护等级建议，运营使用单位自主确定安全保护等级。对于运营使用单位所特有的信息系统，各运营使用单位自行确定安全保护等级。对拟确定为第四级以上的信息系统，由领导小组办公室邀请国家信息安全保护等级专家评审委员会评审（细化）。应确保信息系统的定级结果经过行业信息安全主管部门批准，方可到公安机关备案（细化）。

对于安全方案设计，应根据系统的安全保护等级选择基本安全措施，依据风险分析的结果补充和调整安全措施；应以书面形式描述对系统的安全保护要求、策略和措施等内容，形成系统的安全方案；应对安全方案进行细化，形成能指导安全系统建设、安全产品采购和使用的详细设计方案；应组织相关部门和有关安全技术专家对安全设计方案的合理性和正确性进行论证和审定，重大项目应报行业信息安全主管部门进行信息安全专项审查批准（落实）。

对于产品采购和使用，应确保安全产品采购和使用符合国家的有关规定，确保密码产品采购和使用符合国家密码主管部门的要求；应指定或授权专门的部门负责产品的采购；电力系统专用信息安全产品应经行业主管部门指定的安全机构测评方可采购使用（新增）。对于自行软件开发，应确保开发环境与实际运行环境物理分开；应制定软件开发管理制度，明确说明开发过程的控制方法和人员行为准则；应确保提供软件设计的相关文档和使用指南，并由专人负责保管。对于外包软件开发，应根据开发要求检测软件质量；应确保提供软件设计的相关文档和使用指南；应在软件安装之前检测软件包中可能存在的恶意代码；外包开发的软件应在本单位存有源代码备份，并已通过软件后门等安全性检测（增强）。

对于工程实施，应指定或授权专门的部门或人员负责工程实施过程的管理；应制订详细的工程实施方案，控制工程实施过程。对于测试验收，应委托国家及电力行业认可的测评单位对系统进行安全性测试，并出具安全性测试报告（细化）；在测试验收前应根据设计方案或合同要求等制订测试验收方案，在测试验收过程中应详细记录测试验收结果，并形成测试验收报告；应组织相关部门和相关人员对系统测试验收报告进行审定，并签字确认。对于系统交付，应编制系统交付清单，并根据交付清单对所交接的设备、软件和文档等进行清点；应对负责系统运行维护的技术人员每年进行相应的技能培训，对安全教育和培训的情况和结果进行记录并归档保存（细化）；应确保提供系统建设过程中的文档和指导用户进行系统运行维护的文档。

对于系统备案，应将系统等级及相关材料报系统主管部门备案，电力企业汇总系统等级及相关信息报电力行业网络与信息安全领导小组办公室备案（新增）。对于等级测评，应选择具有国家相关技术资质和安全资质，经电力行业网络与信息安全领导小组办公室批准的测评单位进行等级测评（新增）。对于安全服务商选择，应选择符合国家及行业有关规定的服务商开展安全服务（细化），应与选定的安全服务商签订安全协议，明确安全责任（细化）；应与服务商签订安全服务合同，明确技术支持和服务承诺（增强）。

5）系统运维管理。

对于环境管理，应指定专门的部门或人员定期对机房供配电、空调、温湿度控制等设施进行维护管理；应配备机房安全管理人员，对机房的出入、服务器的开机或关机等工作进行管理；应建立机房安全管理制度，对有关机房物理访问，物品带进、带出机房和机房环境安全等方面的管理做出规定；应加强对办公环境的保密性管理，包括工作人员调离办公室应立即交还该办公室钥匙和不在办公区接待来访人员等。对于资产管理，应编制与信息系统相关的资产清单，包括资产责任部门、重要程度和所处位置等内容；应建立资产安全管理制度，规定信息系统资产管理的责任人员或责任部门，并规范资产管理和使用的行为。

对于介质管理，应确保介质存放在安全的环境中，对各类介质进行控制和保护，并实行存储环境专人管理；应建立移动存储介质安全管理制度，对移动存储介质的使用进行管控（新增）；应对介质归档和查询等过程进行记录，并根据存档介质的目录清单定期盘点；应对需要送出维修或销毁的介质，首先清除其中的敏感数据，防止信息的非法泄露；应根据所承载数据和软件的重要程度对介质进行分类和标识管理。对于设备管理，应对信息系统相关的各种设备（包括备份和冗余设备）、线路，等指定专门的部门或人员定期进行维护管理；应建立基于申报、审批和专人负责的设备安全管理制度，对信息系统的各种软硬件设备的选型、采购、发放和领用等过程进行规范化管理；应对终端计算机、工作站、便携机、系统和网络等设备的操作和使用进行规范化管理，按操作规程实现关键设备（包括备份和冗余设备）的启动/停止、加电/断电等操作；应确保信息处理设备必须经过审批才能带离机房或办公地点。

对于网络安全管理，应指定人员对网络进行管理，负责运行日志、网络监控记录的日常维护和报警信息分析和处理工作；应建立网络安全管理制度，对网络安全配置、日志保存时间、安全策略、升级与打补丁、口令更新周期等方面做出规定；应根据厂家提供的软件升级版本对网络设备进行更新，并在更新前对现有的重要文件进行备份；应定期对网络系统进行漏洞扫描，对发现的网络系统安全漏洞进行及时的修补；应对网络设备的配置文件进行定期备份；应保证所有与外部系统的连接均得到授权和批准。

对于系统安全管理，应根据业务需求和系统安全分析确定系统的访问控制策略；应定期进行漏洞扫描，对发现的系统安全漏洞及时进行修补；应安装系统的最新补丁程序，在安装系统补丁前，应首先在测试环境中测试通过，并对重要文件进行备份后，方可实施系统补丁程序的安装；应建立系统安全管理制度，对系统安全策略、安全配置、日志管理和日常操作流程等方面做出规定；应依据操作手册对系统进行维护，详细记录操作日志，包括重要的日常操作、运行维护记录、参数的设置和修改等内容，严禁进行未经授权的操作；应定期对运行日志和审计数据进行分析，以便及时发现异常行为。对于恶意代码防范管理，应提高所有用户的防病毒意识，告知及时升级防病毒软件，在读取移动存储设备上的数据及网络上接收文件或邮件之前，先进行病毒检查，对外来计算机或存储设备接入网络系统之前也应进行病毒检查；应指定专人对网络和主机进行恶意代码检测并保存检测记录；应对防恶意代码软件的授权使用、恶意代码库升级、定期汇报等做出明确规定。

对于密码管理，应使用符合国家密码管理规定的密码技术和产品。对于变更管理，应确认系统中要发生的重要变更，并制订相应的变更方案；系统发生重要变更前，应向主管领导申请，审批后方可实施变更，并在实施后向相关人员通告。对于备份与恢复管理，应识别需要定期备份的重要业务信息、系统数据及软件系统等；应规定备份信息的备份方式、备份频度、存储介质、保存期等；应根据数据的重要性及其对系统运行的影响，制订数据的备份策略和恢复策略，备份策略指明备份数据的放置场所、文件命名规则、介质替换频率和数据离站运输方法。

对于安全事件处置，应报告所发现的安全弱点和可疑事件，但任何情况下用户均不应尝试验证弱点；应制定安全事件报告和处置管理制度，明确安全事件类型，规定安全事件的现场处理、事件报告和后期恢复的管理职责；应根据国家相关管理部门对计算机安全事件等级划分方法和安全事件对本系统产生的影响，对本系统计算机安全事件进行等级划分；应记录并保存所有报告的安全弱点和可疑事件，分析事件原因，监督事态发展，采取措施避免安全事件发生。对于应急预案管理，应在统一的应急预案框架下制订不同事件的应急预案，应急预案框架应包括启动应急预案的条件、应急处理流程、系统恢复流程、事后教育和培训等内容，对安全管理员、系统管理员、网络管理员等相关的人员进行应急预案培训，应急预案的培训应至少每年举办一次（细化）。

4. 第三级基本要求

（1）技术要求。

1）物理安全。对于物理位置的选择，机房和办公场地应选择在具有防震、防风和防雨等能力的建筑内，机房场地应避免设在建筑物的高层或地下室以及用水设备的下层或隔壁，如果不可避免，应采取有效防水措施（落实）。对于物理访问控制，机房各出入口应安排专人值守或配置电子门禁系统，控制、鉴别和记录进入的人员（增强），进入机房的来访人员应经过申请和审批流程，并限制和监控其活动范围；应对机房划分区域进行管理，区域和区域之间应用物理方式隔断，在重要区域前设置交付或安装等过渡区域，并配置电子门禁系统，控制、鉴别和记录进入的人员。对于防盗窃和防破坏，应将主要设备放置在机房内，将设备或主要部件进行固定，并设置明显的不易除去的标记；应将通信线缆铺设在隐蔽处，可铺设在地下或管道中；应对介质分类标识，存储在介质库或档案室中；应利用光、电等技术设置机房防盗报警系统；应对机房设置监控报警系统。

对于防雷击，机房建筑应设置避雷装置和防雷保安器，防止感应雷，应设置交流电源线。对于防火，机房应设置火灾自动消防系统，能够自动检测火情、自动报警、自动灭火；机房及相关的工作房间和辅助房应采用具有耐火等级的建筑材料；机房应采取区域隔离防火措施，将重要设备与其他设备隔离开。对于防水和防潮，主机房尽量避开水源，与主机房无关的给排水管道不得穿过主机房，与主机房相关的给排水管道必须有可靠的防渗漏措施（落实），采取措施防止雨水通过机房窗户、屋顶和墙壁渗透，防止机房内水蒸气结露和地下积水的转移与渗透；应安装对水敏感的检测仪表或元件，对机房进行防水检测和报警。对于防静电，主要设备应采用必要的接地防静电措施，机房应采用防静电地板。对于温湿度控制，机房应设置温湿度自动调节设施，使机房温湿度的变化在设备运行所允许的范围之内。对于电力供应，应在机房供电线路上配置稳压器和过电压防护设备；应提供短期的备用电力供应，至少满足主要设备在断电情况下的正常运行要求；设置冗余或并行的电力电缆线路为计算机系统供电，输入电源应采用双路自动切换供电方式（增强）；应建立备用供电系统。对于电磁防护，电源线和通信线缆应隔离铺设，避免互相干扰；应采用接地方式防止外界电磁干扰和设备寄生耦合干扰；应对关键设备和磁介质实施电磁屏蔽。

2）网络安全。对于结构安全，管理信息大区网络与生产控制大区网络应物理隔离，两网之间有信息通信交换时应部署符合电力系统要求的单向隔离装置（新增）；管理信息大区网络可进一步划分为内部网络和外部网络，两网之间有信息通信交换时防护强度应强于逻辑隔离（新增），具有层次网络结构的单位可统一提供互联网出口（新增）；单个系统应单独划分安全域，系统由独立子网承载，每个域的网络出口应唯一（新增）；应保证主要网络设备的业务处理能力具备冗余空间，满足业务高峰期需要，保证网络各个部分的带宽满足业务高峰期需要，在业务终端与业务服务器之间进行路由控制，建立安全的访问路径；应绘制完整的网络拓扑结构图，有相应的网络配置表，包含设备 IP 地址等主要信息，与当前运行情况相符；应根据各部门的工作职能、重要性和所涉及信息的重要程度等因素，划分不同的子网或网段，并按照方便管理和控制的原则为各子网、网段分配地址段；在业务高峰时段，现有宽带不能满足要求时，应按照对业务服务的重要次序制定带宽分配优先级，保证在网络发生拥堵时优先保障重要业务服务的带宽（落实）；采用冗余技术设计网络拓扑结构，提供主要网络设备、通信线路的硬件冗余，避免关键节点存在单点故障（增强）；在进行内外网隔离的情况下，应将应用系统部署在内网，如有外网交互功能的应用系统，可将前端部署在外网，数据库部分部署在内网（新增）。

对于访问控制，应在网络边界部署访问控制设备，启用访问控制功能；应能根据会话状态信息为数据流提供明确的允许/拒绝访问的能力，控制粒度为端口级；应按用户和系统之间的允许访问规则，决定允许或拒绝用户对受控系统进行资源访问，控制粒度为单个用户；以拨号或 VPN 等方式接入网络的，应采用强认证方式，并对用户访问权限进行严格限制（增强），应限制具有拨号、VPN 等访问权限的用户数量（增强）；应对进出网络的信息内容进行过滤，实现对应用层 HTTP、FTP、TELNET、SMTP、POP3 等协议命令级的控制；应在会话处于非活跃一定时间或会话结束后终止网络连接；在互联网出口和核心网络接口处应限制网络最大流量数及网络连接数（细化）；重要网段应采取技术手段防止地址欺骗。

对于安全审计，应对网络系统中的网络设备运行状况、网络流量、用户行为等进行日志记录，审计记录应包括事件的日期和时间、用户、事件类型、事件是否成功及其他与审计相关的信息；应能够根据记录数据进行分析，并生成审计报表，网络设备不支持的应采用第三方工具生成审计报表（落实）；应对审计记录进行保护，避免受到未预期的删除、修改或覆盖等。对于边界完整性检查，应能够对非授权设备私自连接至内部网络的行为进行检查，准确定出位置，并对其进行有效阻断；应能够对内部网络用户私自连接至外部网络的行为进行检查，准确定出位置，并对其进行有效阻断。对于入侵防范，应在网络边界处监视以下攻击行为：端口扫描、强力攻击、木马后门攻击、拒绝服务攻击、缓冲区溢出攻击、IP 碎片攻击和网络蠕虫攻击等，当检测到攻击行为时，记录攻击源 IP、攻击类型、攻击目的、攻击时间，在发生严重入侵事件时应提供报警。对于恶意代码防范，应在网络边界处对恶意代码进行检测和清除，应维护恶意代码库的升级和检测系统的更新。

对于网络设备防护，应对登录网络设备的用户进行身份鉴别，对网络设备的管理员登录地址进行限制；网络设备标识应唯一，同一网络设备的用户标识应唯一；禁止多个人员共用一个账号（增强）；身份鉴别信息应不易被冒用，口令复杂度应满足要求并定期更换，应修改默认用户和口令，口令长度不得小于八位，要求是字母和数字或特殊字符的混合，且不得与用户名相同，口令应定期更换，并加密存储（增强）；主要网络设备应对同一用户选择两种或两种以上组合的鉴别技术进行身份鉴别；应具有登录失败处理功能，可采取结束会话、限制非法登录次数和当网络登录连接超时自动退出等措施；当对网络设备进行远程管理时，应采取必要措施防止鉴别信息在网络传输过程中被窃听；应实现设备特权用户的权限分离，系统不支持的应部署日志服务器保证管理员的操作能够被审计，并且网络特权用户管理员无权对审计记录进行操作（细化）；应封闭不需要的网络端口，关闭不需要的网络服务，如需使用 SNMP 服务，应采用安全性增强版本，并设定复杂的 Community 控制字段，不使用 Public、Private 等默认字段（新增）。

3）主机安全。对于身份鉴别，应对登录操作系统的用户进行身份标识和鉴别；操作系统和数据库系统管理用户身份鉴别信息应不易被冒用，口令复杂度应满足要求并定期更换，口令长度不得小于八位，且为字母、数字或特殊字符的混合组合，用户名和口令禁止相同（细化）；启用登录失败处理功能，可采取结束会话、限制非法登录次数和自动退出等措施，限制同一用户连续失败登录次数（增强）；当对服务器进行远程管理时，采取必要措施，防止鉴别信息在网络传输过程中被窃听；应为操作系统和数据库系统的不同用户分配不同的用户名，确保用户名具有唯一性；应采用两种或两种以上组合的鉴别技术对管理用户进行身份鉴别。

对于访问控制，应启用访问控制功能，依据安全策略控制用户对资源的访问；应根据管理用户的角色分配权限，实现管理用户的权限分离，仅授予管理用户所需的最小权限；应实现操作系统和数据库系统特权用户的权限分离；应限制默认账户的访问权限，重命名系统默认账户，修改这些账户的默认口令；应及时删除多余的、过期的账户，避免共享账户的存在；应对重要信息资源设置敏感标记，系统不支持设置敏感标记的，应采用专用安全设备生成敏感标记，用以支持强制访问控制机制（落实）；应依据安全策略严格控制用户对有敏感标记重要信息资源的操作。

对于安全审计，审计范围应覆盖到服务器和重要客户端上的每个操作系统用户和数据库用户，系统不支持该要求的，应以系统运行安全和效率为前提，采用第三方安全审计产品实现审计要求（落实）；审计内容应包括重要用户行为、系统资源的异常使用和重要系统命令的使用等系统内重要的安全相关事件，至少包括用户的添加和删除、审计功能的启动和关闭、审计策略的调整、权限变更、系统资源的异常使用、重要的系统操作（如用户登录、退出）等（细化）；审计记录应包括事件的日期、时间、类型、主体标识、客体标识和结果等，应保护审计记录，避免受到未预期的删除、修改或覆盖等；应能够通过操作系统自身功能或第三方工具根据记录数据进行分析，并生成审计报表（细化）；应保护审计进程，避免受到未预期的中断。

对于剩余信息保护，应保证操作系统和数据库系统用户的鉴别信息所在的存储空间，被释放或再分配给其他用户前得到完全清除，无论这些信息是存放在硬盘上还是在内存中；应确保系统内的文件、目录和数据库记录等资源所在的存储空间，被释放或重新分配给其他用户前得到完全清除。对于入侵防范，操作系统应遵循最小安装的原则，仅安装必要的组件和应用程序，并通过设置升级服务器等方式保持系统补丁及时得到更新，补丁安装前应进行安全性和兼容性测试（增强）；应能够检测到对重要服务器进行入侵的行为，能够记录入侵的源 IP、攻击的类型、攻击的目的、攻击的时间，并在发生严重入侵事件时提供报警；应能够对重要程序的完整性进行检测，并具有完整性恢复的能力（增强）。

对于恶意代码防范，应在本机安装防恶意代码软件或独立部署恶意代码防护设备，并及时更新防恶意代码软件版本和恶意代码库，应支持防恶意代码的统一管理，主机防恶意代码产品应具有与网络防恶意代码产品不同的恶意代码库。对于资源控制，应通过设定终端接入方式、网络地址范围等条件限制终端登录，根据安全策略设置登录终端的操作超时锁定，根据需要限制单个用户对系统资源的最大或最小使用限度（细化）；应对重要服务器进行监视，包括监视服务器的 CPU、硬盘、内存、网络等资源的使用情况；应能够对系统的服务水平降低到预先规定的最小值进行检测和报警。

4）应用安全。对于身份鉴别，应提供专用的登录控制模块对登录用户进行身份标识和鉴别；应用系统用户身份鉴别信息应不易被冒用，口令复杂度应满足要求并定期更换，应提供用户身份标识唯一和鉴别信息复杂度检查功能，保证应用系统中不存在重复用户身份标识；用户应在第一次登录系统时修改分发的初始口令，口令长度不得小于八位，且为字母、数字或特殊字符的混合组合，用户名和口令禁止相同，应用软件不得明文存储口令数据；应对同一用户采用两种或两种以上组合的鉴别技术实现用户身份鉴别；应提供登录失败处理功能，可采取结束会话、限制非法登录次数和自动退出等措施；应启用身份鉴别、用户身份标识唯一性检查、用户身份鉴别信息复杂度检查及登录失败处理功能，并根据安全策略配置相关参数。

对于访问控制，应提供访问控制功能，依据安全策略控制用户对文件、数据库表等客体的访问，访问控制的覆盖范围应包括与资源访问相关的主体、客体及它们之间的操作，应由授权主体配置访问控制策略，并严格限制默认账户的访问权限；应授予不同账户为完成各自承担任务所需的最小权限，并在它们之间形成相互制约的关系；应对重要信息资源设置敏感标记，系统不支持设置敏感标记的，应采用专用安全设备生成敏感标记，用以支持强制访问控制机制（落实），应依据安全策略严格控制用户对有敏感标记重要信息资源的操作。

对于安全审计，应提供覆盖到每个用户的安全审计功能，对应用系统的用户登录、用户退出、增加用户、修改用户权限等重要安全事件进行审计（细化），应保证审计活动的完整性和连续性，保证无法删除、修改或覆盖审计记录（落实）；审计记录的内容应至少包括事件的日期、时间、发起者信息、类型、描述和结果等，提供对审计记录数据进行统计、查询、分析及生成审计报表的功能。对于剩余信息保护，应保证用户鉴别信息所在的存储空间被释放或再分配给其他用户前得到完全清除，无论这些信息是存放在硬盘上还是在内存中；应保证系统内的文件、目录和数据库记录等资源所在的存储空间被释放或重新分配给其他用户前得到完全清除。对于通信完整性，应采用密码技术保证通信过程中数据的完整性。对于通信保密性，在通信双方建立连接之前，应用系统应利用密码技术进行会话初始化验证，应对通信过程中的整个报文或会话过程进行加密。

对于抗抵赖，应具有在请求的情况下为数据原发者或接收者提供数据原发证据的功能，具有在请求的情况下为数据原发者或接收者提供数据接收证据的功能。对于软件容错，应提供数据有效性检验功能，保证通过人机接口输入或通过通信接口输入的数据格式或长度符合系统设定要求；应提供自动保护功能，当故障发生时自动保护当前所有状态，保证系统能够进行恢复。对于资源控制，当应用系统的通信双方中的一方在一段时间内未作响应，另一方应能够自动结束会话；应能够对系统的最大并发会话连接数、单个账户的多重并发会话、一个时间段内可能的并发会话连接数进行限制；应能够对一个访问账户或一个请求进程占用的资源分配最大限额和最小限额；应能够对系统服务水平降低到预先规定的最小值进行检测和报警；应提供服务优先级设定功能，并在安装后根据安全策略设定访问账户或请求进程的优先级，根据优先级分配系统资源。

5）数据安全。对于数据完整性，应能够检测到系统管理数据、鉴别信息和重要业务数据在传输和存储过程中完整性受到破坏，并在检测到完整性错误时采取必要的恢复措施。对于数据保密性，应采用加密或其他有效措施实现系统管理数据、鉴别信息和重要业务数据传输和存储保密性。对于备份和恢复，应提供数据本地备份与恢复功能，对重要信息进行备份，数据备份至少每天一次，已有数据备份可完全恢复至备份执行时状态，并对备份可恢复性进行定期演练，备份介质场外存放（增强）；应提供异地数据备份功能，利用通信网络将关键数据定时批量传送至备用场地；应提供主要网络设备、通信线路和数据处理系统的硬件冗余，保证系统的高可用性。

（2）管理要求。

1）安全管理制度。对于管理制度，应制订信息安全工作的总体方针和安全策略，说明机构安全工作的总体目标、范围、原则和安全框架等；应对安全管理活动中的各类管理内容建立安全管理制度；应对要求管理人员或操作人员执行的日常管理操作建立操作规程；应形成由安全策略、管理制度、操作规程等构成的全面的信息安全管理制度体系。对于制定和发布，应指定或授权专门的部门或人员负责安全管理制度的制定，安全管理制度应具有统一的格式，并进行版本控制；应组织相关人员对制定的安全管理制度进行论证和审定，安全管理制度应通过正式、有效的方式发布，应注明发布范围，并对收发文进行登记。对于评审和修订，信息安全领导小组应负责定期组织相关部门和相关人员对安全管理制度体系的合理性和适用性进行审定，定期或在发生重大变更时对安全管理制度进行检查和审定，对存在不足或需要改进的安全管理制度进行修订（细化）。

2）安全管理机构。对于岗位设置，应设立信息安全管理工作的职能部门，设立安全主管、安全管理各个方面的负责人岗位，并定义各负责人的职责；应设立系统管理员、网络管理员、安全管理员等岗位，并定义各个工作岗位的职责；应成立指导和管理信息安全工作的委员会或领导小组，电力企业主要负责人是本单位信息安全的第一责任人，对本单位的网络与信息安全负全面责任（增强）；应制定文件明确安全管理机构各个部门和岗位的职责、分工和技能要求。对于人员配备，应配备一定数量的系统管理员、网络管理员、安全管理员等，每个电力企业应配备专职安全管理员，不可兼任（落实）；关键事务岗位应配备多人共同管理。

对于资金保障，应保障落实信息系统安全建设、运维及等级保护测评资金等（新增），系统建设资金筹措方案和年度系统维护经费应包括信息安全保障资金项目（新增）。对于授权和审批，应根据各个部门和岗位的职责明确授权审批事项、审批部门和批准人等；应针对系统变更、重要操作、物理访问和系统接入等事项建立审批程序，按照审批程序执行审批过程，对重要活动建立逐级审批制度；应定期审查审批事项，及时更新需授权和审批的项目、审批部门和审批人等信息；应针对关键活动建立审批流程，并由批准人签字确认，并存档备查（落实）。对于沟通和合作，应加强各类管理人员之间、组织内部机构之间及信息安全职能部门内部的合作与沟通，定期或不定期召开协调会议，共同协作处理信息安全问题；应加强与行业信息安全监管部门、公安机关、通信运营商、银行及相关单位和部门的合作与沟通（细化）；应加强与供应商、业界专家、专业的安全公司、安全组织的合作与沟通；应建立外联单位联系列表，包括外联单位名称、合作内容、联系人和联系方式等信息；应聘请信息安全专家作为常年的安全顾问，指导信息安全建设，参与安全规划和安全评审等。

对于审核和检查，安全管理员应负责定期进行安全检查，检查内容包括系统日常运行、系统漏洞和数据备份等情况；应由内部人员或上级单位定期进行全面安全检查，检查内容包括现有安全技术措施的有效性、安全配置与安全策略的一致性、安全管理制度的执行情况等；应制订安全检查表格实施安全检查，汇总安全检查数据，形成安全检查报告，并对安全检查结果进行通报；应制定安全审核和安全检查制度，规范安全审核和安全检查工作，定期按照程序进行安全审核和安全检查活动。

3）人员安全管理。对于人员录用，应指定或授权专门的部门或人员负责人员录用，严格规范人员录用过程，对被录用人的身份、背景、专业资格和资质等进行审查，对其所具有的技术技能进行考核；应与安全管理员、系统管理员、网络管理员等关键岗位的人员签署保密协议和岗位安全协议（细化）。对于人员离岗，应严格规范人员离岗过程，及时收回离岗员工的所有访问权限（细化），收回各种身份证件、钥匙、徽章等，以及机构提供的软硬件设备，只有在收回访问权限和各种证件、设备之后方可办理调离手续，关键岗位人员离岗须承诺调离后的保密义务后方可离开（细化）。对于人员考核，应定期对各个岗位的人员进行安全技能及安全认知的考核，对安全管理员、系统管理员、网络管理员、信息安全主管或专责等关键岗位的人员进行全面、严格的安全审查和技能考核（细化），并对考核结果进行记录并保存。

对于安全意识教育和培训，应对各类人员进行安全意识教育、岗位技能培训和相关安全技术培训；应对安全责任和惩戒措施进行书面规定并告知相关人员，对违反违背安全策略和规定的人员进行惩戒；应按照行业信息安全要求，对定期安全教育和培训进行书面规定，针对不同岗位制订不同的培训计划，对信息安全基础知识、岗位操作规程等进行的培训应至少每年举办一次（增强），并对安全教育和培训的情况和结果进行记录并归档保存。对于外部人员访问管理，应确保在外部人员访问受控区域前提出书面申请，批准后由专人全程陪同或监督，并登记备案；对外部人员允许访问的区域、系统、设备、信息等内容应进行书面的规定，并按照规定执行。

4）系统建设管理。对于系统定级，应明确信息系统的边界和安全保护等级，以书面的形式说明确定信息系统为某个安全保护等级的方法和理由；对于跨电力公司联网运行的信息系统，由电力行业网络与信息安全领导小组办公室统一确定安全保护等级；对于属同一电力公司，但跨省联网运行的信息系统，由公司责任部门统一确定安全保护等级；对于通用信息系统，由领导小组办公室提出安全保护等级建议，运营使用单位自主确定安全保护等级；对于运营使用单位所特有的信息系统，各运营使用单位自行确定安全保护等级；对拟确定为第四级以上的信息系统，由领导小组办公室邀请国家信息安全保护等级专家评审委员会评审；应确保信息系统的定级结果经过行业信息安全主管部门批准，方可到公安机关备案（细化）。

对于安全方案设计，应根据系统的安全保护等级选择基本安全措施，并依据风险分析的结果补充和调整安全措施；应指定和授权专门的部门对信息系统的安全建设进行总体规划，制订近期和远期的安全建设工作计划；应根据信息系统的等级划分情况，统一考虑安全保障体系的总体安全策略、安全技术框架、安全管理策略、总体建设规划和详细设计方案，并形成配套文件；应组织相关部门和有关安全技术专家对总体安全策略、安全技术框架、安全管理策略、总体建设规划、详细设计方案等相关配套文件的合理性和正确性进行论证和审定，并且经过批准后，才能正式实施；应根据等级测评、安全评估的结果每年定期调整和修订总体安全策略、安全技术框架、安全管理策略、总体建设规划、详细设计方案等相关配套文件。对于产品采购和使用，应确保安全产品采购和使用符合国家的有关规定，确保密码产品采购和使用符合国家密码主管部门的要求；应指定或授权专门的部门负责产品的采购；应预先对产品进行选型测试，确定产品的候选范围，并定期审定和更新候选产品名单；电力系统专用信息安全产品应经行业主管部门指定的安全机构测评方可采购使用（新增）。

对于自行软件开发，应确保开发环境与实际运行环境物理分开，开发人员和测试人员分离，测试数据和测试结果受到控制；应制定软件开发管理制度，明确说明开发过程的控制方法和人员行为准则；应制订代码编写安全规范，要求开发人员参照规范编写代码；应确保提供软件设计的相关文档和使用指南，并由专人负责保管；应确保对程序资源库的修改、更新、发布进行授权和批准。对于外包软件开发，应根据开发要求检测软件质量，应在软件安装之前检测软件包中可能存在的恶意代码；应要求开发单位提供软件设计的相关文档和使用指南；外包开发的软件应在本单位存有源代码备份，并已通过软件后门等安全性检测（增强）。对于工程实施，应指定或授权专门的部门或人员负责工程实施过程的管理；应制订详细的工程实施方案控制实施过程，并要求工程实施单位能正式地执行安全工程过程；应制定工程实施方面的管理制度，明确说明实施过程的控制方法和人员行为准则。

对于测试验收，应委托国家或电力行业认可的测评单位对系统进行安全性测试，并出具安全性测试报告（细化）；在测试验收前，应根据设计方案或合同要求等制订测试验收方案，在测试验收过程中应详细记录测试验收结果，并形成测试验收报告；应对系统测试验收的控制方法和人员行为准则进行书面规定；应指定或授权专门的部门负责系统测试验收的管理，并按照管理规定的要求完成系统测试验收工作；应组织相关部门和相关人员对系统测试验收报告进行审定，并签字确认。对于系统交付，应编制详细的系统交付清单，并根据交付清单对所交接的设备、软件和文档等进行清点；应对负责系统运行维护的技术人员每年进行相应的技能培训，对安全教育和培训的情况和结果进行记录并归档保存（细化）；应确保提供系统建设过程中的文档和指导用户进行系统运行维护的文档；应对系统交付的控制方法和人员行为准则进行书面规定；应指定或授权专门的部门负责系统交付的管理工作，并按照管理规定的要求完成系统交付工作。

对于系统备案，应指定专门的部门或人员负责管理系统定级的相关材料，并控制这些材料的使用，并将系统等级及相关材料报系统主管部门备案，电力企业汇总系统等级及相关信息报电力行业网络与信息安全领导小组办公室备案（细化）。跨电力公司联网运行，且由电力行业网络与信息安全领导小组办公室统一确定安全等级的信息系统，领导小组办公室负责统一向公安部办理备案手续。电力公司内部跨省联网运行，且由公司责任部门统一确定安全等级的信息系统，由公司责任部门负责统一向公安部办理备案手续。其他信息系统的由运营使用单位直接向当地设区的市级以上公安机关备案。跨省联网运行的信息系统，在各地运行、应用的分支系统，向当地设区的市级以上公安机关备案（细化）。

对于等级测评，在系统运行过程中，应至少每年对系统进行一次等级测评，发现不符合相应等级保护标准要求的及时整改；应在系统发生变更时及时对系统进行等级测评，发现级别发生变化的及时调整级别并进行安全改造，发现不符合相应等级保护标准要求的及时整改；应选择具有国家相关技术资质和安全资质，经电力行业信息安全测评中心批准的测评单位进行等级测评（增强）；应指定或授权专门的部门或人员负责等级测评的管理。对于安全服务商选择，应选择符合国家及行业有关规定的服务商开展安全服务（细化），应与选定的安全服务商签订安全协议，明确安全责任（细化）；应与服务商签订安全服务合同，明确技术支持和服务承诺（增强）。

5）系统运维管理。对于环境管理，应指定专门的部门或人员定期对机房供配电、空调、温湿度控制等设施进行维护管理；应指定部门负责机房安全，并配备机房安全管理人员，对机房的出入、服务器的开机或关机等工作进行管理；应建立机房安全管理制度，对有关机房物理访问，物品带进、带出机房和机房环境安全等方面的管理做出规定；应加强对办公环境的保密性管理，规范办公环境人员行为，包括工作人员调离办公室应立即交还该办公室钥匙、不在办公区接待来访人员、工作人员离开座位应确保终端计算机退出登录状态和桌面上没有包含敏感信息的纸档文件等。对于资产管理，应编制并保存与信息系统相关的资产清单，包括资产责任部门、重要程度和所处位置等内容；应建立资产安全管理制度，规定信息系统资产管理的责任人员或责任部门，并规范资产管理和使用的行为；应根据资产的重要程度对资产进行标识管理，根据资产的价值选择相应的管理措施；应对信息分类与标识方法做出规定，并对信息的使用、传输和存储等进行规范化管理。

对于介质管理，应建立介质安全管理制度，对介质的存放环境、使用、维护和销毁等方面做出规定；应建立移动存储介质安全管理制度，对移动存储介质的使用进行管控（新增）；应确保介质存放在安全的环境中，对各类介质进行控制和保护，并实行存储环境专人管理；应对介质在物理传输过程中的人员选择、打包、交付等情况进行控制，对介质归档和查询等进行登记记录，并根据存档介质的目录清单定期盘点；应对存储介质的使用过程、送出维修及销毁等进行严格的管理，对带出工作环境的存储介质进行内容加密和监控管理，对送出维修或销毁的介质应首先清除介质中的敏感数据，对保密性较高的存储介质未经批准不得自行销毁；应根据数据备份的需要对某些介质实行异地存储，存储地的环境要求和管理方法应与本地相同；对重要数据或软件采用加密介质存储，并根据所承载数据和软件的重要程度对介质进行分类和标识管理（增强）。

对于设备管理，应对信息系统相关的各种设备（包括备份和冗余设备）、线路等指定专门的部门或人员定期进行维护管理，每年至少维护一次；应建立基于申报、审批和专人负责的设备安全管理制度，对信息系统的各种软硬件设备的选型、采购、发放和领用等过程进行规范化管理；应建立配套设施、软硬件维护方面的管理制度，对其维护进行有效的管理，包括明确维护人员的责任、涉外维修和服务的审批、维修过程的监督控制等；应对终端计算机、工作站、便携机、系统和网络等设备的操作和使用进行规范化管理，按操作规程实现主要设备（包括备份和冗余设备）的启动/停止、加电/断电等操作；应确保信息处理设备必须经过审批才能带离机房或办公地点。

对于监控管理和安全管理中心，应对通信线路、主机、网络设备和应用软件的运行状况、网络流量、用户行为等进行监测和报警，形成记录并妥善保存；应组织相关人员定期对监测和报警记录进行分析、评审，发现可疑行为，形成分析报告，并采取必要的应对措施；应建立安全管理中心，对设备状态、恶意代码、补丁升级、安全审计等安全相关事项进行集中管理。对于网络安全管理，应指定专人对网络进行管理，负责运行日志、网络监控记录的日常维护和报警信息分析和处理工作；应建立网络安全管理制度，对网络安全配置、日志保存时间、安全策略、升级与打补丁、口令更新周期等方面做出规定；应根据厂家提供的软件升级版本对网络设备进行更新，并在更新前对现有的重要文件进行备份；应定期对网络系统进行漏洞扫描，对发现的网络系统安全漏洞进行及时的修补；应实现设备的最小服务配置，并对配置文件进行定期离线备份；应保证所有与外部系统的连接均得到授权和批准；应依据安全策略允许或者拒绝便携式和移动式设备的网络接入；应定期检查违反规定拨号上网或其他违反网络安全策略的行为。

对于系统安全管理，应根据业务需求和系统安全分析确定系统的访问控制策略；应定期进行漏洞扫描，对发现的系统安全漏洞及时进行修补；应安装系统的最新补丁程序，在安装系统补丁前，首先在测试环境中测试通过，并对重要文件进行备份后，方可实施系统补丁程序的安装；应建立系统安全管理制度，对系统安全策略、安全配置、日志管理和日常操作流程等方面做出具体规定；应指定专人对系统进行管理，划分系统管理员角色，明确各个角色的权限、责任和风险，权限设定应当遵循最小授权原则；应依据操作手册对系统进行维护，详细记录操作日志，包括重要的日常操作、运行维护记录、参数的设置和修改等内容，严禁进行未经授权的操作；应定期对运行日志和审计数据进行分析，以便及时发现异常行为。对于恶意代码防范管理，应提高所有用户的防病毒意识，及时告知防病毒软件版本，在读取移动存储设备上的数据及网络上接收文件或邮件之前，先进行病毒检查，对外来计算机或存储设备接入网络系统之前也应进行病毒检查；应指定专人对网络和主机进行恶意代码检测并保存检测记录；应对防恶意代码软件的授权使用、恶意代码库升级、定期汇报等做出明确规定；应定期检查信息系统内各种产品的恶意代码库的升级情况并进行记录，对主机防病毒产品、防病毒网关和邮件防病毒网关上截获的危险病毒或恶意代码进行及时分析处理，并形成书面的报表和总结汇报。

对于密码管理，应建立密码使用管理制度，使用符合国家密码管理规定的密码技术和产品。对于变更管理，应确认系统中要发生的变更，并制订变更方案；应建立变更管理制度，在系统发生变更前，向主管领导申请，变更和变更方案经过评审、审批后方可实施，并在实施后将变更情况向相关人员通告；应建立变更控制的申报和审批文件化程序，对变更影响进行分析并文档化，记录变更实施过程，并妥善保存所有文档和记录；应建立中止变更并从失败变更中恢复的文件化程序，明确过程控制方法和人员职责，必要时对恢复过程进行演练。对于备份与恢复管理，应识别需要定期备份的重要业务信息、系统数据及软件系统等；应建立备份与恢复管理相关的安全管理制度，对备份信息的备份方式、备份频度、存储介质和保存期等进行规范；应根据数据的重要性和数据对系统运行的影响，制订数据的备份策略和恢复策略，备份策略须指明备份数据的放置场所、文件命名规则、介质替换频率和将数据离站运输的方法；应建立控制数据备份和恢复过程的程序，对备份过程进行记录，所有文件和记录应妥善保存；应定期执行恢复程序，检查和测试备份介质的有效性，确保可以在恢复程序规定的时间内完成备份的恢复。

对于安全事件处置，应报告所发现的安全弱点和可疑事件，但任何情况下用户均不应尝试验证弱点；应制定安全事件报告和处置管理制度，明确安全事件的类型，规定安全事件的现场处理、事件报告和后期恢复的管理职责；应根据国家相关管理部门对计算机安全事件等级划分方法和安全事件对本系统产生的影响，对本系统计算机安全事件进行等级划分；应制定安全事件报告和响应处理程序，确定事件的报告流程，响应和处置的范围、程度，以及处理方法等；应在安全事件报告和响应处理过程中，分析和鉴定事件产生的原因，收集证据，记录处理过程，总结经验教训，制订防止再次发生的补救措施，过程形成的所有文件和记录均应妥善保存；对造成系统中断和造成信息泄密的安全事件，应采用不同的处理程序和报告程序。对于应急预案管理，应在统一的应急预案框架下制订不同事件的应急预案，应急预案框架应包括启动应急预案的条件、应急处理流程、系统恢复流程、事后教育和培训等内容；应从人力、设备、技术和财务等方面确保应急预案的执行有足够的资源保障；应对安全管理员、系统管理员、网络管理员等相关的人员进行应急预案培训，应急预案的培训应至少每年举办一次（细化）；应定期对应急预案进行演练，根据不同的应急恢复内容，确定演练的周期；应规定应急预案需要定期审查和根据实际情况更新的内容，并按照执行。

本章小结

本章主要介绍了电力信息系统测评涉及的众多标准规范，包括电力行业所遵循的国际测评标准，如 IEC 61850 规约一致性测试规范、ISO/IEC 15408 信息技术安全性评价准则，所需遵循的国家标准，如 GB/T 20275—2006、GB/T 20277—2006、GB/T 20280—2006 等，以及一些行业制定的规范，如《电力二次系统安全防护规定》（国家电监会 5 号令）、《电力行业信息系统等级保护定级工作指导意见》等。这些标准规范为电力行业的各种测评活动提供规范参考。

第四章

电力信息系统测评的生态环境

电力是国民经济的命脉。随着电力调度控制和市场业务的不断发展，电力企业网和互联网的联系越来越紧密。然而，网络的不安全性可能对电力企业造成极大的破坏。为了规避电力信息系统的潜在风险，需要对当前电力信息系统测评的生态环境进行调研分析，包括测试对象的分析、现有的测试基础及主要的测评从业机构，这样才能更好地对电力信息系统的功能状况、性能表现和安全水平等开展测评，解决存在的问题，以保障电力系统的安全稳定运行。本章主要介绍电力领域需要进行测评的典型信息系统、现有的电力信息系统测评基础及从事电力信息系统测评的专业结构。

第一节　典型的电力信息系统分析

近年来，电力行业建设了一系列与运行控制和生产管理密切相关的信息系统。这些信息系统分布于电力企业的不同部门，为电力的安全稳定运行提供了重要的信息化支撑。下面以电力工业控制系统为例，介绍电力行业一些重要系统的架构特点和部署方式等。工业控制系统是监控与数据采集（supervisory control and data acquisition，SCADA）系统、分布式控制系统（distributed control system，DCS）、过程控制系统（process control system，PCS）、可编程逻辑控制器（programmable logic controller，PLC）等多种控制系统的总称，是石油、电力、核能、钢铁等能源行业和航空、铁路、公路、地铁等交通行业及城市公共设施的重要控制系统。工业控制系统的信息安全关系到国家安全和社会稳定，一旦出现安全漏洞，将对工业生产和国民经济产生重大隐患。

（一）工业控制系统信息安全发展现状

1. 关键基础设施保护和工业控制系统安全

美国早在20世纪80年代在政策层面关注工业控制系统的信息安全。美国政府发布了一系列针对关键基础设施保护和工业控制系统信息安全的法规制度，如2002年将“控制系统攻击”列为需要“紧急关注”的事项，2004年发布《防护控制系统的挑战和工作》报告，2006年发布《能源行业防护控制系统路线图》，2009年出台《国家基础设施保护计划》，2011年发布《实现能源输送系统网络安全路线图》等。美国在国家层面上开展的工业控制系统信息安全工作还包括制订两个国家级专项计划：能源部的国家SCADA测试床计划（NSTB）和国土安全部的控制系统安全计划（CSSP）。

与美国相比，欧洲联盟的关键基础设施保护和工业控制系统信息安全工作起步较晚。但是针对关键基础设施和工业控制系统的信息安全，已经制订一系列的专项计划。例如，2004年至2010年，欧共体委员会发布了一系列关于关键基础设施保护的报告；欧洲网络与信息安全局（European Network and Information Security Agency，ENISA）于2011年12

月发布了《保护工业控制系统》系列报告，全面总结了工业控制系统信息安全的现状。

从自身发展来看，现代工业控制系统正在逐渐采用通用的操作系统和 TCP/IP 标准协议，与其他信息系统的互联越来越多，所受到的安全攻击逐渐增加；从外部环境来看，针对工业控制系统的漏洞发现、攻击能力不断增强，工业控制系统所面临的安全威胁日益严重。2010 年的“震网”、2011 年的“Duqu”和 2012 年的“火焰”等计算机病毒，充分表明针对工业控制系统的安全攻击已经成为现实。从信息安全目标来看，传统的 CIA（机密性、完整性、可用性）原则已不再适用于工业控制系统，工业控制系统的安全目标应遵循 AIC（可用性、完整性、机密性）原则。

2. 工业控制系统信息安全标准和指南

欧美等发达国家非常重视工业控制系统信息安全的标准化工作，在标准规范方面形成了从国家标准法规到行业规范指南的一系列文件。欧洲网络与信息安全局的报告对国际组织及欧美各国制定的工业控制系统信息安全相关标准、指南和法规进行了较为全面的总结，见表 4-1。

表 4-1　国际组织及欧美各国发布的工业控制系统信息安全标准、指南和法规

组织名称		文件名称	文件类型
国际组织	国际电工委员会（IEC）	电力系统控制及其通信数据和通信安全（IEC PAS 62210）	标准
		工业过程测量和控制的安全性——网络和系统安全（IEC PAS 62443）	标准
	国际大电网委员会（CIGRE）	电气设施信息安全管理	指南
	国际工业流程自动化用户协会（NAMUR）	工业自动化系统的信息技术安全：制造工业中采取的约束措施（NAMUR NA115）	指南
美国	美国国家标准与技术研究院（NIST）	工业控制系统（ICS）安全指南（NIST-SP800-82）	指南
		联邦信息系统和组织的安全与隐私控制（NIST-SP800-53）	指南
		系统保护轮廓——工业控制系统（NISTIR 7176）	指南
		智能电网信息安全指南（NIST-IR 7628）	指南
	北美电力可靠性委员会（NERC）	关键基础设施防护（NERC CIP-002～CIP-009）	规范
	美国天然气协会（AGA）	SCADA 通信的加密保护（AGA Report No.12）	标准
	美国石油协会（API）	管道 SCADA 系统安全（API1164）	指南
	美国能源部（DOE）	提高 SCADA 系统网络安全 21 步	指南
	美国国土安全部（DHS）	中小规模能源设施风险管理核查事项	指南
		控制系统安全一览表：标准推荐	指南
		加强 SCADA 系统及工业控制系统安全	指南
	美国核管理委员会（NRC）	核设施的信息安全程序（REGULATORY GUIDE 5.71）	指南
英国	英国国家基础设施保护中心（CPNI）和美国国土安全部（DHS）联合发布	工业控制系统安全评估指南	指南
		工业控制系统远程访问配置管理指南	指南
	英国国家基础设施保护中心（CPNI）	过程控制和 SCADA 安全指南	指南
		SCADA 和过程控制网络的防火墙部署	指南
挪威	挪威石油工业协会（OLF）	过程控制、安全和支撑 ICT 系统的信息安全实现指南（OLF Guideline No.110）	指南

（二）工业控制系统信息安全防护体系

1. 工业控制系统模型和参考体系

模型和参考体系为描述工业控制系统提供了公共的框架和术语，是工业控制系统信息安全工作的基础。工业控制系统中已被广泛接受的是 ANSI/ISA-99 等标准，根据最新版本草案内容，工业控制系统的体系结构包括以下五层：

（1）第四层——企业系统层。企业系统层包括组织机构管理、工业生产所需的业务功能。企业系统属于传统 IT 管理系统的范畴，使用的都是传统的 IT 技术、设备等。尽管在工业领域中，信息管理系统等企业系统与工业控制系统不完全相同，但是两者之间的联系越来越多，故在参考体系中将其包含进来。

（2）第三层——运行管理层。运行管理层负责管理生产所需产品的工作流，包括运行系统管理、具体生产调度管理、可靠性保障等。

（3）第二层——监测控制层。监测控制层包括监测和控制物理过程、操作人机接口、过程历史搜集等功能。

（4）第一层——本地或基本控制层。本地或基本控制层主要包括工业控制系统的传感和操作物理过程及安全保护功能。本层的典型设备包括分散控制系统控制器、可编程逻辑控制器、远程终端控制系统（remote terminal unit，RTU）等。

（5）第零层——过程层。过程层是实际的物理过程，包括各种类型的生产设备，如连接到本层的传感器和执行器等。在工业控制系统参考体系中，第一、二、三层属于信息空间，第零层属于物理空间，同各工业控制过程直接相关，如电力的发电、输电、配电等环节。正是由于第零层对实时性、完整性的要求及同第一、二、三层的融合，产生了工业控制系统特有的安全需求。

2. 工业控制系统纵深防护体系

工业控制系统的信息安全问题具有较高的复杂性，仅依靠单一的安全技术和解决方案无法实现整体安全，必须分层分域地采用多种安全技术和部署多种安全措施，才能提升整体防御能力。针对当前工业控制系统信息安全面临的严峻形势，信息安全研究人员设计了工业控制系统的信息安全测评验证服务平台。依据等级保护、风险评估等信息安全标准，利用高性能设备，从性能测试、电路检验、策略验证等方面为工业控制系统提供专项测评、验证服务，对物理环境、组态软件、工程师操作站、操作员工作站等提供风险评估、等保测评、建设整改、安全咨询和系统加固等服务。

（1）功能测试与性能验证平台。功能测试与性能验证平台主要为工业控制系统提供测试与验证服务，为工业控制系统的组态软件、内 DCN 环网、专用定制 I/O 卡件、专用通信卡件、冗余工业控制交换机、PLC 等设备进行功能测试与性能验证，具体要求如下：

1）功能测试。测试工业控制系统是否满足明确和隐含要求功能。功能测试覆盖实用性、准确性、互操作性、功能依从性、安全保密性。

2）可靠性验证。验证指定条件下工业控制系统组态软件等设备维持规定可靠性级别的能力。可靠性验证覆盖成熟性、容错性、易恢复性等质量特性。

3）性能验证。验证规定条件下工业控制系统组态软件执行其功能时，提供适当响应时间、处理时间、吞吐量的能力及消耗合适数量和类型资源的能力。

（2）信息安全测评服务体系。信息安全测评服务体系主要为工业控制系统提供安全相关服务，包括安全建设、专项测评、整改方案等服务。该服务体系包括四个子系统，分别是信息系统安全测评服务子系统、安全测评工具集服务子系统、信息系统安全加固服务子系统、信息系统安全管理支持子系统。

1）信息系统安全测评服务子系统。本子系统将按照等级保护的要求，对工业控制系统中的信息系统提供自评估、测评检查等技术服务。自评估是指安全测评机构为信息系统的拥有者发起的评估活动提供技术支持，检查测评是指安全测评机构为国家信息安全管理部门依法开展安全检查提供技术支持。信息系统的拥有者通过自评估服务，一方面可以了解当前信息系统的安全状况，另一方面可以依据安全测评或检查的结果，制订安全建设和整改方案。

2）安全测评工具集服务子系统。本子系统主要用来实现安全测评原始数据的自动采集。工具集分为操作系统、数据库和网络设备三种测评工具集。操作系统测评工具集主要针对Windows、Linux、Solaris 等操作系统进行自动数据检测，数据库测评工具集主要针对 SQL Server、Oracle、Sybase 等数据库系统进行自动数据检测，网络设备测评工具集主要针对Cisco、华为、中兴、北电系列交换机、路由器、防火墙等设备进行自动数据检测。三种工具集利用 telnet、SSH 协议等远程登录方式，发送检测命令采集各种安全配置信息，并自动分析返回的结果。

3）信息安全加固服务子系统。工业控制系统信息安全保障体系的主要目标是以工业控制系统的实际情况和现实问题为基础，参照国内外安全标准和规范，设计出兼顾整体性和可操作性，并且融技术、策略、组织和运作为一体的安全体系。信息安全保障体系包括技术和管理两个方面，技术方面由技术体系组成，管理方面由策略、组织和运作体系组成。安全加固服务子系统是根据安全评估结果为所评估设备提供适合环境的安全配置基线，并与设备实际配置进行对比分析，输出安全加固流程和方案，为实施人员提供技术支持。

4）信息系统安全管理支持子系统。根据信息系统等级保护提出的安全要求，需要建立一套可以实现这些安全要求的安全管理措施。安全管理措施包括合适的安全组织建设、安全策略建设和安全运行建设，与具体的安全要求相对应。在进行安全管理建设时，针对工业控制系统现状同安全要求的差距选择合适的安全管理手段。

（三）电力工业控制系统信息安全测评框架设计

电力工业控制系统信息安全测评体系是开放、动态、持续改进的系统，它将“无序、零散、被动”的应对信息安全转变为“系统、连贯、主动”的组织信息安全活动。电力工业控制系统信息安全测评体系的建设是一个系统工程，需借鉴吸收国内和国外先进的信息安全技术、管理经验，基于现有国家信息安全标准体系研究和标准制定成果，结合电力工业控制系统设计、开发、建设、实施、运维、废弃等生命周期各阶段的信息安全需求和服务经验，研究提出符合实际的电力控制系统信息安全测评体系总体框架，满足国家重要基础行业的生产控制系统信息安全服务需要。电力工业控制系统信息安全测评框架至少包括三个部分：实验验证环境建设、产品检测能力建设和安全服务能力建设，如图 4-1 所示。

1. 实验验证环境建设

电力工业控制系统信息安全实验验证环境将根据电力工业控制系统的典型架构和我国电力系统的特点进行建设，包括应用系统层、通信规约层、终端设备层等在内的安全实验

验证基础设施，开发信息安全防护技术和产品，验证现有安全防护技术和产品的防护能力、

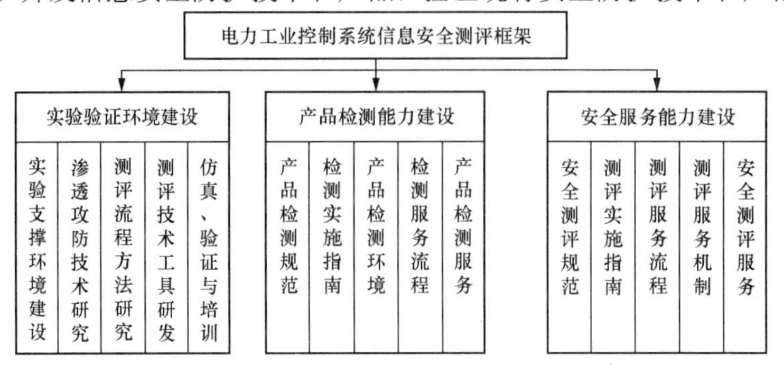

图 4-1　电力工业控制系统信息安全测评框架

安全测评方法和工具有效性及安全性，设计开发针对电力工业控制系统、电力专用通信规约、无线终端设备等的测评技术和测评工具，测试针对工业控制系统的渗透攻防技术，为安全测评服务提供仿真培训环境，以提高信息安全运行维护人员技术能力。

电力工业控制系统分布广泛，在发、输、变、配、用、调六大环节的数据采集与监控及过程控制等方面均有应用。因此，在设计和搭建此实验验证环境时，应充分考虑电力生产控制系统的架构，包括主站/控制中心（本地、异地）、现场设备、通信网络、调度数据展现、远程接入客户端、现场设备和移动存储介质等主要资产和功能组件（见图 4-2）。全面体现电力工业控制系统实时性要求高、网络相对封闭、可靠性要求高、不能接受死机、设备处理能力有限、通信协议专有等特点。

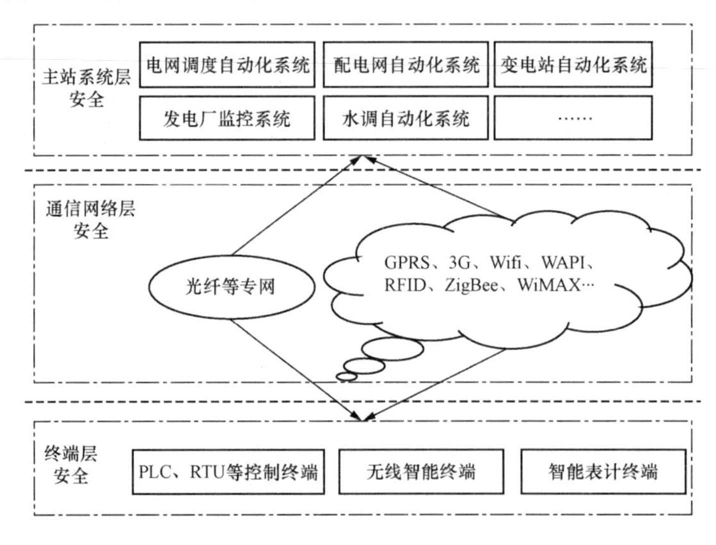

图 4-2　电力工业控制系统信息安全验证环境逻辑架构

2. 产品检测能力建设

产品检测能力的建设将根据电力工业控制系统的安全标准规范，建设工业控制系统产品检测中心，研究与制定工业控制系统安全服务产品检测规范和实施指南，为主站系统及终端设备供应商提供产品安全检测服务，为电力企业提供系统和设备出厂检测服务。

为了验证电力工业控制系统及相关设备安全功能的有效性，发掘并分析电力工业控制

系统及终端设备的安全脆弱性，模拟黑客植入恶意代码或预留后门程序进行攻击，需要基于我国电力工业控制系统的组成架构，参照国际上电力工业控制系统有关标准和我国等级保护基本要求，搭建对电力工业控制系统的安全性测试环境。在该环境中对软件运行承载环境进行大规模仿真和模拟，对其安全性能，尤其是特殊架构中的关键设备、工业控制网络协议和所用密码机制进行漏洞挖掘及脆弱性检测等工作，从而验证电力工业控制系统专用设备安全性与标准要求的符合性。同时，制定电力工业控制系统产品安全检测标准规范及实施指南。检测标准规范应包括典型电厂工业控制系统及终端设备产品架构、功能要求、性能要求、安全要求等测试要求，并围绕工业控制系统制定产品检测保证要求，如交付和运行保证、指导性文档、测试保证、脆弱性保证、风险规避等。实施指南应包括电厂典型工业控制系统及终端设备的检测范围、检测流程、检测方法、安全管理及风险管控、检测工具管理规程、检测机构及人员管理等。

3. 安全服务能力建设

安全服务能力的建设包括组织架构和人才队伍两大方面（见图 4-3），具体包括建立健全常态化信息安全服务机制，研究制定安全评估与加固、上线前安全测评、等级保护测评等工作规范、流程、实施指南、作业指导，为电力企业在线运行的工业控制系统提供常态化信息安全测评服务。安全服务能力建设应以电力工业控制系统全生命周期各阶段的安全需求为服务依据，以系统信息安全实验验证环境和产品检测体系为基础，为电力企业工业控制系统提供常态化安全测评服务，从调研、设计开发，到实施、运维、废弃等，为各个环节提供安全咨询、建议和信息安全技术保障。

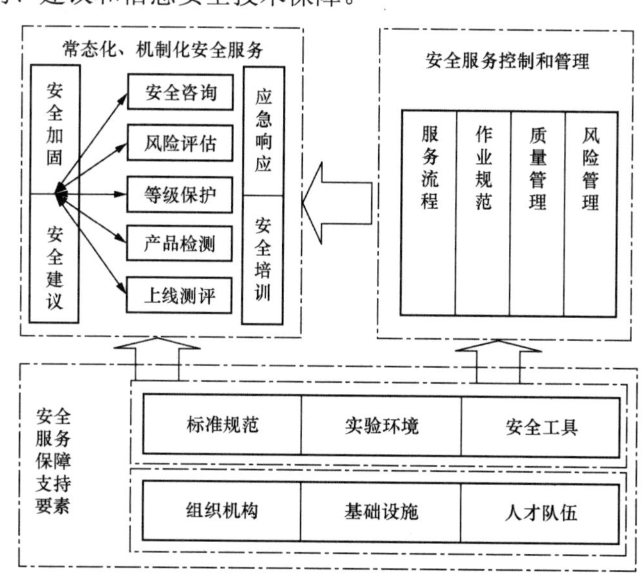

图 4-3　电力工业控制系统安全服务能力架构

电力工业控制系统对系统运行安全性、可靠性和稳定性要求很高，因此安全测评服务应当以保证系统正常稳定运行、保证风险可控在控为前提，测评人员需具备信息安全测评、加固、设计等能力和资质，应当掌握电力生产控制相关的业务知识背景，所使用的测评工具和方法不能对在运系统造成任何影响。电力工业控制系统安全测评除了具有丰富的服务内容，还需要严格的管控措施及稳定、可靠、可控的技术和管理支撑。

第二节　电力信息系统的测评基础

本节主要介绍电力领域现有的一些针对电力信息系统、通信网络、业务应用进行各种测评的服务体系、测评工具和平台。

一、基于全生命周期的电力信息系统测评服务体系

基于全生命周期的电力信息系统测评服务体系的核心思想是，立足电力行业信息系统安全需求，研究信息系统从设计、建设到正式运行等各个阶段的安全问题和测评重点，建立一套贯穿信息系统全生命周期的安全测评服务体系，最终提供多种类型的测评服务，全方位地保障电力信息系统的安全。

1. 体系架构模型

面向电力行业的信息系统全生命周期测评服务体系是按照国内外测评标准，结合信息系统测评现状，遵循“立足需求、统一规划、保障重点、分步实施、务求实效”的原则，建立一套融合组织、制度、流程、人员、技术的测评服务体系。测评服务体系涵盖测评标准、测评人员、测评服务、技术支撑等层面的内容，如图 4-4 所示。

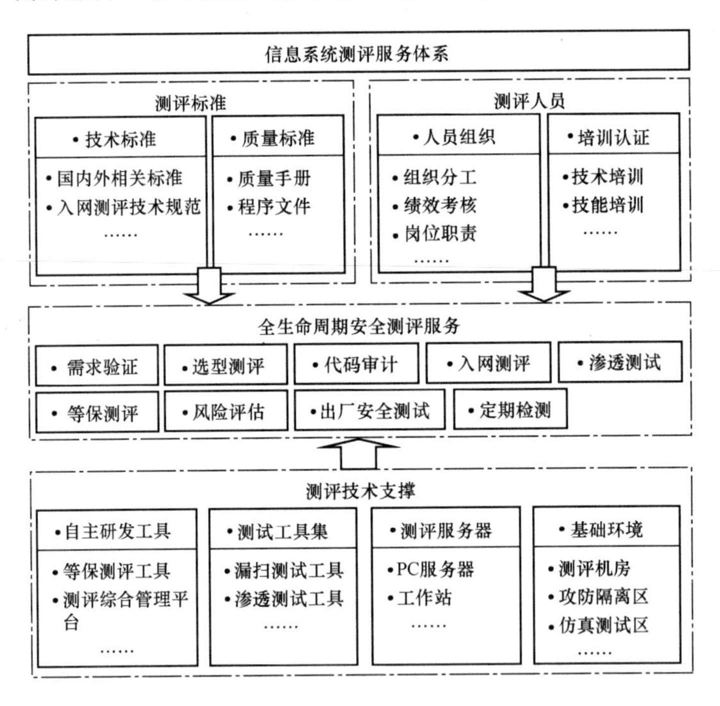

图 4-4　信息系统测评体系架构模型

（1）测评标准。测评标准包括技术标准和质量标准，技术标准包括外部标准和体系内技术规范。通过对测试内容、测评工具使用、测试结果判定等活动进行明确定义和详细规定，规范测评人员应依据的技术准则。质量标准旨在规范安全测评体系运行的管理方式，将相关的活动进行统一决策与规划，形成统一的测评管理机制，从流程、操作指南、文档规范方面建立测评过程中各个环节的行为准则与工作程序，达到人员、工具、流程的有机融合，确保测评过程质量可控。

（2）测评人员。测评人员包括人员组织和培训认证，按照各阶段涉及对象及人员职责进行划分任务、角色、岗位，合理配置资源，具体内容包括岗位职责、评价考核、培训认证等。测评队伍的扩建可通过外部引入与内部培养相结合的方式，注重知识传递，不断提升测评人员素质。

（3）测评服务。测评服务包括测试需求验证、选型测试、代码审计、出厂安全测试、入网安评、渗透测试、定期检测、等级保护测评、风险评估服务。针对软件生命周期的各个阶段，按需开展各项测评工作。

（4）技术支撑。技术支撑包括测评物理环境、测评服务器、商业化测评工具、自主研发工具等，负责提供信息系统安全测评的技术工具、平台及基础环境，是测评标准及测评服务具体实现的载体。通过实验室技术支撑建设，可实现仿真模拟及远程测评。此外，自主研发的测评综合管理平台作为服务体系的核心技术支撑要素，将实现对全生命周期测试的过程管理、测试跟踪、度量指标制定、结果发布、测试用例管理、文档管理、安全趋势分析及报表统计分析等。

2. 测评服务体系

根据电力行业信息系统建设过程和质量保障重要节点，结合软件生命周期理论和传统软件测试理论，安全测评业务主要在以下阶段实施：需求分析阶段、开发设计阶段、系统集成阶段、系统出厂阶段、安装部署阶段、试运行阶段、在线运维阶段。测评内容包括需求评审、选型测试、代码审计、出厂安全测试、入网安全测评、等级保护测评、风险评估、定期检测。系统建设不同阶段开展的测评活动如图 4-5 所示。

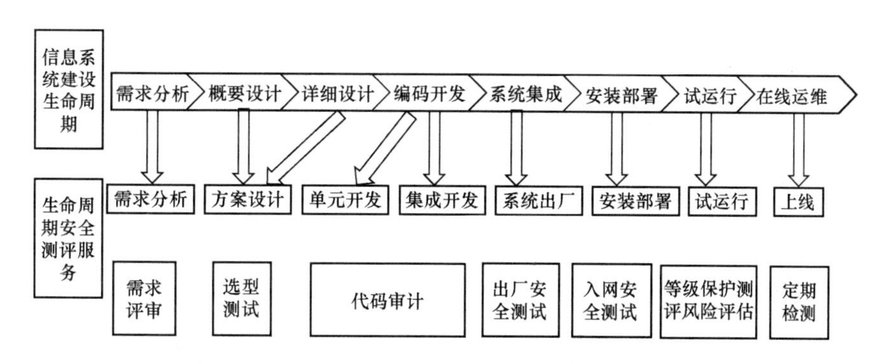

图 4-5　基于信息系统生命周期的安全测评服务体系

（1）需求评审。需求评审是分析系统需求说明书中的各项系统需求是否具有可测性，建立基线化跟踪矩阵，跟踪系统需求变更和测试需求变更，明确测试需求文档中需要手工测试的需求。通过开展测试需求评审，及时发现需求定义中存在的问题，使相关单位在认知上达成一致，采取有效的预防措施，降低变更的成本；更好地理解产品的安全性和非安全性需求，为制订测试计划和测试用例打下基础。

（2）选型测试。选型测试是当完成系统的概要设计、详细设计之后，进行方案评审时，从全方位角度对设计方案中涉及的安全产品及平台进行评价，包括安全功能、业务的符合性、功能的正确性、架构的合理性、事务处理能力等多个方面，提供一个权威的测评结果。

（3）代码审计。代码审计是检查源代码中的缺点和错误信息，分析并找到这些问题引发的安全漏洞，并提供代码修订措施和建议，从而在系统编码、集成阶段进行深入的问题查找和消除。代码审计可通过人工审查和工具审计相结合的方式，审计时可采用抽样的方式，选择部分核心代码进行审计。代码审计的一般流程包括以下阶段：

1）配置运行环境，对代码进行预编译操作，确认可执行使用。

2）使用特定的测试工具进行代码自动的安全审计操作。

3）对工具程序输出的结果进行分析并分析有效性。

4）根据结果，凭借经验有选择地进行人工的分析比对。

5）对发现的问题进行风险分析和估算。

6）制作漏洞、问题简表，并进行交流讨论。

7）撰写审计服务报告并交付给客户。

8）对已经整改的部分进行复测。

（4）出厂安全测试。出厂安全测试是在系统集成阶段之后、安装部署阶段之前对系统应用程序安全及数据库系统安全进行的检测，重点检查应用程序的安全功能是否符合系统安全设计方案的要求，以及应用程序代码是否存在安全隐患，为系统是否能进入安装部署阶段提供度量依据。

（5）入网安全测试。入网安全测试是系统部署在正式运行环境后实施的系统级安全检测，为系统是否能进入试运行阶段提供度量依据。入网安全测试比出厂安全测试范围更广，增加了网络及平台配置安全等测试内容，测试对象包括系统网络环境、主机、数据库、中间件、应用系统、数据安全与备份恢复等。入网安全测试的方法主要包括访谈、配制核查和工具扫描。

1）访谈：访谈业务系统管理员、网络管理员等，获取相关系统网络信息。

2）配置核查：使用自动化工具或者人工的方法检测和分析网络设备、主机服务器、中间件、数据库的安全相关项的配置，找出由系统配置不当造成的安全隐患。

3）工具扫描：使用自动化工具探测操作系统、数据库、应用程序的安全漏洞，主要发现操作系统、数据库系统未及时更新补丁造成的安全隐患，以及应用程序编码不规范造成的安全漏洞。

（6）等级保护测评。等级保护测评是依据国家信息系统安全等级保护相关法律法规开展的信息安全合规性测评，依据的技术标准主要包括《信息安全技术信息系统安全等级保护基本要求》、《信息系统安全等级保护测评过程指南》、《信息系统安全等级保护测评要求》。测评的内容主要包括物理安全、网络安全、主机安全、应用安全、数据安全及备份恢复、安全管理制度、安全管理机构、人员安全管理、系统建设管理、系统运维管理。测评的方法主要包括测评工作使用访谈、文档审查、配置检查、工具测试和实地察看五种方法。

（7）风险评估。风险评估是对信息资产（某事件或事物所具有的信息集）所面临的威胁、存在的弱点、造成的影响，以及三者综合作用所带来风险的可能性的评估。风险评估内容包括资产识别、脆弱性识别、威胁识别、风险分析等，评估方法包括定性分析、定量分析、基线分析等。风险评估的目的是全面发现信息资产所面临的安全风险，并将风险进行量化或半量化，从而指导企业通过风险规避、风险转移、风险消除等方式，降低风险发生的可能，保障信息资产安全可用。

（8）定期检测。定期检测是在信息系统竣工验收后、系统运维期间，根据时间节点对系统进行的安全性检测，目的是保证系统的正常运行，避免系统因为变更或其他方面的原因而带来安全隐患。定期检测的测试范围一般包括主机、数据库、应用程序、中间件等，通常选择在不影响正常运行的时间段开展。

通过结合电力行业信息系统的建设特点，基于软件全生命周期的信息系统测评服务体系能够更加全面、系统地保障电力信息系统的安全可控，尤其是从需求阶段便实施安全测评，使安全管控关口前移，避免系统后期整改所带来的严重经济损失。该测评服务体系按照国际及国家测评标准，结合实际和建设需要，以软件全生命周期为主线，能够满足电力信息系统建设各阶段安全测试的服务类型和内容，成为一套融合组织、标准、流程、人员、技术的测评服务体系。该体系能够对信息系统安全性进行有效的控制。通过对测评体系的规划建设，使信息安全测评工作规范化、体系化、指标化，降低运营风险、减少后期维护成本，确保电力企业信息安全。

二、基于 LoadRunner 的电力信息系统性能测评平台

（一）LoadRunner 工具概述

Mercury Interactive 公司的 LoadRunner 是一种能够测试系统行为和性能的负载测试工具。通过模拟上千万用户实施并发负载及实时检测的方式确认和查找问题，LoadRunner 能够对整个企业架构进行测试，使企业保护自己的收入来源，无须购置额外的硬件而最大限度地利用现有的 IT 资源，并确保终端用户在应用系统的各个环节中对其测试应用的质量、可靠性和可扩展性都有良好的评价。

（1）虚拟脚本生成器（virtual user generator）。虚拟用户脚本生成器通过 Proxy 方式实现，即通过一个 Proxy 作为客户端和服务器之间的“中间人”，接收从客户端发送的数据包，记录并将其转发给服务器端；接收从服务器端返回的数据流，记录并返回给客户端。这样，无论是客户端还是服务器端，都会认为自己在一个真实的环境中，而虚拟脚本生成器能通过这种方式截获并记录客户端和服务器端之间的数据流。在截获数据流之后，虚拟脚本生成器还需要根据录制时选择的协议类型，对数据流进行分析，然后用脚本函数将客户端和服务器端之间的数据流交互过程体现为脚本的语句。

（2）压力调度和监控系统（controller）。压力调度工具可以根据用户的场景要求，进行设置不同脚本的虚拟用户数量、设置同步点等操作，监控系统则可以对各种数据库、应用服务器、数据库的主要性能计数器进行监控。

（3）压力生成器（load generator）。压力生成器负责将 VuGen 脚本复制成大量虚拟用户对系统生成负载。

（4）结果分析工具（analyzer）。通过结果分析器，可以对负载生成后的相关资料进行整理并对其进行分析。

（二）LoadRunner 的工作原理

首先，性能测试人员通过运行 Controller 启动性能测试。在大量的虚拟用户被启动后，LoadRunner 用 C 语言函数录制脚本，然后调用这些脚本，虚拟用户便同真实用户一样向被测系统发送请求，接收服务器的返回。LoadRunner 通过反复对页面发出请求模拟多个用户对于系统的并发访问，并产生压力。Controller 随即通过 Monitor 实时捕获包括服务器、网络资源在内的系统所有层面的性能数据，并将其显示在 Controller 上。最后，将执行结果存

在数据库，用户通过 Analysis 生成测试报告并进行测试结果分析，从而定位性能瓶颈，为系统调优打下基础。

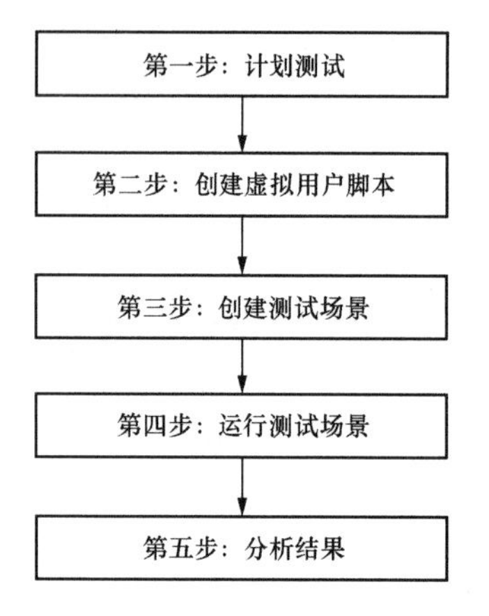

图 4-6 基于 LoadRunner 的性能测评过程

（三）LoadRunner 的性能测评过程

在进行性能测评之前，需要先了解 LoadRunner 进行性能测评的流程，如图 4-6 所示。

（1）制订测试计划是对电力信息系统进行性能测评的第一步，也是最为关键的一步。LoadRunner 可以根据一个完整详细的测试计划去实现性能测试的预期目标，以及确保项目中制定的软件测试性能指标能够符合性能需求的要求。测试计划中应该包括用例设计、场景设计（根据虚拟用户运行情况设定）、场景设定和性能计数器设置（服务器、数据库、应用服务器等）设计。

（2）测试计划完成后创建虚拟用户脚本。LoadRunner 提供了方便的图形用户界面，用于支持用户脚本的“录制”“回放”和“调试”，通过 LoadRunner 提供的图形用户界面，测试工程师可以根据设计的用例形成脚本，并在脚本中通过关联、插入集合点等手段对脚本进行调试。

（3）创建测试场景是创建虚拟用户脚本的下一个步骤。在该步骤中，测试工程师可以根据设计的场景（虚拟用户运行状况）制订脚本的运行方式等，通过场景模拟实际的用户操作，在此情况下得到的性能测试结果才具有代表性。

（4）创建测试场景完成后，需要运行测试场景。在该步骤中，测试工程师只需要单击“Run”按钮即可运行整个场景，在场景运行过程中，测试工程师需要关注性能计数器的值，以及测试过程是否正常。

（5）最后一个步骤是分析结果。LoadRunner 本身提供了丰富的报表功能，可以根据工程师的需要提供各种性能指标的数据分析图表，测试工程师可以人工地在 LoadRunner 提供的图表的基础上进行更加深入的分析。

三、电力信息系统安全测评平台

（一）电力信息系统安全测评平台概述

1. 现有平台分析

目前，国外很多信息安全测评机构，如美国的信息安全检测和响应中心、RSA 等安全公司的安全检测研究中心，它们除对自己的安全产品进行检测外，还对信息安全技术进行深入的跟踪研究，以使自己研发的产品始终处于业界领先水平。国内也有不少信息安全检测机构，如中国信息安全产品测评认证中心、公安部安全产品检测中心、国家保密局涉密信息系统安全保密测评中心、解放军信息安全测评认证中心等权威机构。

上述信息安全检测机构主要是对通用的信息安全产品和安全技术进行检测和研究，具有丰富的通用信息安全产品测评经验，但较少开展电力自动化产品（如 SCADA/EMS、电能量计量、DMIS 等系统）的安全检测，而这些自动化产品的性能和安全状况是电力企业非常关心的。同时，电力企业还需要信息系统的最新安全补丁、病毒通告、应急响应等安全服务，因此提供电力信息产品的安全检测和安全服务是电力行业的需要。

目前，信息安全检测正朝着系统化方向发展。系统化是指信息安全的测试不仅仅包含对信息安全产品（如防火墙、防病毒系统、IDS、CA 等）、网络架构和网络产品（如核心路由器、交换机等）的测试，还包括对安全策略、安全管理等进行检查，如应用系统的开发是否符合安全开发规范等。此外，还包括应急响应，即出现安全事件后及时对这些事件进行处理。电力系统信息安全测评平台的建设将采用先进的测试技术，并结合电力系统特别是调度系统管理和控制对象的确定性、环境、专网专用、网络的封闭性等特点，以及电力自动化产品自身的特点，研究电力应用系统测试规范、电力应用系统的评估模型及规范。

2. 不同平台比较

电力信息系统安全测评平台与通用的安全检测机构的比较见表 4-2。

表 4-2　　电力信息系统安全测评平台与通用的安全检测机构的比较

<table>
<tr><th colspan="2">选项
类型</th><th>电力信息系统安全测评平台</th><th>通用的安全检测机构</th></tr>
<tr><td colspan="2">测试对象</td><td>主要为电力应用系统（保护装置、SCADA、电量系统等）和电力专用安全设备（隔离装置、加密认证网关）的安全和性能测试，还包括一些通用设备（防火墙、路由器、交换机、VPN、应用服务器）的性能测试</td><td>通用设备（防火墙、路由器、交换机、VPN、应用服务器）的性能测试</td></tr>
<tr><td colspan="2">测试标准</td><td>以《全国电力二次系统安全防护总体方案》为基础，结合国际和国家有关标准，形成电力应用系统测试规范和评估模型</td><td>信息技术安全技术信息技术安全性评估准则（GB/T 18336 系列标准）</td></tr>
<tr><td colspan="2">测试工具</td><td>性能测试仪、漏洞扫描系统、入侵检测系统，Windows、UNIX 及 Linux 模拟环境</td><td>性能测试仪、漏洞扫描系统、服务器性能压力测试工具，无线网络的安全、性能测试仪，Windows、UNIX 及 Linux 模拟环境</td></tr>
<tr><td rowspan="5">主要功能比较</td><td>制定电力自动化产品的网络、主机、应用等测试的规范和应用系统的开发规范</td><td>支持</td><td>不支持</td></tr>
<tr><td>研究电力行业的安全需求，研发电力专用安全产品</td><td>支持</td><td>不支持</td></tr>
<tr><td>对电力业务应用系统进行安全设计、业务流程与接口及运行维护的安全性进行测试</td><td>支持</td><td>不支持</td></tr>
<tr><td>电力行业安全服务（评估加固、安全方案设计、安全培训、应急响应）</td><td>支持</td><td>只支持通用的安全服务</td></tr>
<tr><td>对通用安全产品（防火墙、防病毒系统、IDS 等）进行安全、性能测试</td><td>支持</td><td>支持</td></tr>
</table>

3. 主要相关产品的比较

（1）电力网络性能测试仪的比较。网络性能分析系统可以测试、仿真、分析、开发和验证网络基础设施并查找故障，可以完成吞吐量、延迟、帧丢失率及背对背的测试。著名的电力网络性能测试仪器有 Smartbits 系列、IXIA 系列，它们的比较见表 4-3。

表 4-3　　　　电力网络性能测试仪的比较

选项 \ 系列		Smartbits	IXIA
机箱类型（便携式和机架式）		支持（2000、6000B、6000C 为机架式，600、200 为便携式）	支持（1600T、400T 为机架式，100 为便携式）
测试板卡模块类型（以太网、ATM、广域网等）		支持	支持
测试软件（交换机和路由器测试、防火墙测试、VPN 测试、网络应用层仿真测试）的完备性		支持（TeraRouting、SmartFlow、TeraVPN、WebSuite、AVALANCHE）	支持（RFC-TCL、IxLoad、IxVPN、IxChariot）
主要功能比较	千兆和万兆线速监视和捕获	支持	支持
	防火墙、IDS 和 VPN 设备测试	支持	支持
	交换机和路由器测试	支持	支持
	IPQoS、VoIP、MPLS、IP 多播、TCP/IP、IPv6、Web 等应用测试	支持	支持
	支持 Web、数据库等应用服务器的压力雪崩测试	支持	支持
	支持仿真多种分布式拒绝服务攻击（DDoS）攻击	支持	支持
	SLA 测试和告警	支持	不支持
工作使用条件比较	工作环境温度（℃）	15～40	0～40
	相对湿度（%）	20～80	0～85
价格比较	包括一个机箱、一块板卡、防火墙、VPN 设备、网络应用层仿真测试测试软件	124 151 美元（包括 2%的运费）	70 680 美元

（2）漏洞扫描工具的比较。漏洞扫描工具主要有 ISS 公司的 ISS Internet Scanner、启明星辰公司的天镜脆弱性扫描系统等。

表 4-4　　　　电力信息网络漏洞扫描工具的比较

选项 \ 工具		ISS Internet Scanner	天镜脆弱性扫描系统
组成模块		扫描引擎、用户界面、报告模块、X-Force 安全知识数据库	扫描引擎、管理控制中心、日志分析报表、综合显示中心、数据库
主要功能比较	分布管理，集中分析	支持	支持
	扫描策略定制	支持	支持
	漏洞数目	1 300 种以上	1 700 种以上
	端口服务智能识别	支持	支持
	防火墙、交换机设备、Web 服务器、数据库扫描	支持	支持

续表

选项 \ 工具		ISS Internet Scanner	天镜脆弱性扫描系统
主要功能比较	多种操作系统（Windows NT/2000/XP、Linux、Solaris 等）	支持	支持
	符合国际 CVE 标准	支持	支持
	支分布式扫描	支持	支持
	扫描报告面向不同层次（面向主管领导、管理人员、技术人员的不同类型的报告）、统计功能	支持	支持
	扫描结果的详细分析、加固建议	支持	支持
	与 IDS 结合	支持	支持
	系统升级能力（自动升级、手动升级）	支持	支持
	用户界面	较友好	较友好
	需要的环境支持	一台 PC 或可移动的笔记本式计算机（CPU 至少为 PentiumII 300，建议 PentiumIII 600 以上；内存至少为 256MB，建议为 512MB 或更多；硬盘空间要求至少存在 5GB 剩余空间，NTFS 分区），操作系统：专业版 Windows 2000 SP2。	X86 架构的台式计算机或笔记本式计算机（CPU 不低于 Pentium IV 2.2GB，内存不低于 512MB，硬盘不低于 50MB 剩余空间，建议存在 200MB 以上剩余空间，网卡至少为 100Mb/s 以太网卡），操作系统：中文版 Windows 2000 SP4 以上
价格比较		580 000 元（3 000 个 IP 地址）	610 000 元（3 000 个 IP 地址）
		300 000 元（1 000 个 IP 地址）	320 000 元（1 000 个 IP 地址）

（3）入侵检测系统的比较。入侵检测是一种主动保护信息系统和网络安全的技术，它从信息系统和网络中采集、分析数据，查看信息系统和网络中是否有违反安全策略的行为和遭到袭击的迹象，并采取适当的响应措施阻挡攻击，降低可能的损失。入侵检测系统（IDS）的主要功能为实时检测入侵行为，事后进行安全审计。IDS 不但可以防止来自企业外部的攻击，而且可以阻止企业内部员工的攻击。IDS 可分为基于网络（NIDS）和基于主机（HIDS）两类。利用入侵检测系统的网络引擎对电力系统可能存在的安全威胁进行采样收集，对象包括各类主机系统、网络设备、数据库应用等在网络中传输的数据，采样结果将作为安全检测的一个重要参考依据。国内著名的 IDS 有启明星辰信息技术有限公司“天阗”黑客入侵检测与预警系统、东软的 NetEye。

表 4-5　　　　天阗与 NetEye 两种 IDS 产品的比较

选项 \ 产品		“天阗”IDS	NetEye IDS
组成模块		控制中心、网络引擎、主机引擎	检测引擎、管理主机
主要功能比较	分级管理，集中监控	支持	支持
	账户基于角色权限管理，支持口令和其他验证方式（如身份卡）	支持	支持

续表

选项 \ 产品		“天阗”IDS	NetEye IDS
主要功能比较	界面配置	友好	友好
	报警事件属性（事件显示、分级、事件归类、事件合并）	支持	支持
	协议分析特性（2～7 层协议、协议过滤）	支持	链路层不支持，其他层支持
	特征库（支持自定义、详细特征解释）	支持	支持
	符合国际 CVE 标准	支持	支持
	特征库升级方式（自动和手工），周期小于 7 天	支持	支持
	检测响应方式（报警、日志、阻断、源阻断、声音、邮件）	支持	支持
	日志数据库（支持 SQL Server、Oracle 等，支持数据库备份）	支持	支持
	安全策略（编辑、过滤、导入/导出备份）	支持	支持
	灵活的报表功能	支持	支持
	控制中心和检测引擎之间加密连接	支持	支持
	与防火墙联动	支持	支持
	系统升级能力（自动升级、手动升级）	支持	支持
	用户界面	较友好	较友好
	需要的环境支持（控制中心主机）	一台 PC（Pentium II500、256MB 内存、2GB 以上剩余磁盘空间，理想配置越高越好），支持中文版 Windows 2000，建议打最新补丁程序（包括数据库补丁）	Pentium III 800MHz 以上处理器或其兼容处理器（如果采用 SQL Server 或 MSDE 数据库建议为 P4 1.8GB 以上），内存为 256MB 以上（如果采用 SQL Server 或 MSDE 数据库建议为 512MB 以上），硬盘空间/剩余空间为 1GB 以上，系统环境为 Windows 2000
工作使用条件比较	工作环境温度（℃）	−15～60	0～40
	相对湿度（%）	0～95	5～95
价格比较	千兆 IDS（元）	280 000	300 000
	百兆 IDS（元）	110 000	120 000

（二）电力信息系统安全测评平台的主要功能

（1）电力信息系统信息安全检测。对电力应用系统（如各类保护装置、SCADA/EMS、电能量计量、变电站自动化、水调、DMIS 等）的设计、处理流程等进行全面的安全检测。

（2）电力信息系统信息安全评估。对电力企业现有的网络架构、核心路由器、交换机等网络及设备，数据库服务器、邮件服务器，应用服务器等关键服务器，业务流程、安全策略的安全漏洞、安全威胁及潜在影响进行全面的分析，提出合理的安全建议以保证电力系统资产的机密性、完整性和可用性等基本安全属性。

（3）电力信息系统信息安全加固。根据安全评估报告，生成安全加固列表，以实现强化账户口令，加强文件系统操作权限的管理，加强系统进程管理，限制超级用户管理员权限，防止内存溢出等攻击，细化访问控制，加强审计等功能，从而提升主机操作系统及应用系统的安全级别。

（4）第三方安全产品的检测。对防病毒系统、防火墙、入侵检测系统、漏洞扫描系统等通用安全产品及横向隔离装置和纵向认证网关等电力专用安全产品的性能和自身的安全性进行测试，为电力系统用户采购这些安全产品提供专业咨询服务。

（5）先进的安全技术、标准及电力行业安全需求的跟踪研究。对国内外先进的信息安全技术、管理及标准进行跟踪研究，形成电力系统的信息安全知识库，包括漏洞库、补丁库、调查问卷库、解决方案库等，为它们在电力系统的应用和推广打下基础。

（6）电力安全设备的开发。开发电力系统专用安全设备，包括电力拨号认证网关、安全传输网关等。

（7）电力信息安全软件的开发。开发电力系统信息安全软件，包括电力专用证书服务系统、安全审计系统、安全管理中心（SOC）等。这些核心安全产品的开发和部署，可以大幅提高电力信息系统的信息安全水平。

（8）电力信息系统信息安全方案设计。针对各级电力系统的特点，评审并提供电力信息系统和调度系统的安全解决方案，保障电力系统信息安全工程的顺利建设。

（9）紧急安全事件分析处理。对电力系统感染病毒、遭受黑客攻击等紧急安全事件进行处理，如采取安全措施，查找问题起因，并最大限度地降低电力企业因此造成的损失。

（10）信息安全人才培训。对电力企业的员工进行信息安全基本知识、信息系统安全模型、标准及相关法律法规、实际使用安全产品的工作原理、安装、使用、维护和故障处理等进行培训，强化员工的安全意识、提高员工的技术水平和管理水平。

（三）电力信息系统安全测评平台的技术架构

1. 平台总体功能

电力信息系统信息安全测评平台的服务范围包括设备安全测试、电力系统安全评估加固、电力安全产品研发、前沿安全技术跟踪、信息安全培训、安全应急响应和专用安全测试工具研发部（见图 4-7）。其中，设备安全测试包括对路由器、交换机、防火墙、IDS、电力专用隔离装置等产品的吞吐量、延迟率、响应时间、最大连接数、抗拒绝服务攻击等指标进行测试；电力系统安全评估加固从机房物理环境、网络架构和配置、主机系统（操作系统、数据库等）、应用业务、安全管理等方面对系统进行安全评估，并根据评估结果对系统进行安全加固；安全事件应急响应对电力用户发生的感染病毒、遭受黑客攻击等紧急安全事件做出最快反应，降低用户的损失；专用安全测试工具包括设备的网络设备性能测试仪、网络故障分析工具、漏洞扫描工具、入侵检测工具、统一安全监控平台等。

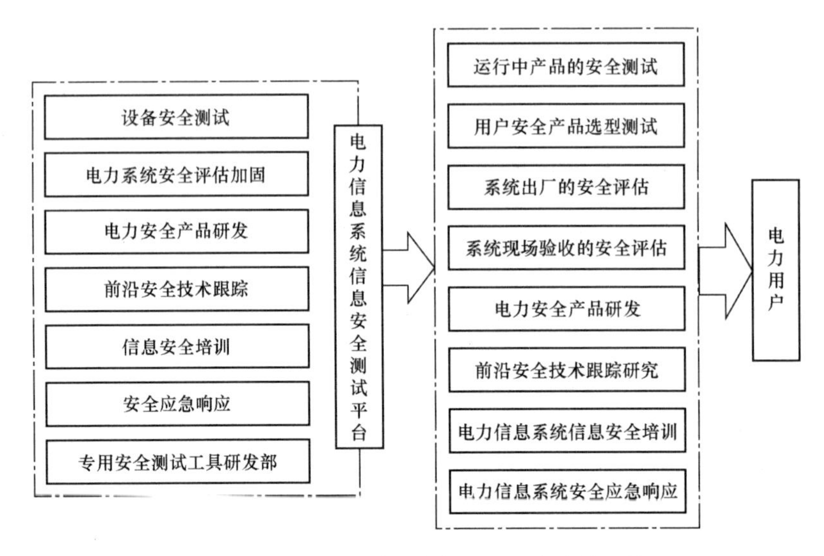

图 4-7　电力信息系统安全测评平台功能架构

2. 平台主要设备

（1）网络设备性能测试仪：主要功能是对交换机、路由器、负载均衡设备、防火墙/VPN 安全设备、IDS、电力专用安全设备等网络设备进行性能测试等。

（2）漏洞扫描工具：包括网络漏洞扫描软件、系统漏洞扫描软件、数据库漏洞扫描软件，主要功能是对电力系统自动化产品进行漏洞扫描，发现存在的安全漏洞和安全隐患。

（3）入侵检测系统：对电力信息系统可能存在的安全威胁进行采样收集，包括各类主机系统、网络设备、数据库应用等在网络上传输的数据，采样结果可以作为安全检测的重要参考依据。

（4）防火墙：作为安全防护接口和测试对象。

（5）网络故障测试仪：对网络设备进行维护，诊断其故障。

（6）统一安全监控平台：对网络和系统安全资源的集中监控、统一策略管理、智能审计及多种安全功能模块之间进行联动，简化信息安全管理工作。

（7）交换机：连接测试设备，组成测试环境局域网，并且其镜像端口用于挂接网络入侵检测系统以进行测试和监听。

（8）主机系统：包括 Windows XP/NT/2000/2003、Linux、IBM AIX、Sun Solaris、HP UNIX 等，模拟电力信息系统的运行环境，实现上述运行环境中电力信息系统的安全评估。

（9）其他设备：包括 PC、服务器、机柜和 UPS 电源等。

3. 平台设备的测试要求和技术参数

（1）测试平台的总体技术要求。测试平台的总体技术要求包括能对电力信息系统的架构、网络核心设备及专用协议进行安全评估，能对电力信息系统所使用的操作系统、数据库系统、中间件系统及基本应用服务的配置管理等进行安全评估，能对 SCADA/EMS 系统、电力交易系统、电能量计量系统、水调系统、DMIS 系统等业务系统的业务流程、操作接口及运行维护的安全性进行评估，能对装置性能技术参数（吞吐量、延迟率、响应时间、最大连接数、抗拒绝服务攻击等）进行测试验证，能对电力系统的专用信息安全产品（隔离设备、IP 加密认证装置等）和第三方安全产品（防火墙、防病毒系统、IDS 等）进行功能测试、性能测试和安全测试，能够快速响应电力信息系统入侵、加固、恢复数据和跟踪入侵等，能够进行电力信息系统安全事件的统一监控、分析和处理。

（2）网络性能测试仪套件的技术参数。

1）二层交换机的测试技术参数包括转发能力、拥塞控制、地址学习速率、地址缓存能力（MAC 地址表速度）、错误过滤能力、广播转发能力、广播延迟、转发压力、吞吐量、延迟分布、VLAN 的划分、VLAN 的 QoS 控制、丢包率、缓冲能力测试等。

2）路由器的测试要求包括同时支持 IPv4 和 IPv6 测试，支持 RIP、OSPF、BGP-4、IS-IS、MPLS LDP、MPLS RSVP-TE、RIPng、BGP-4+、OSPFv3 及 IS-ISv6 等路由协议，支持多种路由协议同时运行，可以执行对具有 QoS 功能的路由器进行比较分析，同时要求能够自动生成测试脚本并支持自动化测试，要求支持的测试接口包括以太网、ATM、POS。

3）VPN 的测试要求包括在路由器性能不下降的前提下，测试所能支持的最大用户连接数，测量路由器所能正常处理的连接数，评估 VPN 路由波动对路由器性能的影响，制订实施 VPN 新的用户节点的实施计划周期。

4）应用层的测试要求包括仿真多种应用层协议和在其之上的业务，支持 HTTP、SSL/TLS、RTSP/RTP（Apple 的 Quick Time 和 Real Networks 的 Real System）、MMS、FTP、DNS、Telnet、SMTP、POP3、PPPoE 等应用层协议客户端和服务器端的模拟，支持 TCP 协议属性更改、应用层用户行为模型和用户定制及百万级用户的并发访问，支持不同线路速率和网络丢包、Microsoft IE 和 Netscape 浏览器、多种分布式拒绝服务攻击攻击等的仿真，支持网络业务验证和包捕获及各种业务的混合，支持防火墙、入侵检测系统、SSL 加速器等安全设备的性能测试和 Web、数据库等应用服务器的压力雪崩测试，支持测试结果的实时显示，同时提供结果分析器，便于进行结果的分析。

5）以太网协议分析的要求包括支持 10MB/100MB/1 000MB/10GB 测试接口，支持千兆和万兆线速监视和捕获，具有广泛的协议支持，包括 IPv6 协议、IPv6 路由协议、IPv6 组播路由协议、PPPoE 等，支持在其之上的梯形应用层分析，支持报表和图形显示、告警功能。

（3）漏洞扫描系统的技术参数。漏洞扫描系统的技术参数包括能够扫描网络范围内的所有 TCP/IP 协议设备，扫描对象包括常见的操作系统（Windows NT/2000/XP、Linux、Solaris、HP-UX 等）、数据库、网络设备和应用系统等；扫描信息全面，包括主机信息、账号信息、服务信息、漏洞信息等；具有涵盖信息系统常见漏洞和攻击特征的漏洞库，至少包括 1 200 个以上漏洞特征描述，与 CVE 兼容，支持远程在线自动升级方式；提供单机扫描、分组扫描、全部扫描等多种扫描方式和多种扫描策略，允许自定义扫描策略和扫描参数，实现不同内容、不同级别、不同程度、不同层次的扫描；提供全自动定时扫描和多种计划扫描任务功能，扫描结果可生成详细的安全评估报告；在强扫描策略下，占用主机系统资源不能超过 20%，占用目标主机系统资源不大于 8%，占用网络资源不大于 5%；具有多线程扫描能力、断点续扫功能、安全管理功能和统计报表功能，能够进行用户权限管理；可以显示正在扫描任务的详细信息的功能，显示等待扫描任务详细信息，对产品自身的参数进行配置（如缓存结果文件默认目录、任务文件默认目录等）；功能模块配置灵活，具有良好的可扩展性，可以根据任务要求灵活移动扫描位置；提供中文管理界面和生成中文报表，提供全面的在线帮助；界面友好，易于安装、配置和管理，并有详细的技术文档。

（4）入侵检测系统的技术参数。

1）平均无故障时间：不小于 50 000h。

2）并发 TCP 会话数量：不小于 100 000。

3）最大并发 TCP 会话数量：不小于 200 000。

4）处理能力：不小于 200MB。

（5）防火墙的主要性能技术参数。

1）端口数量：每台防火墙的可用业务端口包括两个输入端口和两个输出端口，且千兆端口数量可扩展。

2）并发连接数量：最大并发连接数量不小于 1200 000 个。

3）网络吞吐量：不小于 1 000Mb/s。

4）最大会话数：每秒不小于 25 000。

5）IPSec 安全隧道数量：不小于 4 000 条。

6）PPTP 拨入 VPN 隧道数量：不小于 4 000 条。

7）平均无故障时间不小于 30 000h。

4. 安全监控平台

安全监控平台由监控系统风险评估、事件生成器、事件收集格式化器、事件转发器、应用 Agent、事件库、关联分析引擎、电力系统安全知识库、控制台和端用户 Portal 十个部分组成，总体架构如图 4-8 所示。

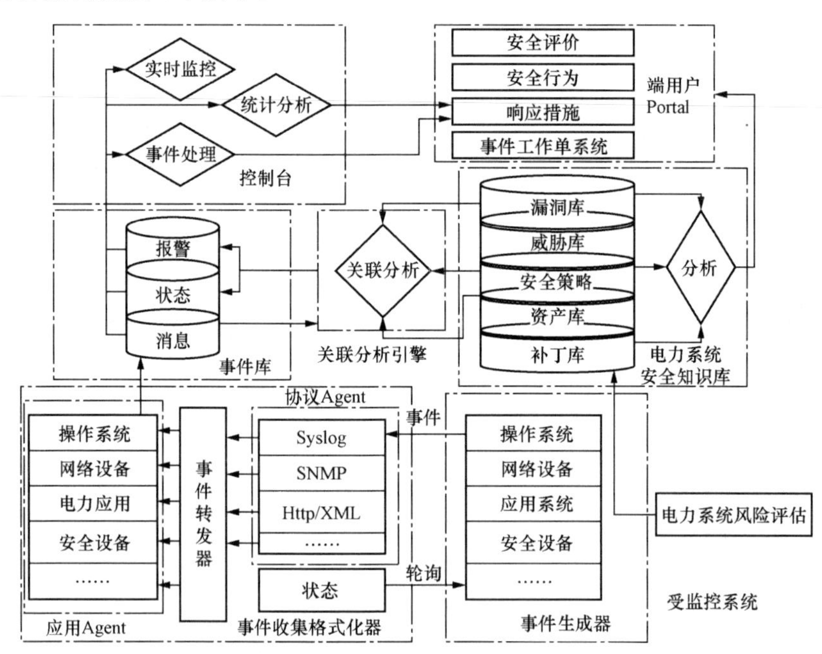

图 4-8 安全监控平台总体架构

（1）监控系统风险评估模块主要是对所监控系统（网络设备、安全设备、操作系统、应用系统等）的安全性进行评估，列出系统的技术和管理方面的资产清单，并存放到知识库的资产库中；将评估发现的信息系统漏洞存放到知识库的漏洞库中，将评估所得的信息系统威胁存放到知识库的威胁库中。基于这些知识库，风险评估模块提供多种查询方式、统计分析和维护手段，保证信息的实时性和准确性。

（2）事件生成器模块主要是产生原始事件，并直接或经过预过滤传送至事件收集格式化器。

（3）事件收集格式化器模块首先经过 Syslog、SNMP、HTTP/XML 等协议收集原始消息，并将这些消息传送至事件转发器。

（4）事件转发器的作用是确定事件源并将原始消息转发至相应的应用 Agent。

（5）应用 Agent 对各种格式的原始消息进行过滤和正则化，对各产品定义的不同级别的告警进行整合，形成统一格式的消息，并将结果存入事件库中。

（6）事件库的主要作用是存储经过格式化的标准消息、系统状态和一些告警信息。

（7）关联分析引擎模块的主要任务是建立一个上下文环境，以对复杂的消息序列进行结构分析、功能分析、行为分析等深入分析，通过特征匹配、异常分析等多种模式分析方法对安全事件进行判断，通过一定措施降低误报/漏报率，这样可以准确找出事件发生的真正原因。

（8）电力系统安全知识库模块包括漏洞库、威胁库、安全策略、资产库、补丁库。其中，安全策略是根据风险评估提供的风险状况描述和安全需求，由安全管理小组完成以保证对网络和系统状况和安全需求的把握，是企业所有安全行为所必须遵循的准则。安全知识库可以用于提供知识共享、安全论坛及培训课程等，是企事业单位员工安全素质培训与安全意识提高的基本保证。知识库模块提供多种方式的查询、排序和修改功能，以方便使用者或其他功能模块检索和提取信息。

（9）控制台模块的主要作用是内部分析并表示事件库中的数据，它包括实时监控、事件处理和统计分析等模块。实时监控提供事件库中消息部分的原始消息，实时监控也可以过滤一些调试信息，以深度分析特定的事件和回放事件；事件处理是一个产生事件标记和应急响应流程的内部引擎，它可以提供报警消息和一些调试信息；统计分析主要生成安全行为统计的短、中、长期数据，可以用图形表示。

（10）端用户 Portal 模块提供从安全管理员、安全主管到高级领导的多级报告，它包括安全评价、安全行为、响应措施和事件工作单系统四个部分。安全评价提供所监控系统当前的安全级别、漏洞特征、入侵情况、补丁及配置细节等安全状况；安全行为提供所监控系统的入侵类型、频率、源和后果的中、长期报告，用于确定按趋势和识别攻击再发生的可能性；响应措施表示当攻击发生时所采取的措施，如启动应急处理流程，断开网络连接，限制攻击并发起反击；事件工作单系统是对于与安全知识库中不能匹配的或在规定时间内不能处理的安全告警事件，将发出安全事件工作单，进入安全技术专家处理流程。

5. 测评平台的主要作用

（1）促进对 BS7799、SP-800、ISO 15408、ISO 13335、SSE-CMM 系列等通用信息安全标准和 IEC TR62210、62351 系列等电力相关数据和通信安全标准的研究。

（2）对网络协议及路由器、交换机等网络设备，Windows、Linux、UNIX 等主机操作系统，Oracle、SQL Server、DB2 等数据库系统，电力隔离装置、纵向加密认证网关、防火墙、IDS 等安全设备的安全配置进行研究，形成包括漏洞库、补丁库、解决方案等在内的电力信息安全知识库。

（3）研究网络性能测试仪、漏洞扫描系统等安全测试工具的测试技术和方法，提出电力隔离装置、纵向加密认证网关等电力专用安全设备和交换机、路由器等网络设备及防火墙、IDS 等通用安全设备的测试方法。

（4）对 SCADA/EMS 系统、电能量计量系统、变电站自动化系统、水调系统、DMIS 系统等电力业务系统的安全评估模型进行研究，形成对这些系统的评估方法和流程。

（5）开发基于数字证书的电力拨号认证网关、安全传输网关等电力系统专用安全设备，开发电力专用证书服务系统、安全审计系统、安全管理中心等。

第三节　电力信息系统的主要测评机构

本节主要介绍在电力领域从事对信息系统、通信网络和业务应用进行测评工作的单位组织、专业结构、重点实验室等情况。

（一）中国软件评测中心简介

中国软件评测中心（China Software Testing Center，CSTC）成立于 1990 年，前身是工业和信息化部计算机与微电子发展研究中心，是依托于工业和信息化部、国家质量监督检验检疫总局的国家级计算机软件/硬件与网络安全质量检测机构，是国内最早通过中国国家实验室认可委员会和国家计量认证的软件测试机构。CSTC 已按 ISO/IEC 17025 标准建立了完备的质量管理体系，所出具的测试报告可在 61 个国家和地区互认。

CSTC 是国内规模最大的第三方评测机构，具有安全检查机构资质、等级保护测评推荐机构证书和一级保密资质，并通过多种渠道和途径积极参与电力行业的信息化建设。CSTC 是中国电子信息产业发展研究院（赛迪集团）的重要成员，享有赛迪集团强大媒体资源和丰富的数据资源，下辖北京赛迪信息技术评测有限公司、北京赛迪信息工程监理有限公司、北京赛迪国软认证有限公司三个企业化运作平台，拥有中国软件行业协会、中国计算机行业协会、中国信息产业商会、中国信息化推进联盟、中国计算机用户协会、计算机信息系统集成行业协会等社会组织的支持。

在测试领域，CSTC 共承担了 10 万余款软硬件产品和 1 万余项信息系统工程的测试任务，是国内权威的国家级软硬件产品和信息系统测试实验室。在认证领域，CSTC 于 1999 年开展计算机信息系统集成资质认证，2003 年开展双模型认证服务，是国内最早开展认证服务的权威机构。在监理领域，CSTC 是首家信息系统工程监理试点单位并首批获得信息系统工程监理部级资质，在国家重大电子政务工程中承担过“一网、一站、一库、九金工程”项目监理。在评估领域，CSTC 研究制定了政府网站绩效评估指标体系。在军工领域，CSTC 先后获得国防武器装备科研生产单位保密资格审查认证委员会一级保密资格认证及军工产品质量体系认证，并获得中国人民解放军总装备部《军用实验室认可证书》。

CSTC 通过测试、设计、监理、认证、评估、培训等主营业务，构建基于第三方服务的科技产业链。CSTC 旗下的赛迪测评、赛迪设计、赛迪监理、赛迪认证、赛迪评估、赛迪培训等业务在业界内拥有权威地位。CSTC 先后申请了 30 多个国家科研项目，先后建立了国家云计算公共技术服务平台、国家物联网公共技术服务平台、中国移动互联网应用软件检测平台等六个国家级技术平台，开发了具有自主知识产权的 30 余种专业测试工具，获得了 50 余项软件著作权，拥有 16 个国家级质量体系认证证书，并主持了 7 项质量领域国家标准和行业标准的制定。

CSTC 形成了测试、认证、监理、评估四大纵向业务和咨询、培训两大横向业务的“四纵两横”业务服务体系，涵盖了项目生命周期的全过程。CSTC 凭借自身的技术能力、测评经验和客户服务等竞争优势，能够为用户提供涵盖项目生命周期全过程的第三方全方位服务，是信息化领域第三方服务的国家队。CSTC 的服务对象既包括国家和地方各级政府主管部门，又涵盖金融、电信、能源、交通、工商、税务、教育、烟草、广电、司法等众多行业领域。在二十多年的发展历程中，CSTC 持续追踪测试理论技术、监理政策法规、咨询认证体系的发展，并以最新的研究成果不断丰富和完善业务体系的建设，在立足国内 IT 服务领军地位的同时，与国际 IT 服务相关领域的发展潮流保持同步。CSTC 始终致力于发展成为权威的现代 IT 技术服务机构，努力提供优质高效、全方位的第三方服务，为促进我国信息产业发展和信息化建设做出贡献。

（二）中国信息安全测评中心简介

中国信息安全测评中心是我国专门从事信息技术安全测试和风险评估的权威职能机构，是代表国家具体实施信息安全测评认证的实体机构。中国信息安全测评中心依据产品标准和国家质量认证的法律、法规结合信息安全产品的特点开展测评工作，并根据业务发展和管理需要，授权成立具有测试评估能力的独立机构。所有被授权的测评机构均须通过中国实验室国家认可委员会的认可，并经国家中心的现场审核合格，方可批准并正式授权。到目前为止，已批准筹建九家授权测评机构。

中国信息安全测评中心是国家信息安全保障体系中的重要基础设施之一，在国家专项投入的支持下，拥有国内一流的信息安全漏洞分析资源和测试评估技术装备，建有漏洞基础研究、应用软件安全、产品安全检测、系统隐患分析和测评装备研发等多个专业性技术实验室，具有专门面向党政机关、基础信息网络和重要信息系统开展风险评估的国家专控队伍。

中国信息安全测评中心自 1997 年创立以来，依照国家法律法规，在信息安全领域为国家提供技术保障，向社会提供公共服务。累计完成 600 多种产品、130 多个网络信息系统和 2 000 余名专业人员的安全测评，长期为 20 多个部委和 10 多个重要信息系统进行风险评估。同时，承担国家 863、973、自然科学基金和国家标准研制等科研项目 100 余项，多项科研成果获得国家、部委级科技进步奖，研制的数十项技术标准已作为国家标准正式发布实施。测评中心在信息安全测试评估、技术创新、重大安保和社会服务等方面的工作业绩，先后得到中央领导、有关部委和社会的充分肯定和一致好评。

中国信息安全测评中心的主要职能如下：负责信息技术产品和系统的安全漏洞分析与信息通报，负责党政机关信息网络、重要信息系统的安全风险评估，开展信息技术产品、系统和工程建设的安全性测试与评估，开展信息安全服务和专业人员的能力评估与资质审核，从事信息安全测试评估的理论研究、技术研发、标准研制等。

中国信息安全测评中心可以开展安全测评的信息技术产品包括防火墙、入侵监测、安全审计、网络隔离、VPN、智能卡、卡终端、安全管理等各类信息安全产品和操作系统、数据库、交换机、路由器、应用软件等各类非信息安全产品。根据测评依据和测评内容，分为信息安全产品分级评估、信息安全产品认定测评、信息技术产品自主原创测评、源代码安全风险评估、选型测试、定制测试。

（三）国家信息中心软件评测中心简介

国家信息中心软件评测中心是经国家发改委批准设立的国家级软件产品和信息系统专业性评测认证机构，具有国家级计量认证（CMA）、中国合格评定国家认可委员会认可实验室（CNAS）、中国合格评定国家认可委员会认可检查机构（CNAS）等权威资质，是国家电子政务云集成与应用工程实验室云测试工作负责单位。1996 年，国家计委批复正式成立“国家信息中心国家计委学术委员会软件测评研究中心”于 2008 年由国家发改委批复更名为“国家信息中心软件评测中心”。

国家信息中心软件评测中心作为国家级第三方评测认证机构，服务于政府和企事业单位的信息系统测评，结合政、产、学、研、用在多个行业和多个领域实施第三方评测认证服务，业务已经覆盖中央部委（直属局）、教育、电信、交通、医疗、航空、公安、电力、农业、石油、水利、林业等行业客户，完成了涵盖软件产品登记认证、系统验收测评、产品确认测评、性能测评、安全测评、全流程测试等多种服务类型的万余项评测工作。

国家信息中心软件评测中心以建设质量保障体系和技术服务体系为核心，通过开展软件测评、云服务平台、信息系统审计、数据中心基础运营综合评测、电子政务工程建设项目绩效评价、软件应用安全测评、信息安全风险评估、人才培养等专业信息技术服务，面向政府、科研机构及企事业单位提供整体技术服务方案。现阶段已经先期在重庆、广东、四川、福建、深圳、上海、天津、安徽、山东、云南、江苏、西藏、河北、湖北、辽宁、浙江、内蒙古等地区设立了区域评测中心，初步构建了全国软件测评体系。区域评测中心在测评中心统一管理下实施测评服务，以促进各地区软件产品和信息化系统研发质量的提高。为了满足不同行业对软件测试服务的特殊要求，国家信息中心软件评测中心针对金融、医疗、教育、电信、电子政务、铁路、信息系统审计、数据中心基础运营综合测评等行业建立专业服务团队，以为用户提供更贴近行业特点的测评服务。

（四）国家电网公司信息网络安全重点实验室简介

国家电网公司信息网络安全重点实验室（以下简称“实验室”）建设于 2002 年，于 2007 年正式成为国家电网公司实验室，于 2009 年正式成为国家电网公司重点实验室，于 2010 年成立信息安全主动防御技术科技攻关团队。承担过国家级、省部级及国家电网公司级多项重点项目，参与国家电网公司示范工程建设，获得多项国家、省部级科技进步奖，承担并完成多项国家电网公司信息安全重大保障活动，为国家电网公司信息网络安全研究与发展起到巨大的支撑和推动作用。

1. 主要研究领域和从业范围

实验室一直从事信息网络安全防护与测评技术的研究和实践，主要包括开展电力信息网络安全机理、体系架构及关键支撑技术研究，开展信息网络安全运维及检测技术研究，开展信息网络安全标准研究。目前，实验室的技术研发已经涵盖密码理论与应用技术、网络安全与检测技术、攻防渗透技术、安全操作系统与数据库、安全隔离技术、安全接入技术、信息安全评估与加固技术、等级保护测评技术、网络仿真模拟及压力测试技术、第三方安全产品的安全性及性能检测技术、紧急安全事件应急分析处理技术和安全标准规范等众多领域。

2. 研发能力建设与组织情况

（1）科研、产业和检测相结合。实验室自成立以来，得到依托单位国网智能电网研究的大力支持，研究所、产业公司和检测单位的优秀人员加入实验室工作，形成以研究所为科研尖端，检测实验为关键支撑，产业公司为推广核心的研、产、检紧密结合的综合性实验机构，实现多学科、多专业的融合。

（2）建立科研管理流程。为了保证公司科研成果的稳定执行，提高科研成果的优良率，实验室在管理单位国网智能电网研究院信息通信研究所的指导下，结合 CMMI 的软件成熟度模型，建立了一套简单流程管理体系，贯穿可研、申请、资源分配、进度管理等各个方面，具有良好的效果。

（3）强化课题预研。为了有效保证规划目标的实现，实验室在简单流程管理的控制下开展多项课题预研工作，自筹资金、自行组织、统一管理，在电力科技项目申报前的半年至一年即进行课题的储备，优先淘汰劣质项目，提高项目质量并缩短科研产出周期。

（4）积极开展内部培训与外部认证。为了提高实验室的专业技术能力，实验室积极开展人员专业技能培训。通过各类认证培训，加强技术交流，提高整体技能。实验室共有 26 人获得 CISP 资质，36 人获得信息安全等级测评师资质，2 人获得国际信息系统审计师资质，4 人获实验室认可内审员资质，2 人获国家注册 ISMS 审核员证书，15 人获风险管理师资质。

3. 实验与测试平台建设情况

目前，实验室建有融合安全检测和攻防演练功能的电力信息系统安全测试平台。该平台包含以下测试子系统：

（1）信息安全产品测试子系统：主要由数据包构造和播放器、攻击包生成器、应用层性能测试工具、漏洞扫描仪等设备组成，可以进行安全产品（如防火墙、入侵检测系统、入侵防御系统、UTM、加密认证装置）的网络性能测试、应用层性能测试、产品功能验证、安全功能验证、渗透攻击测试等，关键技术指标吞吐量为 10/100/1 000Mb/s、延迟小于 10ms、应用层性能指标 HTTP 每秒钟新建 100 000 个连接、最大并发连接数 10 000 个、攻击种类 100 种、漏洞数 1 800 个。

（2）信息系统安全性测试子系统：主要由应用层性能测试仪、LoadRunner 性能测试系统、漏洞扫描工具等组成，可对信息系统进行功能验证、性能测试、安全功能验证、渗透攻击测试等，关键技术指标包括最大新建连接数 60 000 个、最大并发连接数 10 000 个、并发用户数 256 个、攻击种类 100 种、漏洞数 1 800 个等，能够测试身份鉴别、访问控制、安全审计、保密性、完整性、资源控制等机制。

（3）攻防渗透测试子系统：主要由 Serv-U 溢出工具、IIS5 溢出工具、IIS5 写权限工具、MS05-039 溢出工具、MS06-040 溢出工具、MS08-067 溢出工具、Linux 2.4 内核溢出工具、X-Scan 扫描工具、MSSQL 数据库弱口令、溯雪破解工具、SQL 注入工具、NBSI 注入工具、pangolin 注入工具等组成，能够对 MS05-039、MS06-040、MS08-067 等溢出漏洞，正/反型木马，第三方软件 Serv-U 远程溢出漏洞和存在 SQL 注入漏洞的网站进行测试，可以截取终端机的所有信息，形成具有电力行业特色的安全漏洞库，对电力行业可能存在的安全漏洞进行测试并提出整改建议，关键技术指标包括添加操作系统管理员、执行管理员操作等八种控制台 Shell 系统管理员权限，能够实现记录终端登录口令、查看终端操作等 10 种木马控制和猜解网站管理员信息、扫描数据库弱口令等 20 种数据。

（4）白盒测试子系统：主要由 IIS 应用、Tomcat 应用、WebLogic 应用、Apache 应用、

ASP 脚本、PHP 脚本、JSP 脚本、ASP.NET 脚本组成，可对电力行业应用系统可能出现的安全漏洞进行测试，包括 SQL 注入漏洞、跨站脚本攻击漏洞、上传漏洞、写权限漏洞及 Tomcat、WebLogic 后台弱口令等，并对出现的安全漏洞提出整改建议，关键技术指标包括可测试 SQL 注入漏洞、跨站脚本攻击漏洞、上传漏洞、写权限漏洞等 20 种常见漏洞，检测 Tomcat、WebLogic 等中间件的 50 种后台弱口令。

（5）复杂信息网络模拟子系统：主要由绿盟蜜网系统、自研发网络攻防模拟系统、安全渗透验证系统、Web 安全防护系统等多个系统组成，能够通过极少设备模拟复杂网络环境和大量虚拟主机，有利于复杂网络威胁扩散过程的研究和信息网络安全产品的研发，关键技术指标包括模拟网络结点 100 个、模拟背景主机多于 800 台、沙盒主机环境四个、外接真实网络不少于三个、主机实时进程跟踪、各类攻击实时监测等。

（6）无线安全研发子系统：主要由 GPRS 安全接入系统、数据过滤系统、安全认证管理系统、身份认证系统、安全 TF 卡、安全 USBKey 等设备组成，能够对无线传输的安全进行分析和保障，关键技术指标包括无线网络模拟环境、安全终端环境、CA 认证管理、无线数据过滤等。

（7）云计算与光传输安全研发子系统：主要由 VMware Sphere、刀片服务器、光路分析仪、E1 协议分析仪等设备组成，能够模拟云计算、测试光传输网络环境，对云计算和光传输的安全性研究提供条件，关键技术指标包括多达 80 个云计算虚拟操作环境、光路协议分析、E1 协议分析等。

4. 研究成果转化与应用情况

实验室由国网智能电网研究院信息通信研究所负责建设和运营，通过科研、产业、检测的紧密结合，加强科研成果的转化。实验室科研成果主要为信息安全产品和信息安全服务。在信息安全产品方面，开发有 SysKeeper-2000 网络安全隔离装置、NetKeeper-2000 纵向加密认证网关、SGI-NDS200 信息安全网络隔离装置、DialKeeper-2000 安全拨号认证网关、RDS2600 电力调度数据传输平台、ST-3000 安全传输系统、USAP-3000 信息安全接入系统等众多具有自主知识产权的产品，并在国家电网公司及其下属网、省、地和各级变电站进行了广泛应用，累计部署超过 10 000 套。实验室在具有自主知识产权的先进技术研究与产品研发方面处于行业引领地位，获得了电力行业的普遍认可。

实验室在信息安全服务方面，主要内容包括安全标准的制定、安全评估和加固、安全测评、等级保护、防护体系、安全应急响应等。作为信息安全保障单位，实验室曾服务于奥运会、世博会、两会、亚运会等重大活动，为公司提供各类信息安全运维及安全防护服务 2 000 余次，提供的综合解决方案和保电服务为国家电网公司电力行业企业成功抵御外来攻击尝试达数万次。实验室曾负责国家电网公司总部、华东电网有限公司、上海电力公司、山东电力集团公司本部及青岛供电公司信息系统的奥运会安保工作，发现并消除各单位信息安全隐患 500 多个，编写各类安全解决方案 60 多个，最终出色完成奥运会安保各项工作任务，实现了国家电力监管委员会提出的“平安电力”和国家电网公司提出的“平安电网”的口号，保障了奥运会的成功举办。近年来，实验室完成了国家电网公司、华东电网公司，以及江苏、四川、江西、河北、青海、山东、河南等省电力公司的安全评估和加固服务，完成了各级电力企业委托的 40 多个业务系统的安全测评。

本章小结

本章主要介绍了电力行业的信息系统测评生态环境。首先介绍了电力行业中典型的电力信息系统应用场景；然后介绍了现有的一些电力信息系统的测评基础，包括基于全生命周期的电力信息系统测评服务体系、基于 LoadRunner 的电力信息系统性能测评平台、电力信息系统安全测试平台等电力测评基础；最后介绍了满足电力行业要求的电力信息系统主要权威测评机构。

第五章

电力信息系统测评过程

电力作为关系国家安全和社会稳定的基础产业，其安全稳定运行受到国家许多部门的高度重视。在信息技术日益发展的今天，如何通过电力信息系统测评，最大程度地发现电力信息系统存在的问题，保障电力系统的安全稳定运行，已经成为我国电力行业信息化工作的重点之一。本章主要通过分析电力行业所开展过的众多测评案例，介绍电力信息系统测评所遵循的工作流程、实施方案、报告模板等内容，以为更好地开展电力信息系统测评工作提供案例参考和方案指导。

第一节　电力信息系统测评认证的工作流程

电力信息系统的测评认证需要遵循一定的流程。通常，电力企业在向第三方权威测评认证机构申请测评认证时，整个测评认证的流程包括四个阶段：业务受理阶段、测评准备阶段、测评开展阶段和公示注册阶段。电力信息系统测评认证的工作流程如图 5-1 所示。

1. 业务受理阶段

业务受理阶段主要根据申请方文档及电力信息系统实际情况，确定是否受理测评认证申请。申请方向第三方权威测评认证机构提交测评认证申请，按照要求提交全部文档及资质证明。第三方权威测评认证机构对申请方提交的文档进行初步审查，包括提交的文档是否符合内容要求和形式要求。若通过审查，进入下一阶段；若未通过审查，则根据提交文档的实际情况提出书面反馈意见，申请方根据反馈意见进行补充或修改，并重新提交测评认证申请。申请受理是否通过的反馈时间不得超过一定数量的工作日。如果遇到严重问题，第三方权威测评认证机构出具书面情况描述，拒绝接受测评认证申请。

2. 测评准备阶段

在测评准备阶段，申请方收到启动通知书后，向第三方权威测评认证机构提交测评所需文档、关键技术源代码和被测样品，并签订测评委托协议。第三方权威测评认证机构对申请方文档进行技术审核，成立测评项目组，并与申请方协商测评工作安排，最后制订测评方案。

3. 测评开展阶段

测评项目组人员根据测评方案，严格遵照测评进度开展测评工作，必要时可要求申请方提供技术支持以完成有关操作，对于出现的问题应及时报负责人解决，属申请方的问题应出具观察报告并由申请方确认签字，问题严重的经与申请方确认，必要时终止测评业务。测评项目组人员根据各个方面的测评结果，出具综合的描述性报告，该报告将作为电力信息系统是否通过测评的直接依据。第三方权威测评认证机构组织相关领域的专家，对综合结果进行评审。报告和评估记录交由负责人完成审核，测评项目组人员根据评审意见对报告和记录进行修改，并最终由负责人签字确认，确认后进入下一阶段。

4. 公示注册阶段

通过评审的电力信息系统将在第三方权威测评认证机构网站或主流媒体进行公示，并留有15日的争议期限。在争议期间，接受社会和业界的意见，产生严重争议的，视具体情况经查实后可终止认证业务。争议期过后，第三方权威测评认证机构对电力信息系统进行注册并颁发认证证书。

在申请测评时，根据测评流程要求，申请方所需提交的资料包括业务受理阶段所需提交的资料和测评准备阶段所需提交的资料。在业务受理阶段，申请方应提交以下文件：

（1）企业资质文件。

1）企业法人营业执照：用于审查企业的法人身份、注册资金、企业类型、经营范围等。

2）企业资质证书：包括政府或行业协会等单位颁发的企业能力资质证书，如质量管理体系证书等。

（2）被测电力信息系统相关文件：包括计算机软件著作权证书或专利证书等知识产权相关证书。

（3）其他申请书要求的相关文件资料。

当通过审查并进入测评准备阶段时，申请方应根据启动通知单进一步提交以下资料：

（1）测评所涉及电力信息系统关键技术的源代码。

（2）被测电力信息系统样品。

（3）企业研发生产相关的进一步补充资料。

（4）其他启动通知单所要求的资料。

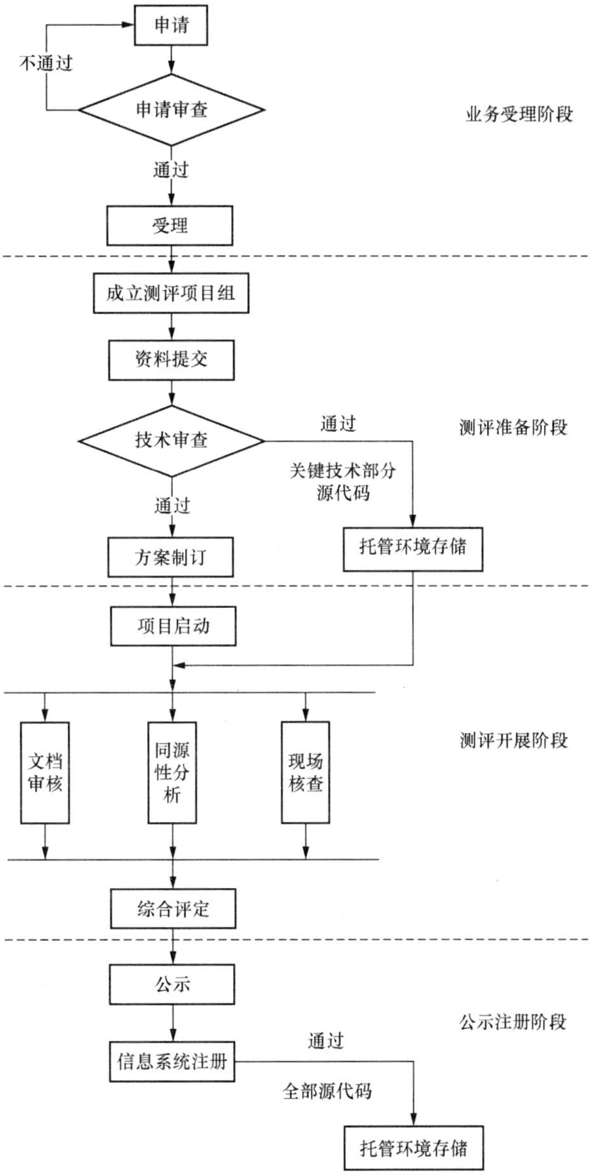

图5-1　电力信息系统测评认证的工作流程

第二节　电力信息系统基本测评方案

通过分析电力行业开展过的众多信息系统测评案例，可以发现一个基本的测评方案至少包括测评范围、测评流程、测评方法、测评执行和结果记录等部分。下面以××型号

××××系统安全测评方案为例，说明电力信息系统测评的具体方案。

1. 概述

（1）目的和范围。本方案用于对××型号××××系统进行安全性测试，检验其安全功能是否满足电力自动化监控要求，测试其安全防护强度是否满足变电站自动化的安全需求。××型号××××系统的安全性测评围绕安全需求，全面评估系统的安全性，分析安全缺陷和漏洞。通过全面的系统安全性测评，以期达到以下目的：

1）全面测试××型号××××系统的安全机制和功能，发现其中存在的安全缺陷和漏洞。

2）分析和总结发现的安全问题，形成《系统安全性测评报告》。

3）评估安全问题的危害性，为整改工作提供指导建议。

4）通过安全整改及验证测试，评估残余风险，确认系统安全状态满足安全运行的基本要求。

注：本方案只在本测评项目范围内有效。

（2）引用标准与规范。目前，国内外只有通用的信息安全标准规范，没有专门针对电力二次系统的信息安全测试标准。以下文件中的条款通过本方案的引用成为本方案的条款：

1）《信息技术 安全技术 信息技术安全性评估准则》（GB/T 18336.2—2008）（第 2 部分：安全功能要求）。

2）国家电力监管委员会《电力二次系统安全防护规定》。

注：凡是注明日期的引用文件，其后所有的修改单（不包括勘误的内容）或修订版均不适用于本方案，但是鼓励使用本方案的各方研究使用最新版本的可能性。凡是不注日期的引用文件，其最新版本适用于本方案。

2. 测评流程和规范

安全性测评的完整工作流程分为测评调研、测试规划、测试实施、测评报告、安全整改和整改验证六个阶段（见图 5-2）。在具体实施过程中，根据被测系统测评的特定目的或某次测评的结果，可能省略其中某个阶段。

（1）测评调研阶段。此阶段的主要工作是前期协调和资料收集，具体包括以下三个方面：①明确参与测试各方的工作职责和关系，对测试目标达成共识；②通过全面的系统调研，掌握被测系统在安全性方面的相关需求及实现程度；③确定测试的总体工作框架。调研的主要目的是向开发方和使用方收集相关的文档资料并整理成调研报告，为下一步评估规划和测试设计提供支持。调研的内容主要包括以下五个方面：①被测系统对运行环境的要求；②被测系统的基本情况；③被测系统的安全需求；④被测系统的安全设计；⑤被测系统的安全辅助说明文档。

作为测试结论的有效依据，该部分调研内容极为关键，务必真实、详细。第三方权威测评认证机构的测试报告也可作为本次测试参考资料。调研结束后，形成工作计划和调研报告以指导测试实践。

（2）测试规划阶段。针对前期的调研结果，规划测试的项目细节和操作方法，形成指导测试实践的测试大纲和测试方案。

（3）测试实施阶段。测评人员和系统厂商共同搭建、确认测试环境，实施现场测试工作，收集、记录测试数据，形成记录文件并签字。

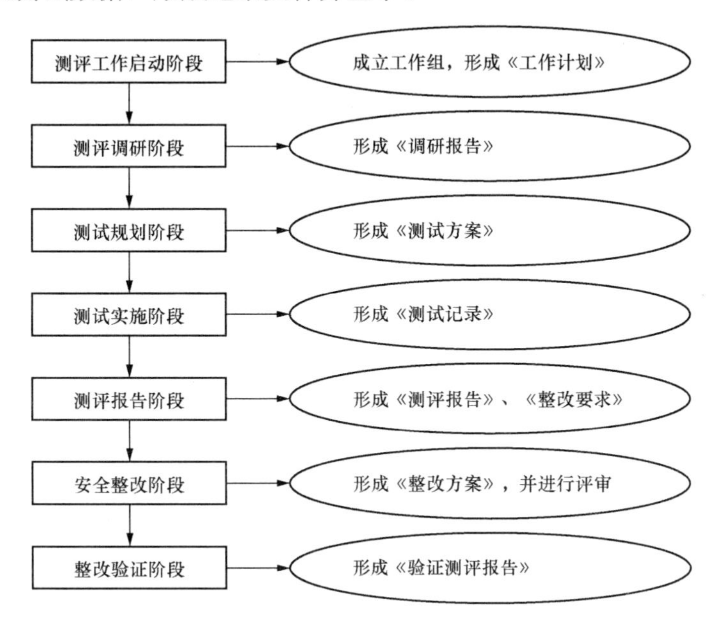

图 5-2　电力信息系统安全测评主要流程

3. 测试方法

在本次××型号××××系统的安全性测试过程中，通过单独或组合使用以下方式执行测试用例，获取测试数据：

（1）操作验证（A）：在系统的界面上执行、验证和确认系统实现的安全功能。

（2）人工查看（B）：人工查看系统中与安全相关的配置信息。

（3）工具查看（C）：使用特定的测试工具对后台数据库、配置文件内容、加密数据等安全情况进行确认或验证。

（4）代码检查（D）：人工查看系统源代码，验证是否具备相应的安全功能，以及实现是否完善。

（5）攻击测试（E）：利用攻击工具或人工操作的方式测试系统，验证相关安全机制是否可靠。

4. 测试过程执行

为了规范××型号××××系统的开发、实施和运维，防止××型号××××系统遭受攻击破坏，保障电力系统的安全、稳定和经济运行，需要依据国家和行业制定的信息安全测评标准规范对××型号××××系统进行安全测评验证。安全测评验证的主要依据包括《信息技术 安全技术 信息技术安全性评估准则》（GB/T 18336.2—2008）（第 2 部分：安全功能要求）、《××××公司应用软件通用安全要求》和《电网企业信息系统等级保护技术要求》。具体测试内容是检测以下安全机制的实现情况：

（1）FAU 类：安全审计。安全审计包括分析、识别和记录与安全活动有关的信息。通过检查审计记录结果，可判断发生了哪些安全活动及哪个用户需要对这些活动负责。

（2）FCO 类：通信。通信安全既要确保发起者不能否认发送过信息，又要确保接收者不能否认收到过信息。

（3）FCS 类：密码支持。应用系统可以利用密码功能满足某些高级安全目的，包括但不只限于标识和鉴别、抗抵赖、可信路径、可信信道和数据分离。同时，应用系统需要解决密钥使用和管理的问题。

（4）FDP 类：用户数据保护。应用系统需要保护内部输入、输出和存储期间的用户数据及相关的安全属性。

（5）FIA 类：标识和鉴别。应用系统需要通过标识和鉴别确保用户与正确的安全属性相关联（如身份、组、角色、安全或完整性等级）。

（6）FMT 类：安全管理。应用系统需要管理安全功能、安全属性、安全数据、不同的管理角色及其相互作用，如能力的分离。

（7）FPT 类：安全框架保护。应用系统需要提供安全框架及框架数据的完整性保护与管理。

（8）FTA 类：应用系统访问。应用系统需要具有控制用户会话建立的功能。

5. 测评进度规划表

××型号××××系统安全性测评的一般周期为 20 天，详细进度规划见表 5-1。

表 5-1　××型号××××系统安全性测评进度规划

工作阶段	时间估算	工作内容	参与各方	阶段成果
系统调研	1～2 天	系统的基本情况、安全设计调研	实验室收集数据，开发商提供文档资料	测试人员了解被测系统，测试人员明确测试目的
		系统的安全需求调研	实验室收集数据，被测方提供文档资料	
		分析调研结果，形成需求调研报告，提供测评人员使用	实验室分析数据、编写报告	
测试规划	1～2 天	根据前期系统调研的结果，提出评估实施大纲和测试大纲	实验室编写	形成实施方案
		各参与方就评估和测试大纲进行充分沟通，明确所需资源和详细工作计划	各方协调、确认	
		选择测试用例、测试工具，制订实施方案	实验室编写	形成实施方案
测试实施	3～5 天	准备、确认测试环境	被测方、实验室、开发方共同准备、确认环境	完成各项测试工作，记录测试数据
		按照测试方案进行安全性测试（包括确认测试项目和攻击测试项目）	实验室实施测试，开发方配合测试	
		测试数据汇总、确认	实验室、开发方签字确认	
测评报告	5～7 天	对测试和评估数据进行统计与分析	实验室分析	完成《测评报告》
		编写、提交评估和测评报告	实验室编写	
整改建议（可选）	1 天	分析安全问题，评估危害等级	实验室分析	完成《整改建议通知》，完成安全性整改
		编写、提交安全建议	实验室编写	
		确认整改方案和进度	被测方、开发方、实验室共同确认	
安全整改（可选）	根据具体情况，时间不定	实施系统的安全整改	被测方、开发商实施	改进后的××型号××××系统

续表

工作阶段	时间估算	工作内容	参与各方	阶段成果
整改验证（可选）	2～3 天	对整改过的项目进行验证测试和评估	实验室实施	完成《验证测评报告》或《二次测评报告》
		提交验证报告	实验室编写	

6. 测评报告

整理、分析测试数据，形成测评报告，经过审核、批准后交付测评委托方，并根据要求提出适当的整改建议。

7. 安全整改

如果有必要，由系统厂商针对系统测评结论中发现的安全缺陷，提出相应的整改方案。经过测评委托方和测评实施方的评审后，实施安全整改。

8. 回归测试或二次测评

在系统完成安全整改之后，再次对系统相关问题的完善情况进行回归测试。

注：如果系统的基础架构需要进行较大改动，或者整改将影响已经通过测试的部分指标，可按照完整的测评流程进行二次测评。

9. 测评结果记录

每次测评完成之后，记录相应的测评结果，包括中间测评和最终测评的测评结果。具体测评结果的记录格式参考本章第三节的测评检测报告样例。

第三节　电力信息系统测评的检测报告样例

本节内容为电力行业中某测评机构提供的一份“××型号××××系统”的完整检测报告。由于保密的需要，该报告隐去了相关产品的名称型号、技术细节、具体检测结论和检测结构详细信息，但整体结构相对完整，为电力信息系统测评提供检测报告参考样例（图 5-3 所示，以及表 5-2～表 5-4）。

检　　测　　报　　告

××××-T×Ⅱ(N)-20××-030

样品名称：　××型号××××系统

样品型号：　××××-××

生产单位：　××××-××××

委托单位：　××××-××××

检测类别：　委托检验

××××质量检验测试中心

××××年××月××日

图 5-3　电力信息系统

表 5-2　　　　　　　　　　　　检　测　报　告

产品名称	××型号××××系统	规格型号	××××-××
委托单位		委托单位地址	
生产单位	/	检测类别	委托检验
到样日期		来样方式	实验室取样
样品编号		样品数量	1
样品状态	完好	检测日期	20××.××.××—20××.××.××
检测项目	指定检测项（见“检测项目及检测结论”）		
检测依据	《信息技术 安全技术 信息技术安全性评估准则》（GB/T 18336.2—2008）（第 2 部分：安全功能要求） 《××××公司应用软件通用安全要求》（Q/GDW 597—2011）①		
检测结论	通过本次××公司委托的××型号××××系统安全测试（正文第×××页至×××页），证明××型号××××系统实现了所依据的《××××公司应用软件通用安全要求》中“基本型通用安全技术要求”的要求、《信息安全技术 信息系统安全等级保护基本要求》（GB/T 22239—2008）对二级系统的“应用安全”要求并具有一定的安全性（见“检测项目及检测结论”）。 ××××检验测试中心 ××××实验室 批准人：　　签发日期：　　年　月　日		
有效期	本报告有效期至　　年　　月　　日止		
备注	/		

注　本报告仅针对该系统的自开发软件部分负责，不对其所使用的底层软件及中间件负责，也不对该系统的不同版本负责。

①　同时参照并覆盖《信息安全技术 信息系统安全等级保护基本要求》（GB/T 22239—2008）中对二级系统的应用安全要求。

表 5-3　　　　　　　　　　　　检测项目及检测结论

序号	检　测　项　目①	页码	检测结论②
1	安全机制独立性（Q/GDW 597—2011）		
2	安全控制有效性（Q/GDW 597—2011）		
3	安全策略可配置（Q/GDW 597—2011）		
4	外部环境完整性（Q/GDW 597—2011）		
5	外部环境检测（Q/GDW 597—2011）		
6	外部环境失败的处理（Q/GDW 597—2011）		
7	专用登录模块（Q/GDW 597—2011）/（GB/T 22239—2008）		
8	禁止匿名账户（Q/GDW 597—2011）/（GB/T 22239—2008）		
9	鉴别强度（Q/GDW 597—2011）/（GB/T 22239—2008）		
10	强制鉴别（Q/GDW 597—2011）		
11	识别非法鉴别（Q/GDW 597—2011）/（GB/T 22239—2008）		
12	鉴别策略（Q/GDW 597—2011）/（GB/T 22239—2008）		
13	登录控制（Q/GDW 597—2011）/（GB/T 22239—2008）		
14	会话安全处置（Q/GDW 597—2011）		
15	会话安全管理（Q/GDW 597—2011）		

续表

序号	检测项目①	页码	检测结论②
16	单用户会话限制（Q/GDW 597—2011）		
17	初始口令（Q/GDW 597—2011）/（GB/T 22239—2008）		
18	口令更改（Q/GDW 597—2011）/（GB/T 22239—2008）		
19	口令过期处置（Q/GDW 597—2011）/（GB/T 22239—2008）		
20	系统管理员（Q/GDW 597—2011）		
21	审核管理员（Q/GDW 597—2011）		
22	权限分离（Q/GDW 597—2011）		
23	安全管理员（Q/GDW 597—2011）		
24	授权原则（Q/GDW 597—2011）		
25	访问控制功能（Q/GDW 597—2011）/（GB/T 22239—2008）		
26	访问控制策略（Q/GDW 597—2011）/（GB/T 22239—2008）		
27	权限制约（Q/GDW 597—2011）/（GB/T 22239—2008）		
28	权限互斥（Q/GDW 597—2011）		
29	立即生效（Q/GDW 597—2011）		
30	审计覆盖（Q/GDW 597—2011）/（GB/T 22239—2008）		
31	审计类型（Q/GDW 597—2011）/（GB/T 22239—2008）		
32	审计记录条目（Q/GDW 597—2011）/（GB/T 22239—2008）		
33	安全事件记录（Q/GDW 597—2011）/（GB/T 22239—2008）		
34	审计进程保护（Q/GDW 597—2011）		
35	审计管理（Q/GDW 597—2011）/（GB/T 22239—2008）		
36	…	…	…

①此处为便于描述，以简易别称代表相关项，具体检测内容参见正文中检测项描述。

②检测结论包括两种结果：符合、不符合。

表 5-4　　主要仪器设备

序号	仪器设备名称	规格型号	编号
1	PC（个人计算机）	HP Compaq 8000	TXⅡ（N）0010
2	LoadRunner	V8.1	TXⅡ（N）0004
3	H3C 交换机	S7503E-S	TXⅡ（N）0006
4	…	…	…

（一）测评背景

受××公司的委托，××××测评认证机构组建了测评工作组（以下简称“工作组”），对××型号××××系统实施委托测评。本报告是在完成××型号××××系统的实验室检测后，对检测记录深入分析的基础上，客观地描述与判断被测系统的实现机制和功能及存在的缺陷。

（二）测评说明

1. 测评标准规范

（1）《信息技术 安全技术 信息技术安全性评估准则》（GB/T 18336.2—2008）（第 2 部分：安全功能要求）。

（2）《××××公司应用软件通用安全要求》（Q/GDW 597—2011）。

2. 调研资料

（1）《××型号××××系统用户操作手册》：开发商调研反馈。

（2）《××型号××××系统技术说明书》：开发商调研反馈。

3. 测试方法

本次××型号××××系统安全性测试过程中，通过单独使用或组合使用以下方法执行测试用例，获取测试数据：

（1）操作验证（A）：在系统的界面和工具中，执行、验证和确认系统实现的安全功能。

（2）人工查看（B）：人工查看系统中与安全相关的配置工具和配置信息。

（3）工具查看（C）：使用特定的测试工具对后台数据库、配置文件内容、加密数据等相关安全内容进行确认或验证。

（4）攻击测试（D）：利用攻击工具或通过人工操作的方式攻击系统，验证相关安全机制是否可靠。

（5）代码测试（E）：对代码使用一定的安全检测规则进行安全性检测。

（三）系统概况

1. 被测样品

样品全称：××型号××××系统。

2. 技术架构

（1）开发语言：Java。

（2）服务模式：B/S。

（3）运行系统：Linux Red Hat。

3. 系统功能

本次测试对象为××型号××××系统，其主要功能如下：

（1）AdminConsole 模块。

1）安装和启动组件模块。在此界面启动，需要启动支持服务的相关组件。

2）部署和启动服务模块。通过服务总线部署需要使用的服务，并启动部署成功的服务，使服务运行。

3）端点管理模块。该模块有两个功能：一个是查看，修改服务端点设置和状态，通过单击服务端点的端点名获得该端点的相关设置，可以进行浏览和修改操作，并且能够记忆用户进行的修改操作；另一个是统计，通过服务名查看该服务各个端点的流量等相关信息。

4）消息管理模块。通过服务名，对该服务下的各个端点对流过的消息存储状态进行查看和修改。根据服务名获得相关结点信息，查看端点存储消息。在端点消息视图界面中，可以查看存储消息的相关信息，如保存事件、类型、消息预览、重发等信息，并且可以通过时间和消息内容进行查询。

5）查看日志模块。通过查看操作树的各项日志查看总线运行的状态是否正常。在日志主界面，用户可以自定义需要查看日志的等级。

6）用户配置模块。用户可以通过工作用户配置选项实现个性化的用户需求，满足各个用户对数据管理的不同时间需求。①用户管理：管理员用户可以创建、删除、修改管理控制台系统的用户信息，其他级别的用户能够使用该功能修改自己的登录信息。②默认设置：系统的默认设置。③用户设置：用户可以自定义设置。

（2）UserConsole 模块。

1）服务视图模块。服务视图模块展示应用系统包含的全部服务，区分服务端、客户端、每个服务的详细情况、流量统计、错误告警等。

2）业务视图模块。业务视图模块准确展示了某一业务的完整流转过程，可针对业务需求进行定制。业务列表具备告警功能。典型的业务如下：配电自动化的红黑图业务、主网图模更新业务、配电自动化指标数据。

3）硬件监控模块。硬件监视模块实现对××型号××××系统的硬件实时监视，可查看关键设备的在线状态、CPU 负载、内存、硬盘等运行状况。

4）告警功能模块。告警功能模块提供多重告警展示：系统视图、业务视图、服务视图、硬件监控都提供实时告警。提供告警信息的统一查看、详细信息、分类检索、告警处理等功能。提供“一键自查”式的便捷工具。服务告警与之联动，一键跳转。

5）参数配置模块。参数配置模块提供集中参数配置：系统视图、业务视图、服务节点、硬件结构。实现定制化信息监控效果。

6）统计功能模块。图形化的统计数据，对电力信息流运行状态进行直观展示。

7）用户配置模块。采用 Web 方式登录页面，提供完善的用户配置页面。

4. 代码规模

（1）可执行代码量：8 681 行。

（2）检测文件数：430 个。

（3）最终修订日期：2014 年 7 月 1 日。

5. 应用范围

××型号××××系统应用于××××电力公司的生产运行管理系统，实现企业级信息集成。

（四）测试环境

1. 测试拓扑

本次××型号××××系统委托检测是在开发测试环境[1]中实施的，其测试拓扑结构如图 5-4 所示。

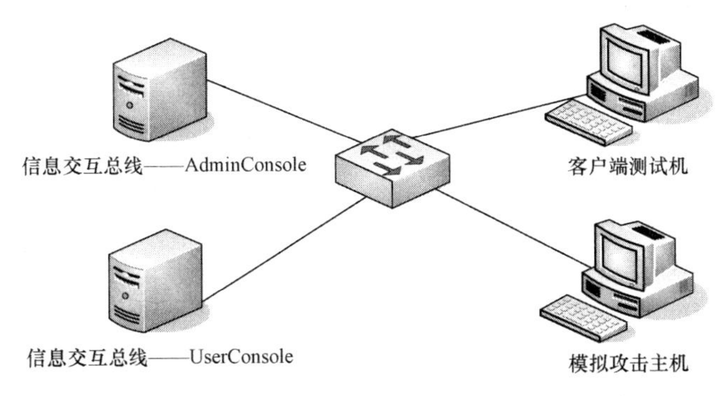

图 5-4　××型号××××系统测试拓扑结构

[1] 现场应用环境可能由于配置上的差异，造成安全性的不同。

2. 主机配置

服务器配置和客户端配置分别见表5-5和表5-6。

表5-5 服务器配置

服务器名称	服务器地址	软件类型和版本
服务器	192.168.2.168	Tomcat 7.0.26.0 Oracle 10g

表5-6 客户端配置

客户端名称	客户端地址	操作系统	浏览器/客户端
客户端测试机	192.168.2.98	Windows 7	IE 7.0
模拟攻击主机	192.168.2.99	Windows 7	IE 7.0

3. 应用软件配置

（1）系统全称和版本号。

1）系统全称：××型号××××系统。

2）当前版本号：IEB2000。

（2）系统部署模块。××型号××××系统模块均已部署。

（3）其他特别插件。本系统需要在下层应用上加载全部安全过滤器，所用的过滤器也在本报告范围之内。

（五）检测内容及结果

以下是针对××型号××××系统的检测内容及结果。对于样品中未包含的其他部分，不在此次测评范围之内。

1. 与基础环境的交互（Q/GDW 597—2011）

（1）安全机制独立性。该项的检测内容及结果见表5-7。

表5-7 安全机制独立性检测内容及结果

检测内容	检测结果
应用软件的安全设计和实现应该具有独立性，不能完全依赖当前基础主机环境提供的安全机制确保应用本身和它的数据不受到破坏或拒绝服务	√

注 符号“√”表示满足技术要求，或称为“符合”；符号“×”表示不满足技术要求，或称为“不符合”。此次测评本项结论：符合。

（2）安全控制有效性。该项的检测内容及结果见表5-8。

表5-8 安全控制有效性检测内容及结果

检测内容	检测结果
应用软件应该防止用户绕过其安全控制机制直接尝试访问基础主机环境	√
应用软件应该能够进行对安全功能的自检，这些检测可在启动时进行，或周期性地进行，或应授权用户的请求进行，或当满足其他条件时进行	√

注 符号“√”表示满足技术要求，或称为“符合”；符号“×”表示不满足技术要求，或称为“不符合”。此次测评本项结论：符合。

（3）安全策略可配置。该项的检测内容及结果见表5-9。

表5-9　　安全策略可配置检测内容及结果

检　测　内　容	检测结果
应用软件应该能够被配置（或通过自动配置）以在特定的环境中进行恰当的安全操作，并且能够报告缺陷	√

注　符号“√”表示满足技术要求，或称为“符合”；符号“×”表示不满足技术要求，或称为“不符合”。此次测评本项结论：符合。

（4）外部环境完整性。该项的检测内容及结果见表5-10。

表5-10　　外部环境完整性检测内容及结果

检　测　内　容	检测结果
应用软件在运行期间，应该不执行、并且应该不能被用于执行任何可能改变主机安全配置、安全文件、操作环境或平台安全程序的功能，也不能破坏或试图破坏属于基础主机环境的文件和功能	√

注　符号“√”表示满足技术要求，或称为“符合”；符号“×”表示不满足技术要求，或称为“不符合”。此次测评本项结论：符合。

（5）外部环境检测。该项的检测内容及结果见表5-11。

表5-11　　外部环境检测内容及结果

检　测　内　容	检测结果
应用软件应该具备确认其操作环境是正确配置的功能，并且能够对任何影响应用系统正常运行或安全状态的环境因素的缺乏进行报告	√

注　符号“√”表示满足技术要求，或称为“符合”；符号“×”表示不满足技术要求，或称为“不符合”。此次测评本项结论：符合。

（6）外部环境失败的处理。该项的检测内容及结果见表5-12。

表5-12　　外部环境失败的处理检测内容及结果

检　测　内　容	检测结果
应用软件应该可以探测到主机运行环境中的错误情况。对主机环境状态的检验应贯穿于应用程序的整个执行过程，当探测到外部环境错误时可以以一个有序的过程对错误程序实施关闭，即首先在外部环境中终止其获得组件的意图，同时终止需要该组件完成的功能	√

注　符号“√”表示满足技术要求，或称为“符合”；符号“×”表示不满足技术要求，或称为“不符合”。此次测评本项结论：符合。

2. 基本型通用安全技术要求（Q/GDW 597——2011）

（1）身份鉴别。该项的检测内容及结果见表5-13。

表5-13　　身份鉴别检测内容及结果

检　测　内　容	检测结果
专用登录模块：应用系统应该提供专用的登录控制模块对登录用户进行身份标识和鉴别，标识范围应该涵盖应用系统的所有使用者	√
禁止匿名账户：应用系统应该不内置匿名账户，也不允许匿名用户的登录	√
鉴别强度：应用系统应该具备用户身份标识唯一和鉴别信息复杂度检查功能，保证应用系统中不存在重复用户身份标识，身份鉴别信息不易被冒用	√

续表

检 测 内 容	检测结果
强制鉴别：应用系统应该确保使用者在被授予敏感权限之前已经被鉴别	√
识别非法鉴别：应用系统应该能识别非法鉴别请求，并可根据安全策略启动对失败标识和鉴别尝试进行锁定	√
鉴别策略：应用系统应该能够允许系统管理员用户随时更改失败次数和锁定时间	√
登录控制：应用系统应该能够允许系统管理员用户根据需要设置允许在客户端登录系统的用户属性，包括用户登录的时间段、用户登录的IP地址等	√
会话安全处置：应用系统对客户端用户每一次初始的会话连接请求，都应当要求其完成鉴别过程，对鉴别成功的每个会话都要维持其连接和中断的状态，在会话超时后，应使会话进入休眠状态或中断连接	√
会话安全管理：应用系统应该能够自动处理会话的异常状态，如连接超时、不完整连接等，并且应该提供给系统管理员适当的管理工具对会话进行实时控制，包括设置会话超时时间、最大允许会话数	√
单用户会话限制：应用系统应该能够限制一个客户端只能有一个用户同时登录到系统中，一个用户只允许同时在一个客户端登录到系统中	√
初始口令：应用系统应该可以使系统管理员用户去分发用户的初始口令，同时需要强制用户在初始登录时去改变管理员分发的口令	√
口令更改：应用系统应该不允许系统管理员用户之外的其他用户去改变非本人的口令	√
口令过期处置：应用系统在鉴别身份之前，应该能够检验用户口令是否过期，并强制性要求口令过期的用户去更新口令	√
系统管理员：应用系统应该将系统的管理权限（包括用户管理、权限管理、配置定制）单独赋予给系统管理员，这类用户仅负责进行系统级的管理，不具备任何业务操作的权限	√
审核管理员：应用系统应该能够通过设置审核管理员，对关键的系统管理和特殊要求的业务操作行为实施不可绕行的审批，没有经过审批的操作将不能生效	√
权限分离：在应用系统使用中，应该保证审核管理员与系统管理员不是同一个人	√
安全管理员：应用系统应该通过设置特殊的安全管理员，对系统中所有的安全功能进行管理或监视，如具有操作审计、数据备份等权限，从而限制和监督系统管理员、业务员行使正常权限	√
授权原则：应用系统应该将业务操作权限赋予给非管理员，这类用户不能具备任何系统级的管理权限，并且其具有的权限转移和委托机制不能违背系统的授权原则	√

注　符号“√”表示满足技术要求，或称为“符合”；符号“×”表示不满足技术要求，或称为“不符合”。此次测评本项结论：符合。

（2）访问控制。该项的检测内容及结果见表5-14。

表5-14　　访问控制检测内容及结果

检 测 内 容	检测结果
访问控制功能：应用系统应该提供访问控制功能，依据安全策略控制用户对文件、数据库表等客体的访问	√
访问控制策略：应用系统应该由授权主体配置访问控制策略，并严格限制默认用户的访问权限	√
权限制约：应用系统应该授予不同用户为完成各自承担任务所需的最小权限，并在它们之间形成相互制约的关系	√
权限互斥：应用系统应该能够根据业务特性，设置权限互斥的原则，保证用户、权限合理的对应关系，避免任何可能产生安全问题的权限分配方式或结果	√
立即生效：应用系统应该提供给系统管理员用户一个产生和修改用户授权的管理工具，并且保证在每次产生或修改权限后不需要重启系统就能立即生效	√

注　符号“√”表示满足技术要求，或称为“符合”；符号“×”表示不满足技术要求，或称为“不符合”。此次测评本项结论：符合。

（3）安全审计。该项的检测内容及结果见表 5-15。

表 5-15　　安全审计检测内容及结果

检　测　内　容	检测结果
审计覆盖：应提供覆盖到每个用户的安全审计功能，对应用系统重要安全事件进行审计	√
审计类型：审计事件的类型应至少包括系统事件、业务事件、成功事件、失败事件及对审计功能的操作	√
审计记录条目：审计记录的内容应至少包括事件的日期、时间、发起者信息、类型、描述和结果等	√
安全事件记录：应用系统应该能够将所有的安全相关事件记录到事件日志中，或者将事件数据安全地发送到外部	√
审计进程保护：应用系统应该保证无法删除、修改或覆盖审计记录	√
审计管理：应用系统应该能够允许安全管理员选择需要进行审计的事件项目	√

注　符号“√”表示满足技术要求，或称为“符合”；符号“×”表示不满足技术要求，或称为“不符合”。此次测评本项结论：符合。

（4）数据完整性。该项的检测结果及结论见表 5-16。

表 5-16　　数据完整性检测内容及结果

检　测　内　容	检测结果
完整性基本要求：应用系统应该采用校验码技术保证存储和传输过程中数据的完整性	√
传输完整性保护：应用系统应该能够检测到鉴别信息和重要业务数据在传输过程中其完整性是否受到破坏	√

注　符号“√”表示满足技术要求，或称为“符合”；符号“×”表示不满足技术要求，或称为“不符合”。此次测评本项结论：符合。

（5）数据保密性。该项的检测内容及结果见表 5-17。

表 5-17　　数据保密性检测内容及结果

检　测　内　容	检测结果
会话保密性：应用系统应该对通信过程中的敏感信息字段进行加密	√
数据存储保密性：应用系统应采用加密或其他保护措施实现鉴别信息的存储保密性	√
数据安全限制：应用系统应该能够保证其向客户端提供的数据信息中不包含泄漏应用系统安全数据的内容，也不包含与用户请求无关的数据	√

注　符号“√”表示满足技术要求，或称为“符合”；符号“×”表示不满足技术要求，或称为“不符合”。此次测评本项结论：符合。

（6）软件容错。该项的检测内容及结果见表 5-18。

表 5-18　　软件容错检测内容及结果

检　测　内　容	检测结果
数据有效性检验：应用系统应该提供数据有效性检验功能，保证通过人机接口输入或通过通信接口输入的数据格式或长度符合系统设定要求	√
自动恢复：在故障发生时，应用系统应能够继续提供一部分功能，确保能够实施必要的措施	√

注　符号“√”表示满足技术要求，或称为“符合”；符号“×”表示不满足技术要求，或称为“不符合”。此次测评本项结论：符合。

（7）资源控制。该项的检测内容及结果见表 5-19。

表 5-19　　资源控制检测内容及结果

检　测　内　容	检测结果
会话超时：当应用系统的通信双方中的一方在一段时间内未做出任何响应，另一方应能够自动结束会话	√
限制最大并发会话数目：应能够对系统的最大并发会话连接数目进行限制	√
限制多重并发会话数目：应能够对单个账户的多重并发会话数目进行限制	√

注　符号“√”表示满足技术要求，或称为“符合”；符号“×”表示不满足技术要求，或称为“不符合”。此次测评本项结论：符合。

3. 渗透与攻击测试（INSL）

（1）FDP_UCT.1 基本的数据交换保密性/客户端信息保护（INSL2）。该项的检测内容及结果见表 5-20。

表 5-20　　客户端信息保护检测内容及结果

检　测　内　容	检测结果	检　测　内　容	检测结果
客户端信息泄露	√	永久 Cookie 包含敏感的会话信息	√

注　符号“√”表示当前技术未发现此类高中风险漏洞，或称为“符合”；符号“×”表示明确发现有此类高中风险漏洞，或称为“不符合”。此次测评本项结论：符合。

（2）FDP_UCT.1 基本的数据交换保密性/服务器端信息保护（INSL2）。该项的检测内容及结果见表 5-21。

表 5-21　　服务器端信息保护检测内容及结果

检　测　内　容	检测结果	检　测　内　容	检测结果
服务器端信息泄露	√	目录遍历	√

注　符号“√”表示当前技术未发现此类高、中风险漏洞，或称为“符合”；符号“×”表示明确发现有此类高、中风险漏洞，或称为“不符合”。此次测评本项结论：符合。

（3）FPT_ITC.1 传送过程中 TSF 间的保密性/网络信息保护（INSL2）。该项的检测内容及结果见表 5-22。

表 5-22　　网络信息保护检测内容及结果

检　测　内　容	检　测　结　果
网络信息泄露	√

注　符号“√”表示当前技术未发现此类高、中风险漏洞，或称为“符合”；符号“×”表示明确发现有此类高、中风险漏洞，或称为“不符合”。此次测评本项结论：符合。

（4）FPR_UNO.1 不可观察性/越权操作抵御（INSL2）该项的检测内容及结果见表 5-23。

表 5-23　　越权操作抵御检测内容及结果

检　测　内　容	检测结果	检　测　内　容	检测结果
应不存在不需要登录的验证绕过	√	应不存在需要任意登录的验证绕过	√

注　符号"√"表示当前技术未发现此类高、中风险漏洞，或称为"符合"；符号"×"表示明确发现有此类高、中风险漏洞，或称为"不符合"。此次测评本项结论：符合。

（5）FDP_IFF.4 部分消除非法信息流/溢出测试抵御（INSL2）。该项的检测内容及结果见表 5-24。

表 5-24　　溢出测试抵御的检测内容及结果

检　测　内　容	检测结果	检　测　内　容	检测结果
系统应对输入长度进行验证	√	系统应对数据边界进行验证	√

注　符号"√"表示当前技术未发现此类高、中风险漏洞，或称为"符合"；符号"×"表示明确发现有此类高、中风险漏洞，或称为"不符合"。此次测评本项结论：符合。

（6）FDP-ITC.2 带有安全属性的用户数据输入/文件上传漏洞抵御（INSL2）。该项的检测内容及结果见表 5-25。

表 5-25　　文件上传漏洞抵御检测内容及结果

检　测　内　容	检　测　结　果
系统应对上传的文件类型进行限定	√

注　符号"√"表示当前技术未发现此类高、中风险漏洞，或称为"符合"；符号"×"表示明确发现有此类高、中风险漏洞，或称为"不符合"。此次测评本项结论：符合。

（7）FPT_RPL.1 重放检测/重放检测（INSL2）。该项的检测内容及结果见表 5-26。

表 5-26　　重放检测检测内容及结果

检　测　内　容	检测结果	检　测　内　容	检测结果
应能对重放攻击抵御	√	注销后会话应失效	√

注　符号"√"表示当前技术未发现此类高、中风险漏洞，或称为"符合"；符号"×"表示明确发现有此类高、中风险漏洞，或称为"不符合"。此次测评本项结论：符合。

（8）FDP-ACC.2 完全访问控制/SQL 注入抵御（INSL2）。该项的检测内容及结果见表 5-27。

表 5-27　　SQL 注入抵御检测内容及结果

检　测　内　容	检测结果	检　测　内　容	检测结果
条件响应式 SQL 注入攻击抵御	√	猜测式 SQL 注入式攻击抵御	√
盲目 SQL 注入式攻击抵御	√	分局式 SQL 注入式攻击抵御	√

注　符号"√"表示当前技术未发现此类高、中风险漏洞，或称为"符合"；符合"×"表示明确发现有此类高、中风险漏洞，或称为"不符合"。此次测评本项结论：符合。

（9）FDP_IFC.2 完全信息流控制/XSS 攻击抵御（INSL2）。该项的检测内容及结果见表 5-28。

表 5-28　　XSS 攻击抵御检测内容及结果

检　测　内　容	检测结果	检　测　内　容	检测结果
跨站点脚本攻击（cross site scripting）抵御	√	伪造跨站点请求攻击（cross site request forgery）抵御	√

注　符号“√”表示当前技术未发现此类高、中风险漏洞，或称为“符合”；符号“×”表示明确发现有此类高、中风险漏洞，或称为“不符合”。此次测评本项结论：符合。

（10）FDP-ACF.1 基于安全属性的访问控制/界面爆破抵御（INSL2）。该项的检测内容及结果见表 5-29。

表 5-29　　界面爆破抵御检测内容及结果

检　测　内　容	检　测　结　果
不应出现有价值的爆破点	√

注　符号“√”表示当前技术未发现此类高、中风险漏洞，或称为“符合”；符号“×”表示明确发现有此类高、中风险漏洞，或称为“不符合”。此次测评本项结论：符合。

（11）FPR_UNL.1 不可关联性/会话定置（INSL2）。该项的检测内容及结果见表 5-30。

表 5-30　　会话定置检测内容及结果

检　测　内　容	检　测　结　果
会话定置抵御	√

注　符号“√”表示当前技术未发现此类高、中风险漏洞，或称为“符合”；符号“×”表示明确发现有此类高、中风险漏洞，或称为“不符合”。此次测评本项结论：符合。

（12）输入验证。输入验证主要检测由特殊字符的编码及数字的表示等对输入的信任所引起的问题。该项的检测内容及结果见表 5-31。

表 5-31　　输入验证检测内容及结果

检　测　内　容	检测结果
SQL 注入：代码中将恶意的 SQL 命令注入到后台数据库引擎执行	√
命令注入：代码执行不可信赖资源中的命令，或在不可信赖的环境中执行命令	√
缓冲区溢出：代码在程序分配的内存边界之外写入数据，造成数据损坏、程序崩溃或执行恶意代码	√
跨站脚本攻击：代码没有验证、过滤或者转义系统收到含有不可信的数据，而直接发送给页面浏览器	√
上传任意文件：用户上传文件时，代码没有在服务端检测上传文件的大小、类型等是否符合预期要求	√
未验证的重定向和转发：代码没有检查系统进行转发和重定向的页面是否为系统可信页面	√
路径操作：代码没有检查用户输入的文件路径而使受保护的系统资源被访问和修改	√
拒绝服务：代码中没有检查用户输入的数据而造成系统崩溃或使合法用户无法进行使用	√
格式字符串：代码中没有检查格式字符串函数的变量而引起缓冲区溢出	√

注　符号“√”表示当前技术未发现此类高、中风险漏洞，或称为“符合”；符号“×”表示明确发现有此类高、中风险漏洞，或称为“不符合”。此次测评本项结论：符合。

（13）API误用。API是调用者和被调用者之间的一种约定。API误用是检测当调用者失信于此约定或者调用者通过对其行为进行某种假定而滥用被调用的API的问题。该项检测内容及结果见表5-32。

表5-32　API误用检测内容及结果

检　测　内　容	检测结果
危险函数：代码中使用危险函数［如strcpy（）、printf（）、strcmp等］	√
未检查函数的返回值：代码中未检查函数的返回值而导致程序无法发现意外情况	√

注　符号"√"表示当前技术未发现此类高、中风险漏洞，或称为"符合"；符号"×"表示明确发现有此类高、中风险漏洞，或称为"不符合"。此次测评本项结论：符合。

（14）安全特性。安全特性主要检测代码违反基于安全/隐私机制编写的问题。该项检测内容及结果见表5-33。

表5-33　安全特性检测内容及结果

检　测　内　容	检测结果
不安全的随机函数：代码中使用不安全随机函数	√
不安全的加密存储：代码没有对重要信息进行加密处理、加密强度不够或者没有安全的存储加密信息	√
隐私违规：代码中泄漏隐私信息	√
弱加密：代码中使用弱加密算法	√

注　符号"√"表示当前技术未发现此类高、中风险漏洞，或称为"符合"；符号"×"表示明确发现有此类高、中风险漏洞，或称为"不符合"。此次测评本项结论：符合。

（15）时间和状态。时间和状态主要检测在使用支持并行计算、进程和线程的复杂系统时，不恰当地管理时间和状态而引起的安全问题。该项检测内容及结果见表5-34。

表5-34　时间和状态检测内容及结果

检　测　内　容	检测结果
会话固定：代码在未释放当前会话标识符的情况下验证用户，造成验证会话被窃取	√

注　符号"√"表示当前技术未发现此类高、中风险漏洞，或称为"符合"；符号"×"表示明确发现有此类高、中风险漏洞，或称为"不符合"。此次测评本项结论：符合。

（16）错误处理。错误处理主要检测对系统错误信息处理不恰当的问题。该项检测内容及结果见表5-35。

表5-35　错误处理检测内容及结果

检　测　内　容	检测结果
空的Catch块：代码中在抛出的Catch块中没有做处理	√

注　符号"√"表示当前技术未发现此类高、中风险漏洞，或称为"符合"；符号"×"表示明确发现有此类高、中风险漏洞，或称为"不符合"。此次测评本项结论：符合。

（17）代码质量。代码质量主要检测代码的壮健性、完整性、正确性等问题。该项检测内容及结果见表 5-36。

表 5-36　代码质量检测内容及结果

检　测　内　容	检测结果
未释放资源：代码中不能成功释放某一项系统资源	√
双重释放：代码中在同一地址两次调用 free（）函数	√
内存泄漏：代码中永远没有释放已分配的内存	√
空指针引用：代码中间接引用一个 Null 指针	√
释放后使用：代码中使用已释放的内存	√

注　符号“√”表示当前技术未发现此类高、中风险漏洞，或称为“符合”；符号“×”表示明确发现有此类高、中风险漏洞，或称为“不符合”。此次测评本项结论：符合。

（18）代码封装。代码封装主要检测不同控制区域边界的划分导致隐藏代码带来一定的安全问题。该项检测内容及结果见表 5-37。

表 5-37　代码封装检测内容及结果

检　测　内　容	检测结果
跨站请求伪造：代码没有对重要操作的 HTTP 请求中包含用户特有的信息进行验证	√
系统信息泄漏：代码中泄漏系统信息	√

注　符号“√”表示当前技术未发现此类高、中风险漏洞，或称为“符合”；符号“×”表示明确发现有此类高、中风险漏洞，或称为“不符合”。此次测评本项结论：符合。

（19）环境。环境主要检测与源代码不直接相关的问题。该项检测内容及结果见表 5-38。

表 5-38　环境检测内容及结果

检　测　内　容	检测结果
传输层保护不足：代码中通过不安全的 HTTP 连接传输重要信息	√
配置文件中密码管理错误：配置文件存在用户、密码等明文存储	√
安全配置错误	√

注　符号“√”表示当前技术未发现此类高、中风险漏洞，或称为“符合”；符号“×”表示明确发现有此类高、中风险漏洞，或称为“不符合”。此次测评本项结论：符合。

本章小结

本章首先介绍了电力信息系统测评认证的工作流程，然后以实际测评项目为案例，详细介绍了电力信息系统测评的具体方案和测评检测报告样例，为电力企业开展信息系统测评的实践工作提供了框架参考。

第六章 电力信息系统测评案例

经过多年的建设，电力企业的信息化基础设施已经初具规模。多数电力企业在信息化建设过程中，对所使用的信息系统开展了严格的测评认证。通过测评认证实践活动，不仅为电力行业培养了许多专门的信息系统测评人员，而且积累了大量电力信息系统测评认证的经验。本章主要介绍针对电力信息系统所开展过的测评实践活动，为以后的电力信息化测评认证提供实践参考。

第一节　发电厂站数字化仪控系统验收测评

作为发电厂站的“神经中枢”，仪控系统（instrumentation and control system）（I&C 系统）主要负责发电厂站的检测、显示、控制和保护等功能，对于发电厂站的安全运行至关重要。I&C 系统的发展经历了三个阶段：模拟阶段、部分数字化阶段和完全数字化阶段。随着计算机软硬件和控制技术的快速发展，I&C 系统已经可以完全数字化，而且自动化程度越来越高。发电厂站作为重要工业领域，对 I&C 系统的性能和可靠性要求特别高，国际原子能机构（International Atomic Energy Agency，IAEA）、美国核能管理委员会（Nuclear Regulatory Commission，NRC）和国际电工委员会（Institute of Electrical and Electronics Engineers，IEEE）都制定了有关发电厂站 I&C 系统的法规、导则和行业标准。I&C 系统在设计、制造、现场安装和调试过程中都要经过严格的测试，以便及时发现问题并改进设计，保证最终产品满足发电厂站的特殊要求。

（一）测试目的和测试范围

I&C 系统测试是 I&C 系统验证和确认的重要组成部分，跨越整个验证和确认过程。在 I&C 系统的设计、制造、现场安装和调试过程中，I&C 系统测试主要用于：①减少设计缺陷和后期的制造、安装、调试问题；②缩短设计和制造周期，减少资源浪费和降低成本；③检测每个阶段的 I&C 系统或设备是否满足用户要求；④证明 I&C 系统或设备能够支持整个发电厂站的集成测试和稳定运行，为判断是否实现所要求的功能和具备足够的可靠性提供依据。

I&C 系统测试项目包括新建电厂项目和电厂改造项目。测试范围覆盖整个 I&C 系统，测试对象是每个项目中 I&C 系统设计、制造、现场安装和调试各个阶段的产品，包括设计说明、要求文件、软件、硬件和软硬件集成系统。

（二）测试分级和测试地点

I&C 系统的测试过程包括多个等级的测试，不同等级的测试从低到高依次开展。高等级的测试均基于低等级的测试结果，测试等级随着 I&C 系统软硬件和接口集成度的增加而增加。每级的测试都只关注与本级相关的要求，一些细节要求会在较低等级的测试中完成，一般不在更高等级的测试中再次进行。

I&C 系统测试分级总共有 9 级，其中 0～4 级测试在供货商处或工厂内完成，5～8 级测试在现场完成。0～3 级测试由产品组负责，4 级测试由来自产品组的测试人员依据系统集成的要求进行，5～8 级测试由电厂调试和测试小组负责。与测试分级对应的是被测 I&C 系统中的部件集成分级。测试分级与集成分级之间的对应关系见表 6-1。

表 6-1　　测试分级与集成分级之间的对应关系

测试等级	集成等级	测试范围	测试地点
0	部件	硬件、软件	供货商处
1	设备（模块）	硬件（如部件测试）、软件	工厂
2	组件（单元）	硬件、软件（如处理器组件软件测试）	工厂
3	子系统	每个子系统（如通道集成测试）	工厂
4	I&C 系统	多个子系统	工厂
5	安装	每个子系统	现场
6	接口	多个子系统	现场
7	可预操作	集成系统（如现场验收测试）	现场
8	可操作	核电厂	现场

在整个 I&C 系统测试过程中，测试地点不是强制规定的，可能有多个，但选择测试地点时必须考虑测试的目的，以便证明 I&C 系统在现场安装后能够执行相关功能。另外，测试地点的选择还需考虑产品封装及从一个测试地点运输到下一个测试地点可能受到的影响。如果运输使测试失效，且必须在下一个测试地点重测，则有必要延后该测试。当然，是否做出延后的决定需要同时考虑是否有利于在早期发现并解决问题，因为许多问题在供货商处或工厂更容易解决。

（三）测试要求和测试原则

1．测试要求

在测试过程中，需要满足的测试要求如下：

（1）测试独立性要求。为了有效地发现 I&C 系统设计和制造过程中的缺陷，测试计划必须独立于缺陷发生的源头，即应该保证测试组与设计组相互独立，同时，I&C 系统的设计者和测试者不应负责编写测试规程，以避免测试规程出现对特定功能的错误理解。在测试计划中，引入独立性可能导致测试计划因为忽略设计细节而探测不到潜在的缺陷。为了降低这个概率，应该基于设计要求而非设计执行文件编写测试规程。对于 I&C 系统的功能测试，测试规程的基础是功能要求，应少用设计执行文件作为输入。

（2）测试质量控制要求。对于 I&C 系统的测试活动，测试质量管理系统（quality management system，QMS）中《检查和测试》和《检查和测试状态》有相应的规程描述。表 6-2 列举了部分规程，其他可能影响测试的策略和规程应当列入具体项目的项目质量计划（Project Quality Plan，PQP）中，包括测试使用的相关标准（如 IEEE 829　1998、IEEE 1008　1987）和导则（如 RG 1.170、RG 1.171）。

表 6-2　　　　　测试质量管理系统相关测试的部分规程

2 级测试规程	3 级测试规程
《工程质量方案》	《测试规程》
《测试控制》	《测试规程》
《维修、替换和自动化服务检测，测量和测试设备控制》	《测试配置》
《测试记录》	《测试结果》
《检查测试人员资质》	

（3）测试人员资质要求。测试人员应由接受过与本测试工作相关资质教育或具有同等相关工作经验的人员担任。测试人员按照 ANSI N45.2.6 开展测试活动，并通过相关的资质认证。

（4）测试文件体系要求。测试文件体系要求如下：测试开始前制订相应的测试方案和规程，测试过程中仔细记录测试方案实施情况及测试数据、被测 I&C 系统配置数据和测试过程所遇问题，测试结束后对测试过程和测试数据进行分析，形成测试报告。这些记录文件和报告组成相应的测试文件体系，如图 6-1 所示。基本的测试文件包括通用性测试规程、通用性测试策略和测试程序、通用性 I&C 系统顶层集成确认和测试策略、项目集成测试方案、I&C 系统/子系统测试计划、I&C 系统/子系统测试说明、I&C 系统/子系统测试规程、I&C 系统/子系统测试数据表、I&C 系统/子系统测试记录、I&C 系统/子系统测试报告。

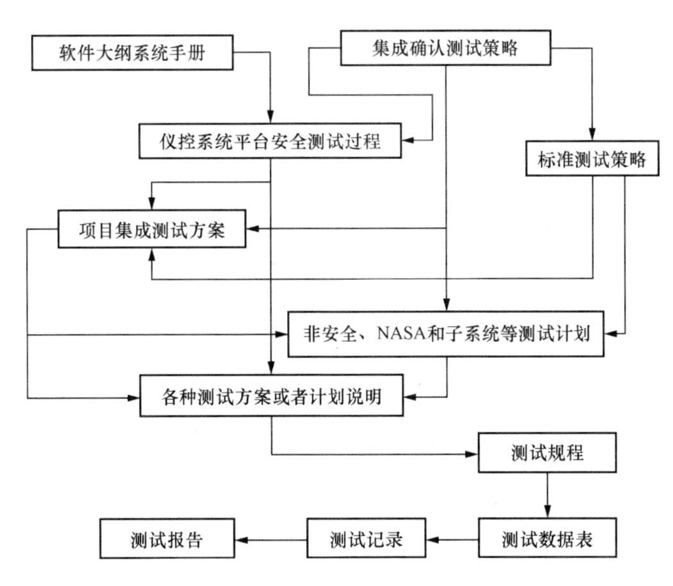

图 6-1　发电厂站 I&C 系统验收测试文件体系

2. 测试原则

在测试过程中，需要遵循的测试原则如下：

（1）测试应该有条理地从底层模块或组件开始，然后逐步扩展到 I&C 系统或子系统，最后证明 I&C 系统所有部分能够一起正常工作。测试应该尽量在集成度最低的层次上实施，以便在整个产品生命周期的早期能够发现问题并及时更改。

（2）若在高等级测试中包含低等级测试，则应尽量避免重复执行低等级测试。给定等级上的测试应该只关注该给定等级上可能产生的缺陷，而不是低等级上产生的缺陷。除非集成流程改变了 I&C 系统，使其不能满足给定要求，否则之前的测试凭证仍然有效。

（3）如果能够证明低等级测试的要求与高等级测试的要求一致，则可以省去低等级测试。例如，经验表明 I&C 系统输入模块现场接线端的连通性低层次要求可以在高层次输入通道要求测试时得到验证，则可以省去输入模块现场接线端的连通性测试。

（4）没有必要在工厂测试中复制实际的安装环境或系统接口，但是应该说明工厂测试环境和现场测试环境的不同之处。例如，如果掉电不是现场测试的关注点，则不要求供电冗余，测试可以使用单一供电。

（5）I&C 系统的测试执行工具可以提供一些诊断信息，测试过程中应该根据这些诊断信息合理缩减测试范围。在测试过程中，使用诊断信息之前要确保能够提供测试所需的信息。

（6）测试并不一定是确认满足要求的最佳途径。在某些情况下，分析和检查可以作为测试的补充，合理缩小测试范围，减少测试执行时间，提高目标证实过程效率。采用分析和检查完成目标测试时，在测试说明中应详细记录分析和检查结果，以便形成一个完整的证明记录。

（7）被测 I&C 系统的配置信息应在测试数据档案中按照一定的格式记录，这样测试结果才有意义。由于修改经常出现，应该记录测试过程中的所有更改，了解更改的影响为后期决定先前测试是否有效提供依据。

（四）测试规程和测试计划

测试计划是测试的设计和质量保证文件，可以使用户在测试规程出版前了解意图并同意测试方法。因此，应为每个测试过程编写一份测试规程。测试规程书确定了测试的目的、目标、范围、适用标准、约束条件及测试结果的处理。测试规程是测试规程书的具体执行，一份测试规程书可以创建一个或多个测试规程。虽然测试规程书可以与测试规程合并为一份文件，但一般推荐将测试规程作为独立的文件出版。因为测试规程书需要在相关测试规程前准备好，以得到足够的用户审查和反馈意见。如果测试规程书与测试规程合并为一份文件，则用于满足测试规程要求的信息必须清晰，且区别于满足测试规程要求的信息。

测试计划提供了测试项目的具体环节，对具体编制的测试计划可以用于完整的发电厂站 I&C 系统、独立系统及其子系统集成测试，它列出了标准测试方法与经用户同意的测试方法的不同之处。测试计划应包含足够的细节信息（如测试的地点、系统范围和测试范围等），以便用户能够进行资源规划。测试计划应明确用户参加的测试项目和合同里程碑事件。测试计划还应该特别定义测试文件树状图，以显示后续生成的测试文件。尽管该阶段不需要特殊的文件编号，但预留编号和测试方案记录可减轻整个项目的跟踪难度。用户审查和批准的要求、质量规程、测试策略、标准过程、工业标准和规章指南等也应写入测试计划中。

（五）测试流程和测试内容

按照时间顺序，I&C 系统的测试流程可以分为以下七个阶段：

（1）原型测试阶段。该阶段的测试用于证明和估量 I&C 系统设计理念的关键特性，测试结果用于指导 I&C 系统进一步的设计开发和确定最终要求。

（2）设计测试阶段。该阶段的测试用于证明发电厂站 I&C 系统部件、组件或系统的既定设计要求能够得到满足，在该意义上测试目标接口可以被仿真。这些测试在仿真控制器环境中进行，而不是在真实的发电厂站 I&C 系统系统上进行，如控制逻辑可以在仿真控制器环境中进行。

（3）制造测试阶段。该阶段的测试用于证明发电厂站 I&C 系统能根据组装图和其他的设计文件正确组装。

（4）集成式测试阶段。该阶段的测试应在发电厂站 I&C 系统验证和确认前进行，以检查发电厂站 I&C 系统的兼容性和一致性。

（5）接口测试阶段。该阶段的测试主要是在发电厂站 I&C 系统所在的主要子系统（如安全系统、控制系统、运行控制和检测系统等）或模拟机上进行。该测试同时包含发电厂站 I&C 系统各部分之间的接口测试。

（6）安装测试阶段。该阶段的测试用于证明发电厂站 I&C 系统在从工厂运输到现场过程中未被损坏发电厂站 I&C 系统各部分之间的电缆接线（包括供电、传感器信号和网络）正确。

（7）运行测试阶段。该阶段的测试用于证明发电厂站 I&C 系统满足设计要求，在各种工况下能够使发电厂安全可靠运行，包括发电厂运行前发电厂站 I&C 系统功能测试及发电厂运行时瞬态性能证明。

有效的测试是“自下而上”、有条理地进行的。首先测试独立组件，然后测试构成子系统或者机柜的相互联系组件，最后测试整体直至整个发电厂站 I&C 系统测试完成。不同的集成等级使用不同的术语标记（如部件、设备、单元、模块、组件），各项测试随着集成度的增加依次进行。发电厂站 I&C 系统的验收测试流程如图 6-2 所示。

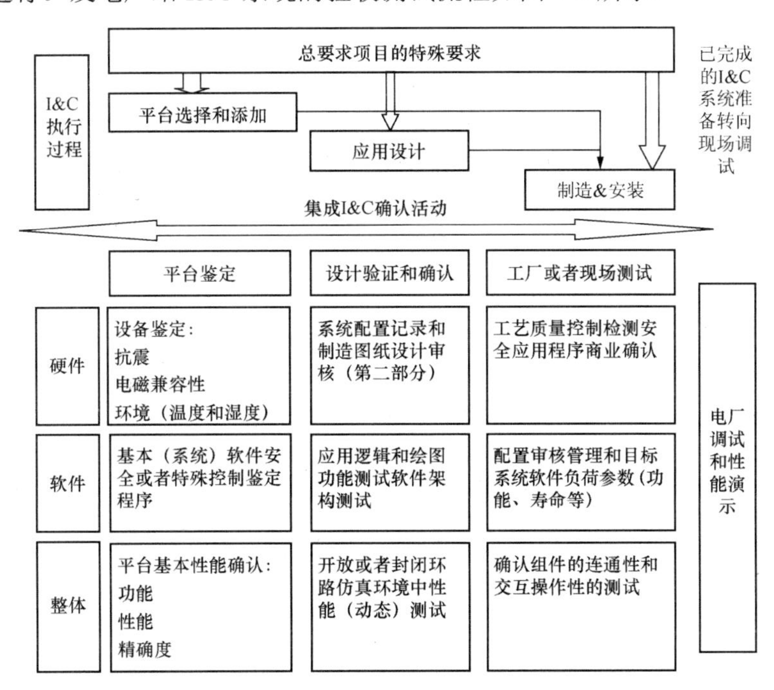

图 6-2　发电厂站 I&C 系统的验收测试流程

（六）测试记录和测试报告

测试记录文件记录了测试执行过程中的原始数据。完整的测试数据表和电子版的数据记录表也是测试记录文件的重要组成部分。如果测试日志被保留下来，则日志也属于测试记录文件。测试记录文件还应包括测试中被变更的测试规程页面的复制。测试报告用于测试完成后对测试和结果的描述和总结，由测试者或者指定的人员在测试后尽快完成。测试中的任何异常问题都被记录在测试报告中，列出的任何异常问题都应同时被真实地记录到异常报告中并被跟踪直到问题关闭。异常报告包括由设计团队提供的解决方案。每个测试过程应撰写一份测试报告，相关的测试过程也可以撰写一份合并的测试报告。

（七）测试问题和解决处理

测试问题的报告和对问题的处理对结束测试及测试结果的确认是十分重要的。因此，应提供关于问题报告和跟踪的通用要求，通用要求应根据具体项目写入测试计划中。当 I&C 系统与规定的设计要求、文件说明、规程不一致，以及项目质量或活动令人不满意或不确定时，判定该发电厂站 I&C 系统不合格。测试中记录与预期测试结果不一致的部分，并且根据需要在状态审查中与设计和测试小组进行讨论。这些不一致项作为问题由合适的解决方案跟踪处理。当相关问题记录步进跟踪系统并且已经确定问题负责人员时，项目经理可以根据现有资源和相应数据处理问题。如果出现的问题妨碍了测试进展或后面的测试阶段，则应尽快解决或者进行临时变更，临时进行变更必须遵循项目配置管理计划。解决问题的具体计划应该包含在测试计划中，回归测试证明问题已被解决并且没有新的问题产生。这样，完整的测试才算结束。

在整个发电厂站 I&C 系统的设计、制造、安装和调试过程中，测试可以尽早地发现问题或者缺陷并加以改进，提高发电厂站 I&C 系统的可靠性。同时，也可最大限度地避免返工，促进发电厂站 I&C 系统的设计、制造、安装和调试进度，节约资源并降低整个工程的成本。

第二节　电网调度自动化主站系统测评

电网调度自动化系统主站系统（以下简称电网调度自动化系统）是保证电网安全稳定运行的基础技术手段，其建设是一项投资巨大、知识密集和高风险性的系统工程。为了保证电网调度自动化系统的质量，需要对其开展专业化的测评。

（一）测试内容

从规范化、标准化和专业化的角度，电网调度自动化系统的验收测试应包括以下内容：①系统硬件设备核查与测试；②技术资料和软件介质清点核查；③系统软件平台（包括操作系统、图形管理系统、网络管理系统、数据库管理系统等）测试验收；④数据采集与监控功能（包括电网工况全图形监控、数据采集和处理、控制和调节、事故追忆、报警处理、历史数据管理、报表管理、趋势记录、拓扑着色、人机联系、模拟盘或大屏幕控制、系统时钟管理等）测试验收；⑤Web 信息发布系统测试；⑥系统接口和外部网络通信测试；⑦系统网络安全测试；⑧系统综合性能指标测试；⑨电力应用软件测试。

以上测试内容包括对电网调度自动化系统每个组成部分的测试。在未配备专业测试工具之前，只能采用目测、估算等受人为因素影响较大的方式实施相关测试，无法对电网调度自动化系统的软件平台、运行机制及系统应该具备的标准化、开放性、扩展性和可移植性等属性进行有效测试。为了实现电网调度自动化系统的专业化测试，需要开发专门的测试模拟系统。

（二）测试模拟系统

测试模拟系统主要用于模拟正常和事故状态下的系统运行环境，实现对电网调度自动化系统的测评。该测试模拟系统具备以下功能：

1. 模拟厂站功能

当测试电网调度自动化系统时，该测试模拟系统可以根据需求模拟多个厂站与被测的主站进行通信。可以模拟的厂站功能包括模拟产生遥测量、遥信量、电量、事件顺序记录（sequence of event，SOE）数据及遥控、遥调的返校和执行过程。遥测量的取值范围及变化方式、遥信量的变化频率及变化方式、SOE 数据的产生方案及所采用的通信规约种类均可自由定义，各类数据的变化时间和数据、规约报文也有详细记录，从而实现对电网调度自动化系统的规约解析、数据处理、画面显示等各功能模块的正确性、有效性进行测试。

2. 模拟主站功能

该测试模拟系统可以模拟主站按照设定的规约与被测的子站进行通信。可以模拟的主站功能如下：①实时数据接收及命令下发。模拟产生遥控和遥调操作，支持批量遥控和顺序遥控及定义、保存、装载批量遥控和顺序遥控方案，并可人工发送自定义的命令报文并对报文进行跟踪与分析。②历史数据记录。对接收到的子站实时数据进行时间间隔为 2s 的历史数据记录，并可绘制遥测量的历史数据曲线。③通信内容的监视与记录。利用以上功能即可对子站系统的时效性、数据的正确性（如遥信响应时间、遥测响应时间、遥测精度、遥控响应时间和 SOE 准确度等）进行测试，并可为子站的调试提供便利条件。

3. 规约分析功能

该测试模拟系统支持 IEC 101、CDT、Polling1801 等多种远动规约，提供各种规约的标准配置测试模块及规约的单步调试功能，对通信内容进行实时翻译和错误统计，在人机界面上以不同颜色区分上、下行报文内容及各类错误信息。所有的通信内容可作为历史记录进行保存，供测试人员进行各种分析。测试人员无须关心通信内容的真正涵义，即可进行规约测试。远动信息的规约种类繁多，即使采用同一标准的规约，实际应用中也会在帧结构、信息字组合等方面存在差异。接入远动信息后，测试系统即可作为主站监视各通道传送至主站的信息报文或从主站下发至厂站的报文。

4. 模拟容量测试和雪崩测试环境

该测试模拟系统可以采用软件方式模拟、生成和传输多个厂站的巨量“四遥”数据，各类模拟信息量的最小变化时间为 100ms，每个厂站设有四级雪崩数据模型。测试人员可以根据被测系统的具体配置情况，灵活设计接入的模拟厂站数量及雪崩数据模型，所形成的数据模拟方案即可作为对电网调度自动化系统主站进行容量测试和雪崩测试的数据源，检测主站系统在发生电网事故情况下的处理能力是否满足要求，以及实际可接入的数据量能否达到该系统的设计容量值。

（三）测试执行方式

测试模拟系统的测试执行方式为在线接入，但不会改变电网调度自动化系统内部的物理连接和软件运行状态。为了全面测试和记录电网调度自动化系统的各项功能和性能指标，应同时接入软件平台测试分析系统、网络测试分析系统和便携式测试模拟系统，其接入方式如图 6-3 所示。

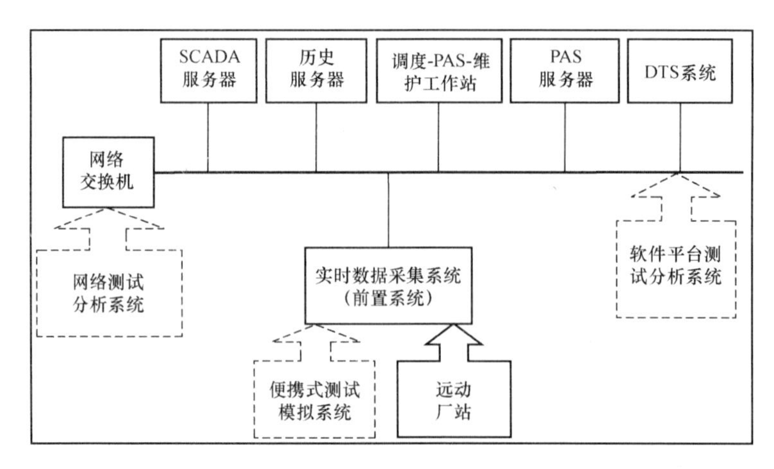

图 6-3　电网调度自动化系统的测试执行方式

对图 6-3 所示的电网调度自动化系统的测试执行方式具体说明如下：

（1）网络测试分析系统和软件平台测试分析系统直接接入系统网络。

（2）便携式测试模拟系统以串口或网络接口形式接入前置系统。

（3）图 6-3 所示为简化示意图，服务器、网络等冗余设备没有重复表示。

（四）可用测试方法

电网调度自动化系统测试最有效的方法是采用专业的、针对性的测试系统，但目前仍没有针对电网调度自动化系统的专业测试评估系统，而通用的测评系统缺乏电网调度自动化系统客观需要的专业性功能。电网调度自动化系统从物理构成上分为硬件系统和软件系统。硬件系统的测试是一个清点核查（也包括特殊情况下的性能测试）过程，硬件系统在设计阶段就已经确定（一般来说按最大可能的冗余原则设计）；软件系统的测试是一个复杂的系统工程，是软件系统开发和应用过程的关键环节。电网调度自动化系统专业测试方法的推广应用，能够促进电网调度自动化系统建设的标准化和规范化。

1. 黑盒测试方法

黑盒测试是已知电网调度自动化系统的功能设计规格，对其进行测试以验证每个功能实现是否符合工程设计要求。具体到电网调度自动化系统的软件系统，即根据软件系统规格说明书规定的功能设计测试用例，检查软件系统的功能是否符合规格说明书的要求。电网调度自动化系统的黑盒测试要在软件系统的接口处进行。这种方法是将测试对象视作一个封闭的盒子，测试人员完全不考虑电网调度自动化系统软件模块的逻辑结构和内部特性，只依据电网调度自动化系统软件模块的需求规格说明书，检查软件模块的功能是否符合其功能说明。黑盒测试的主要目的是发现以下问题：①是否有不正确或遗漏的功能；②在接口上是否能够正确地接收输入和输出正确的结果；③是否存在数据结构或外部信息（如数据文件）访问错误；④性能上是否能够满足要求；⑤是否存在初始化或终止性错误。

2. 白盒测试方法

白盒测试是已知电网调度自动化系统的内部工作过程，对其测试以验证每种内部操作是否符合设计规格要求。具体到电网调度自动化系统的软件系统，应根据软件系统的内部逻辑设计测试用例，检查软件系统中的逻辑通路是否都能按照预定的要求正确工作。电网调度自动化系统的白盒测试是对软件系统的过程性细节进行细致的检查。这种方法是将测试对象看作一个打开的盒子，允许测试人员利用软件系统内部的逻辑结构及有关信息，设计或选择测试用例，对软件系统的所有逻辑路径进行测试。通过在不同点检查软件系统状态，确定实际状态是否与预期状态一致。白盒测试的主要目的是进行以下检查：①对电网调度自动化系统软件系统的所有独立执行路径至少测试一遍；②对所有的逻辑判定，取“真”与取“假”两种情况至少测试一遍；③在循环的边界和运行的界限内执行循环体；④测试内部数据结构的有效性等。

3. 灰盒测试方法

灰盒测试方法能够测试电网调度自动化系统的各项功能和性能，并可对电网调度自动化系统的开放性、扩展性、可移植性和稳定性做出专业的评估，以发现电网调度自动化系统的缺陷和不足。对电网调度自动化系统采用灰盒测试方法时，测试过程如下：

首先，对电网调度自动化系统进行黑盒测试，即将电网调度自动化系统的两个主要组成部分——SCADA 和 PAS 视为黑盒，模拟正常和事故状态下的输入/输出数据源，直接对软件系统（SCADA 和 PAS 的软件系统）各项功能和性能的最终显示结果进行测评。SCADA 软件系统的黑盒测试采用便携式模拟测试系统，可以在线实时模拟至少 64 个厂站分别在正常和事故状态下的数据信息，即尽可能提供各种状态下的数据驱动；PAS 软件系统的黑盒测试采用实时网络分析功能测试的标准网络模型作为数据驱动源。

其次，采用网络测试分析系统对电网调度自动化系统的网络系统进行全面的专业测评。网络系统是电网调度自动化系统的基础支撑系统，对网络系统的白盒测试包括引进专业的标准化软件平台测试系统，对电网调度自动化系统的软件支撑平台进行性能和功能的机理性测试分析；了解软件平台基础上运行的应用系统的设计和运行机理，进行深层次的功能测试与回归测试，分析应用系统的设计运行是否符合标准化、模块化、开放性、扩展性和可移植性的要求。对网络系统的灰盒测试包括对网络 IP 数据包进行解析，分析电网调度自动化系统数据信息的网络传输和处理机制，对网络系统核心处理机制、开放性和安全性进行深层次的分析评估。

（五）主要测试类型

1. 可靠性测试

通过各种模拟操作检验电网调度自动化系统冗余的可靠性和事故情况下的健壮性，主要开展以下测试实践：

（1）双通道切换测试。电网调度自动化系统的厂站数据一般采用双通道接入。开展双通道切换测试时，模拟一路通道中断或产生较高的误码率，测试系统是否能够判别通道的好坏并进行自动切换，而且切换时间应不超过 10s 且不会发生数据丢失的情况。

（2）双网切换测试。模拟电网调度自动化系统的单网故障。例如，关闭一台主网交换机，检查备网是否可以正常接管，电网调度自动化系统的所有功能是否不受影响。要求切换平稳，切换时间不超过 2s。

（3）“1+N”冗余测试。电网调度自动化系统的关键服务器均采用冗余双服务器配置方式。当一台服务器发生故障时，其功能自动由另一台服务器代替，两台服务器全部故障也可通过冷备服务器自动启动功能保证业务应用的持续正常运行。测试方法如下：逐步关闭服务器，检查冗余节点的切换过程，直至剩余一台前置服务器，并保证所有厂站有一路正常通道的数据接入该服务器，在此情况下检查电网监控是否正常进行；当故障服务器恢复后，故障期间所有保存下来的数据是否可以自动恢复至商用数据库中，并具备连续性和一致性。

（4）雪崩测试。在事故发生情况下，信息剧增可能造成对电网调度自动化系统性能的严重影响。雪崩测试用于检查电网调度自动化系统在现有的配置下所能处理突发事件的能力。测试方法如下：采用电网调度自动化系统的测试模拟系统模拟多个厂站的雪崩数据，观察电网调度自动化系统是否正常处理，包括遥测、遥信、SOE 等实时数据的处理是否正常等，同时利用网络测试系统和性能测试分析系统监测各项性能指标是否符合要求。

2. 稳定性测试

稳定性测试是指电网调度自动化系统所有设备同时投入运行，进行连续 72h 不间断运行测试。测试期间，可对电网调度自动化系统的各种功能进行在线操作和信息转储，并进行周期性系统性能指标的测试。未经许可，不得调整软件系统，不得对硬件系统进行机械或电气调整，不允许出现设备部件硬件故障、冗余设备自动切换和设备自动启动。如果测试过程中出现关键性故障，则终止稳定性测试，故障排除后重新开始计时测试；如果测试过程中出现非关键性故障，则故障排除后继续测试，排除故障时间不计入测试时间。

3. 安全性测试

根据《电力二次系统安全防护规定》，电力二次系统安全防护应当坚持“安全分区、网络专用、横向隔离、纵向认证”的原则，保障电力监控系统和电力调度数据网络的安全。因此，电网调度自动化系统的安全性测试需要检查电网调度自动化系统与其他非本区的系统连接是否采用了经过安全认证的物理隔离设备和防火墙等网络安全设备，所使用防病毒软件是否保持最近的更新。另外，还需检查电网调度自动化系统是否具备明确的权限管理机制及实施系统全面恢复的应急预案，并测试该应急预案的可行性。

4. 可维护性测试

通过模拟各项维护操作，检查电网调度自动化系统是否能够正常进行系统重启、系统备份、系统恢复及增加接入厂站或一次设备，并在操作时核对说明文档和操作方式是否正确对应。

第三节　基于WCF的广域监控系统功能测评

广域监控系统已经广泛应用于社会生活的许多领域，信息与通信技术的飞速发展使工作人员无须亲临现场就能够监控广域分布的现场设备的运行状态。在广域监控系统为生产和生活带来便捷的同时，其自身的质量保障也面临着越来越高的要求，尤其是对功能的要求。因此，对广域监控系统进行功能测评具有十分重要的意义。

广域监控系统对目标对象的监控功能是通过通信网络，由监控层软件系统与安装在现场的远程终端共同实现的。通常，广域监控系统由远程终端、通信网络、监控中心和监控客户端四个部分组成，如图 6-4 所示。在广域监控系统投入使用之前，必须对其功能进行验证。首先了解被测广域监控系统的功能和特点，然后根据功能特点设计相应的功能测评平台。此处的功能测评是针对广域监控系统的监控层软件系统开展的，该软件系统由监控中心和监控客户端组成，两者之间通过 Windows 通信基础（Windows communication foundation，WCF）实现消息的交互，处理监控功能的主要业务逻辑都集中在监控中心。为了给广域监控系统的研发提供调试环境和给功能测评的开展提供测试环境，需要结合广域监控系统的结构特点设计并实现测试桩，运用黑盒测试方法对监视功能和控制功能进行测试。

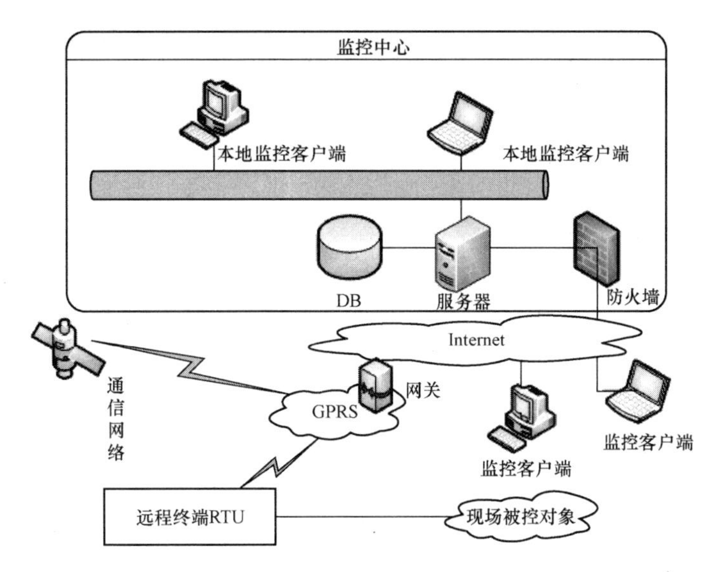

图 6-4　广域监控系统体系结构

远程终端是安装在监控现场控制柜内的物理设备，由存储、中心控制、GPRS 和数据采集四个模块组成。远程终端的主要任务是获取监控现场的实时信息和执行监控中心下发的命令动作，如实现被监控设备的开关、回应监控中心的查询命令等。监控客户端的主要任务是将被监控设备的工作状况呈现给监管人员，允许监管人员输入控制命令。该控制命令经监控中心处理后发送给远程终端，以实现对监控对象工作状态的控制。通信网络是远程终端与监控中心之间的桥梁，使双方能够通过认定的协议进行交互。

（一）广域监控系统功能测评平台系统分析

广域监控系统的测评有其特殊性。目前，没有专门针对广域监控系统的功能测评工具，只能自主开发。下面首先对广域监控系统的测评平台进行总体功能分析，然后介绍它的功能需求。

1. 总体功能分析

广域监控系统功能测评平台的设计目的是向测试人员提供功能测试所需的平台环境，使测试能够有组织、高效率地实施，进而通过测试了解被测广域监控系统是否满足需求规格说明书的要求。广域监控系统功能测评平台的测试用例如图 6-5 所示。

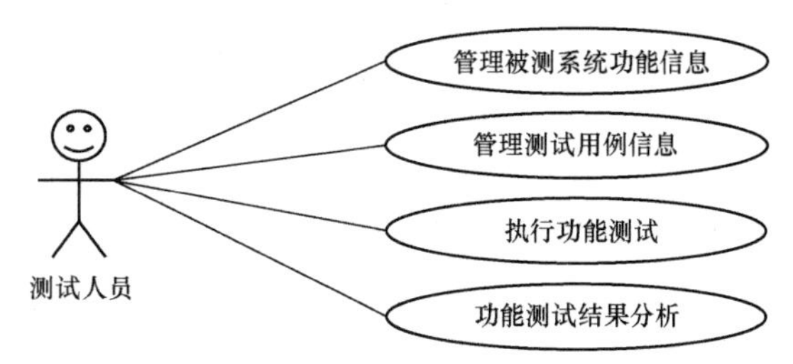

图 6-5　广域监控系统功能测评平台的测试用例

由于监控中心和监控客户端是通过 WCF 的通信机制进行消息交换以实现监控功能的，因此可以利用 WCF 的通信机制创建测试客户端，借助消息交换将测试用例加载到监控中心，从而开展测试活动。如果要求保证测试活动有序地开展，还需要在测试客户端提供规划测试、管理测试用例、执行测试、分析测试结果等功能。在对测试进行管理的过程中，势必涉及很多数据，所以数据库的设计是必不可少的。在本次测试中，采用 Microsoft SQL Server 2012 数据库系统。

有了测试客户端还不能顺利进行功能的测试，因为监控中心对目标对象的监控作用是通过通信网络与 RTU 交互实现的，所以测试时必须提供与监控中心通信的另一方 RTU。但是在进行功能的测试时，RTU 一般未开发完成，即使已经可以投入使用，也不可能为了测试的需要在整个市区内对其进行安装，所以要想在比较真实的环境中进行功能的测试，需要使用软件模拟广域分布于整个城市的 RTU 的工作，为此设计了测试桩以搭建测试环境。

2. 测试客户端功能需求分析

测试客户端的主要任务是将测试用例驱动到被测广域监控系统，通常采用 WCF 的通信机制实现此功能。测试客户端能够通过简单对象访问协议（simple object access protocol，SOAP）消息与监控中心进行交互，从而达到测试的目的。测试不仅需要执行测试用例，而且需要对测试活动进行管理，以提高测试的效率。由此考虑，测试客户端的主要功能如下：

（1）功能信息管理：当被测系统的需求规格说明书完成后进行测试设计，这时需要能够通过测试客户端将被测系统的功能信息整理存入数据库以便查询、修改。

（2）接收测试请求：记录测试请求接收的时间，以及被分配此测试任务的测试人员信息。

（3）测试用例管理：测试的效果取决于测试用例设计的好坏，本次测试中测试用例的设计使用黑盒测试技术，设计好的测试用例应该被记录入数据库以便测试人员查看与修改。

（4）测试执行：利用 WCF 的通信机制实现测试用例的执行，这是测试客户端的核心。

（5）测试结果管理与分析：对于在测试中发现的缺陷需要保存到数据库中以供查看，在对缺陷进行修复时需要重现该缺陷。测试用例的通过情况、发现的缺陷数量等信息是衡量测试效果的重要信息，因此要对它们进行分析。

3. 测试桩功能需求分析

测试桩用于代替 RTU 与监控中心交互，还原广域监控系统的工作环境，为测试活动提供测试环境。测试桩的主要功能如下。

（1）实现 RTU 的监控对象实时信息定时上传，支持监控中心基于此实时信息进行故障分析。

（2）执行监控中心下发的配置命令，并发送回应信息。

（3）针对监控中心的查询命令，返回所需的信息。

（4）实现监控对象开关操作，为该功能测试提供满足测试用例的执行条件。

（5）模拟多个终端工作，完成测评环境的搭建。

（二）广域监控系统功能测评平台系统设计

基于上述分析，对广域监控系统的功能测试平台进行设计，体系结构如图 6-6 所示。测试桩、监控中心、监控客户端和通信网络共同构成了一个完整的广域监控系统测试平台。测试客户端介于监控中心与监控客户端之间，使用 WCF 的通信机制与监控中心交互。测试桩通过通信网络与监控中心通信，实现数据帧的收发，为功能测评的开展提供测试环境。

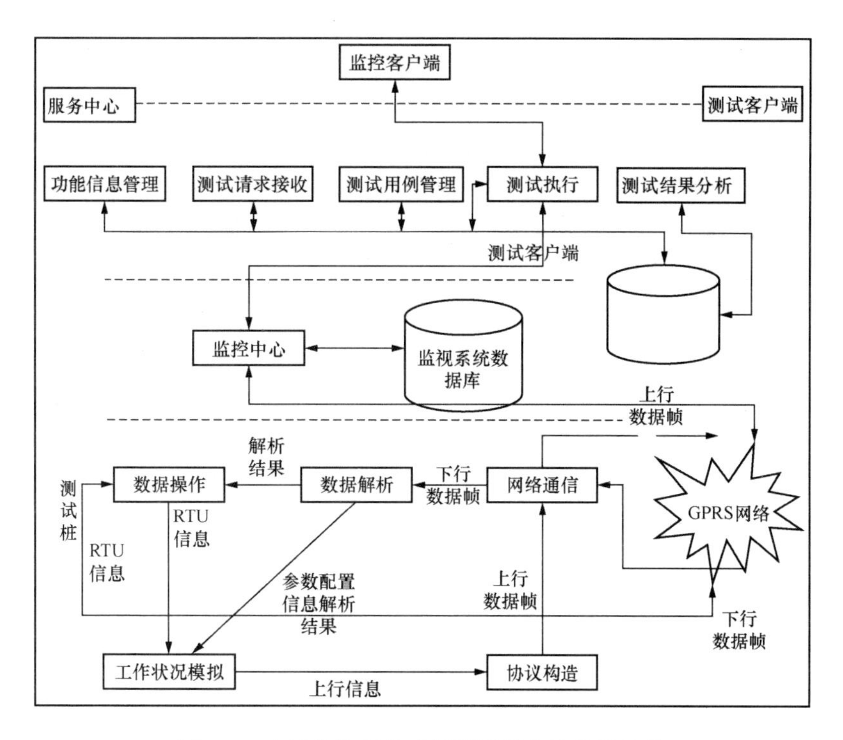

图 6-6　广域监控系统功能测评平台的体系结构

前面介绍了广域监控系统的体系结构、主要功能和实现技术，并运用 WCF 的通信机制开发测试客户端以实现与监控中心的通信，进而开展对功能的测试。其中，测试客户端包括用于驱动测试用例的测试执行模块和用于测试管理的各个模块。

1. 服务契约与功能测试

WCF 是为构建面向服务的应用程序而提供的分布式通信编程框架，能够很好地支持服务端与客户端的交互。WCF 机制的所有服务公开为契约，其中服务契约描述了客户端能够执行的服务操作，客户端通过调用服务实现自身功能。而要成功地完成功能测试，首先需要了解测试客户端与监控中心之间的通信方式及服务契约与功能测试的关系，然后根据此通信机制找到功能测试的入口。

（1）测试客户端与监控中心的通信。监控中心是 WCF 机制中的服务端，测试客户端是 WCF 机制中的客户端，它们之间的通信是 WCF 机制中服务端与客户端的通信。服务端提供各种用户需要的功能集合，客户端是为用户提供使用服务的一方，用户通过客户端调用相应的服务以满足某一功能的实现，通过客户端与服务端的交互实现了用户需要的功能。客户端与服务端之间是通过消息的发送与接收进行交互的。WCF 机制处于服务端和客户端之间，它拦截所有的调用，执行调用前后的处理工作。但是即使调用的是本机服务，也不允许客户端直接与服务端交互，而是需要使用代理将调用转发给服务端。客户端需要导入服务端的元数据才能生成代理。一个服务对应一个代理，如果该服务具有多个终结点，则需要为服务的每个终结点生成一个代理。当调用服务时，首先客户端根据该服务信息生成代理，代理使用帧栈序列化消息，然后将消息传递给通道链中的服务端。

每个通道执行消息的调用前处理，但各个通道执行的任务各不相同，如消息的加密/解密、安全性设置、参与传播事务及管理会话等。客户端的最后一个通道是传输通道，它将消息发送至服务端的传输通道。消息经服务端一系列通道的处理后被传递至分发器，分发器将该消息转换到一个帧栈，并对服务实例进行调用。服务实例执行完调用后将控制权交还给分发器，分发器将得到的结果转换成消息，如果调用过程出错，分发器得到的是错误信息，然后分发器将消息传递给服务端的通道链，经过通道链中各个通道的调用后处理，消息经由传输通道被送至客户端通道。

消息在客户端被执行解密，执行提交或取消事务等任务。之后消息被送至代理，代理将返回消息转化到帧栈，然后控制权被交还给客户端，客户端与服务端之间的完整交互过程到此结束。从上述服务调用过程可以发现，服务端并不了解调用它的是否是本地的客户端。客户端不仅可以调用同一台机器中的服务，而且可以跨越 hite/let 与 Intranet 的边界远程调用服务，该特点符合广域监控系统的要求。只要将服务端安装在服务器上，安装客户端软件的计算机就能访问服务，从而实现对现场路灯状态的监控。用 WCF 机制开发的测试客户端能够连接至监控中心访问服务，从而进行测试活动。

（2）服务契约与功能测试的关系。WCF 机制提供了一种优雅的方式将功能暴露为服务。而服务契约是用于描述服务支持的操作集合，它是一种对粗粒度功能的描述。通常情况下，使用接口和类定义服务契约，相对而言类更常用。在接口上应用服务接口属性（service contract attribute），将该接口指定为了服务契约，但是此时接口中的方法并不能成为服务契约的一部分，只有使用操作契约属性（operation contract attribute）才能将接口中的方法标定为服务方法。服务契约的定义如下所示：

```
[ServiceContract]
Public Interface IServiceA
{
[OperationContract]
//服务契约的一部分
String Operation1();
//不属于服务契约
String Operation2();
}
```

服务契约中的某一方法可能定义了一个功能，也可能是多个方法定义了一个功能，服务契约中的方法集合定义了一系列的功能。功能测试是对广域监控系统的各个功能进行验证，其目的是确定广域监控系统功能的实现是否满足客户的需求，包括客户要求的功能是否齐全、是否有未实现的或实现了多余的功能。服务契约包含的方法标明了功能集，虽然服务方法和功能并不是等同的，但是功能确是由至少一个服务方法组合实现的。所以，可以将服务方法作为功能测试的入口，采用以服务契约和被测系统功能为依据指导功能测试。这样不仅能够了解实现了的功能是否满足用户的需求，而且能够容易地发现功能是否有多余或缺少。通过服务契约能看到包含在其中的方法的参数及返回值，因此能以这些信息为依据并结合需求规格说明书设计测试用例。本案例中采用黑盒测试技术设计测试用例，即将广域监控系统当成一个黑盒子，针对需求规格说明书中的每个功能结合服务契约信息分别设计测试用例，然后通过调用服务的方法，将测试用例驱动到被测广域监控系统进行功能测试。

2. 测试客户端的设计

测试客户端主要用于设计、管理和开展测试活动，确保测试的有序执行，是测试系统中必不可少的部分。测试客户端由功能信息管理、测试请求接收、测试用例管理、测试执行及测试结果分析五个部分组成，采用三层体系结构：数据访问层、表示层和业务逻辑层。其中，数据访问层封装了对数据库进行操作的具体过程，表示层将测试人员和用户所需要的信息呈现在屏幕上，业务逻辑层用于处理复杂的逻辑问题，是数据访问层与表示层之间实现数据交换的桥梁。

（1）功能信息管理。功能信息管理负责将项目名称、功能名称和功能描述等信息存储至测试系统后台数据库中，并支持查询、修改、删除和添加等操作。在获得服务契约信息后，还可以将服务契约名称、服务契约描述、服务契约元数据地址、服务契约中的方法名称及方法参数等信息输入至测试系统后台数据库中。同样，支持服务契约信息的查看、修改、删除和添加等操作。

（2）测试请求接收。当接收到对某一功能的测试要求时，记录测试请求的时间及负责此测试任务的测试人员信息。

（3）测试用例管理。本次功能测试是基于服务契约的，根据实现被测功能的服务契约方法的参数要求和需求规格说明书，运用黑盒测试方法设计测试用例。测试用例管理模块负责将设计好的测试用例存储至测试系统后台数据库中，并支持添加、修改、删除及查看等操作。

（4）测试执行。设计好测试用例后，就可以将其驱动到被测广域监控系统开展测试活动。在测试客户端中，由测试执行模块负责该任务。此处，功能测试是通过调用服务完成的。在 WCF 机制中，调用服务需要代理，而生成代理需要被调用服务的信息。同一服务的不同终结点也需要产生相应的代理，这样为测试人员调用服务带来了不便，所以专门设计了测试执行模块。该模块完成的主要任务是从测试系统后台数据库中查找被测功能的测试用例及对应的服务契约元数据地址，然后调用服务进行测试。测试执行界面显示将要执行的测试用例的预期结果，等到测试用例执行完成后，测试的实际结果也将显示在界面中，测试人员能够比较预期结果与测试结果，判断它们是否吻合，并将比较结果录入测试系统后台数据库中。若在测试过程中发现缺陷，则将缺陷信息记录到测试系统后台数据库的缺陷信息表中。

（5）测试结果分析。合理的测试结果分析能够有效地评判测试工作的效率，以及被测系统的设计是否符合需求。测试完成后，统计缺陷信息表和测试用例表中有关测试结果的信息，如计算执行的测试用例总数、执行通过的测试用例数目、未通过的测试用例数目和发现的缺陷数目等，最后将统计结果写入测试结果分析表中，并利用这些统计信息生成报表，以图表的形式直观地呈现给测试人员和用户。

3. 数据库表的设计

在测试过程中，需要管理测试用例、被测功能项、被测项目和服务契约等信息。在测试系统后台数据库的设计中，为了实现业务逻辑与数据库操作的分离，需要建立数据访问层和数据并发控制方案。测试客户端中的数据表主要有项目信息表、测试任务信息表、功能信息表、服务契约信息表、服务契约方法信息表、测试用例信息表、缺陷信息表及测试结果分析表。其中，测试用例信息表用来存储已经生成的测试用例信息。测试人员向测试平台提交测试请求是以功能项为单位的，即测试任务信息表实体与功能信息表实体是一对一的对应关系。当接收到一个测试请求时，将在测试任务信息表中产生一行记录。功能信息表中的一个功能记录对应服务契约表中的一个或多个服务契约方法记录。一个测试任务需要执行多个测试用例，在每个测试任务中可以发现多个缺陷，但是一个测试任务只能对应一个测试结果分析表实体。

（三）广域监控系统功能的测试

在测试活动中，测试用例的设计是关键，它决定着测试效果的好坏。在设计好测试用例后，即可开展对监控中心进行功能的测试。

1. 广域监控系统功能测试的特点

广域监控系统的功能可以广义地划分为监视功能和控制功能。监视功能是指将现场被控对象的实时信息显示在监控客户端，从而使用户了解被控对象全天的工作状态。控制功能是指用户能够通过监控客户端输入控制命令，从而实现对被控对象工作状态的控制。控制功能的实现是有前提条件的，在输入控制命令前，首先需要了解此时被控对象的状态，然后才能判断是否能够对它进行某种控制，只有在肯定的情况下才能够实行控制。控制命令下发后，通过获取此时刻被控对象的状态才能了解该控制命令是否被成功执行。狭义地划分广域监控系统的功能，即监视功能和控制功能在不同系统中的具体表现。

对广域监控系统进行功能测试主要的是对监视功能和控制功能两种功能的测试。监控系统功能的测试有其特殊性，首先保证监视功能满足需求规格说明书，这样才能开始控制功能的测试。在对控制功能进行测试的过程中，同时执行监视功能，而不像其他系统的功能测试，只执行需要测试的功能。在广域监控系统中，监控中心、监控客户端和 RTU 协同合作完成监视和控制功能。实现监视功能时，首先由 RTU 将站点的实时信息通过通信网络上传至监控中心，监控中心处理该信息后，将其以消息的形式发送至监控客户端，此时监控客户端能够显示实时的信息。实现控制命令时，由监控客户端接收用户控制命令，该命令以 SOAP 消息的形式传递到监控中心，经监控中心处理后，将其通过网络通信模块发送至 RTU，使其做出相应的动作。RTU 在路灯状态改变时，会向监控中心发送实时信息，此时将发生上述的监视过程，将控制命令的结果呈现在监控客户端上。由于监控中心与监控客户端通过 WCF 机制进行通信，因此使用 WCF 机制开发的测试客户端能够与它们进行交互，从而进行测试活动。

2. 测试技术的选择

测试的重要工作之一是设计测试用例，测试用例决定了测试的质量，测试技术的选择又决定了测试用例的设计方法。测试技术可以分为三类：白盒测试、黑盒测试及灰盒测试。白盒测试技术是基于应用程序内部逻辑的，采用覆盖全部代码、路径、分支和条件等方法设计测试用例。这种测试技术要求对应用程序的掌握很高，除了需要理解应用程序的体系架构和具体需求之外，还需要熟悉编程技巧，能够检查指针、变量及数组越界等问题。白盒测试技术按照应用程序的内部结构测试应用程序，检查应用程序中每条通路是否都能按照预定要求工作，而不用过多考虑它的功能。由于可以深入到被测广域监控系统的内部，白盒测试的测试能力非常强，但同时使测试过程变得非常复杂。白盒测试技术主要运用于单元测试，而本案例进行的是功能测试，属于系统测试范畴，因此在此案例中使用白盒测试技术是不适宜的。

黑盒测试技术是基于规范的测试，即关注被测广域监控系统能否按照需求规格说明书的规定正常工作，它不考虑被测广域监控系统的内部结构与特性，将被测广域监控系统系统看成一个黑盒子。测试人员在应用程序的接口处进行测试，检查应用程序对于输入数据能否得出正确的输出，并且能否保持数据库及文件的完整性。黑盒测试技术对被测广域监控系统没有特殊的要求，在测试活动中应用非常广泛，许多高层测试（如确认测试、系统测试及验收测试）采用黑盒测试技术。

灰盒测试是一种介于白盒测试和黑盒测试之间的测试技术。在灰盒测试中，测试用例的设计不仅要根据用户的需求，而且要结合考虑应用程序的内部结构及测试系统对被测广域监控系统的观察与控制能力。灰盒测试技术对于广域监控系统内部结构的关注没有白盒测试那样细致。

3. 测试用例设计原则

测试用例主要用于指导测试，使其发现尽可能多的软件缺陷。因为只有列举所有的输入情况才有可能发现最多的缺陷，但这样是不可能做到的，所以需要从无穷多的输入数据中选择最容易发现缺陷的集合作为测试用例指导测试。要想挑选出一组最佳的测试用例，必须遵循以下原则：

（1）准确性。每个测试用例都要有且只能有一个测试点，不能同时牵涉多个功能点的测试，否则无法区分是哪一个功能出现了缺陷。测试用例的表述应该清晰明了，不能有歧义，最好不包含太多的术语，以便于测试人员能正确理解。

（2）经济性。考虑到效率和资源，用尽可能少的测试用例去发现尽可能多的缺陷，这就要求避免发现同一错误测试用例的冗余，以及期望结果的重叠。同时，测试用例需避免使用不必要的步骤和资源。

（3）可复用性。软件测试过程是无法进行穷举测试的，因此对相似测试用例的抽象显得尤为重要。测试用例不应该只能在某一次测试中使用而不能用于其他的测试中，应该尽量使类似的测试能够重复使用同一个测试用例，即测试用例应该能够代表一系列的测试过程。

（4）可追踪性。测试用例的设计依据一定能够追溯到需求。

（5）完整性。编写测试用例必须考虑测试中可能发生的各种情况，不应该有遗漏。

4. 监视功能的测试

从上述分析可知，监控系统的测试有别于一般系统的测试。对于广域监控系统的功能测试只有在保证监视功能正常的情况下，才能继续进行控制功能的测试。在广域监控系统的测试功能项分类中，信息管理功能是一般系统都具有的，而不是监控系统所特有的，因此监视功能和控制功能的测试是广域监控系统功能测试的重点之一。

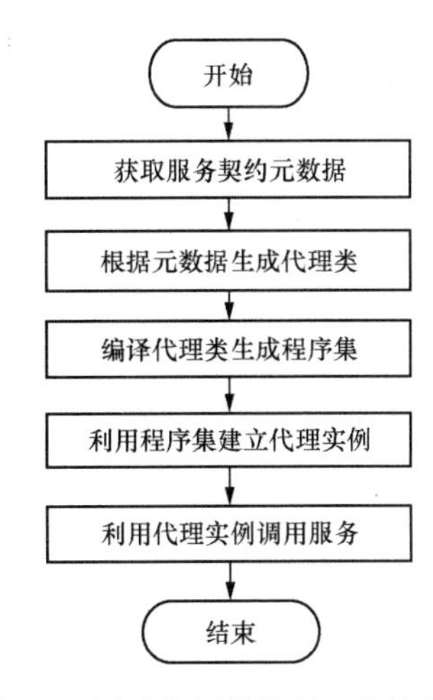

图 6-7　测试执行模块的工作流程图

（四）测试执行实现

如图 6-7 所示，测试执行模块的工作流程如下：首先获取服务发布的元数据，然后生成测试代理。这里的代理是在内存中保存的，需要将它编译成程序集，通过该程序集建立代理实例，然后利用代理实例调用服务，进行功能测试。

测试执行模块是测试客户端的核心模块。在本次测试中，被测广域监控系统提供了很多返回处理结果的服务，实现了广域监控系统的监控功能。回调操作调用的是监控客户端的方法，由于只对监控中心进行测试，因此不考虑带有回调的服务。调用服务必须要有代理，而代理类是依据服务端点的信息产生的，不同的服务要运用不同的代理来调用，而且即使是同一个服务，对于不同类型的终结点也需要建立相应的代理。可以根据将要调用的服务信息生成代理，然后将它集成到项目中，但这是一个紧耦合模型。在本次测试客户端中，在接收测试请求之前不清楚将调用哪个服务，因此该方法不能使用在测试工作中。

本章小结

本章首先对电力工业中发电和输电两个环节的系统，即发电厂站数字化仪控系统、电网调度自动化主站系统的测试进行了介绍，并根据测试用例的设计原则和方法，介绍了两类系统的完整测试设计方案；然后对电力工业中基于 WCF 的广域监控系统、功能测评进行了介绍，在测试过程中，综合运用了黑盒测试、白盒测试及其组合测试方式，为今后开展电力信息系统的测评工作提供了案例参考。

附录A　电力监控系统安全防护规定

（国家发改委2014年第14号令）

第一章　总　　则

第一条　为了加强电力监控系统的信息安全管理，防范黑客及恶意代码等对电力监控系统的攻击及侵害，保障电力系统的安全稳定运行，根据《电力监管条例》、《中华人民共和国计算机信息系统安全保护条例》和国家有关规定，结合电力监控系统的实际情况，制定本规定。

第二条　电力监控系统安全防护工作应当落实国家信息安全等级保护制度，按照国家信息安全等级保护的有关要求，坚持“安全分区、网络专用、横向隔离、纵向认证”的原则，保障电力监控系统的安全。

第三条　本规定所称电力监控系统，是指用于监视和控制电力生产及供应过程的、基于计算机及网络技术的业务系统及智能设备，以及作为基础支撑的通信及数据网络等。

第四条　本规定适用于发电企业、电网企业以及相关规划设计、施工建设、安装调试、研究开发等单位。

第五条　国家能源局及其派出机构依法对电力监控系统安全防护工作进行监督管理。

第二章　技　术　管　理

第六条　发电企业、电网企业内部基于计算机和网络技术的业务系统，应当划分为生产控制大区和管理信息大区。

生产控制大区可以分为控制区（安全区Ⅰ）和非控制区（安全区Ⅱ）；管理信息大区内部在不影响生产控制大区安全的前提下，可以根据各企业不同安全要求划分安全区。

根据应用系统实际情况，在满足总体安全要求的前提下，可以简化安全区的设置，但是应当避免形成不同安全区的纵向交叉连接。

第七条　电力调度数据网应当在专用通道上使用独立的网络设备组网，在物理层面上实现与电力企业其他数据网及外部公用数据网的安全隔离。

电力调度数据网划分为逻辑隔离的实时子网和非实时子网，分别连接控制区和非控制区。

第八条　生产控制大区的业务系统在与其终端的纵向连接中使用无线通信网、电力企业其他数据网（非电力调度数据网）或者外部公用数据网的虚拟专用网络方式（VPN）等进行通信的，应当设立安全接入区。

第九条　在生产控制大区与管理信息大区之间必须设置经国家指定部门检测认证的电力专用横向单向安全隔离装置。

生产控制大区内部的安全区之间应当采用具有访问控制功能的设备、防火墙或者相当功能的设施，实现逻辑隔离。

安全接入区与生产控制大区中其他部分的连接处必须设置经国家指定部门检测认证的

电力专用横向单向安全隔离装置。

第十条 在生产控制大区与广域网的纵向连接处应当设置经过国家指定部门检测认证的电力专用纵向加密认证装置或者加密认证网关及相应设施。

第十一条 安全区边界应当采取必要的安全防护措施，禁止任何穿越生产控制大区和管理信息大区之间边界的通用网络服务。

生产控制大区中的业务系统应当具有高安全性和高可靠性，禁止采用安全风险高的通用网络服务功能。

第十二条 依照电力调度管理体制建立基于公钥技术的分布式电力调度数字证书及安全标签，生产控制大区中的重要业务系统应当采用认证加密机制。

第十三条 电力监控系统在设备选型及配置时，应当禁止选用经国家相关管理部门检测认定并经国家能源局通报存在漏洞和风险的系统及设备；对于已经投入运行的系统及设备，应当按照国家能源局及其派出机构的要求及时进行整改，同时应当加强相关系统及设备的运行管理和安全防护。生产控制大区中除安全接入区外，应当禁止选用具有无线通信功能的设备。

第三章 安 全 管 理

第十四条 电力监控系统安全防护是电力安全生产管理体系的有机组成部分。电力企业应当按照“谁主管谁负责，谁运营谁负责”的原则，建立健全电力监控系统安全防护管理制度，将电力监控系统安全防护工作及其信息报送纳入日常安全生产管理体系，落实分级负责的责任制。

电力调度机构负责直接调度范围内的下一级电力调度机构、变电站、发电厂涉网部分的电力监控系统安全防护的技术监督，发电厂内其他监控系统的安全防护可以由其上级主管单位实施技术监督。

第十五条 电力调度机构、发电厂、变电站等运行单位的电力监控系统安全防护实施方案必须经本企业的上级专业管理部门和信息安全管理部门以及相应电力调度机构的审核，方案实施完成后应当由上述机构验收。

接入电力调度数据网络的设备和应用系统，其接入技术方案和安全防护措施必须经直接负责的电力调度机构同意。

第十六条 建立健全电力监控系统安全防护评估制度，采取以自评估为主、检查评估为辅的方式，将电力监控系统安全防护评估纳入电力系统安全评价体系。

第十七条 建立健全电力监控系统安全的联合防护和应急机制，制定应急预案。电力调度机构负责统一指挥调度范围内的电力监控系统安全应急处理。

当遭受网络攻击，生产控制大区的电力监控系统出现异常或者故障时，应当立即向其上级电力调度机构以及当地国家能源局派出机构报告，并联合采取紧急防护措施，防止事态扩大，同时应当注意保护现场，以便进行调查取证。

第四章 保 密 管 理

第十八条 电力监控系统相关设备及系统的开发单位、供应商应当以合同条款或者保密协议的方式保证其所提供的设备及系统符合本规定的要求，并在设备及系统的全生命周期内对其负责。

电力监控系统专用安全产品的开发单位、使用单位及供应商，应当按国家有关要求做好保密工作，禁止关键技术和设备的扩散。

第十九条 对生产控制大区安全评估的所有评估资料和评估结果，应当按国家有关要求做好保密工作。

第五章 监 督 管 理

第二十条 国家能源局及其派出机构负责制定电力监控系统安全防护相关管理和技术规范，并监督实施。

第二十一条 对于不符合本规定要求的，相关单位应当在规定的期限内整改；逾期未整改的，由国家能源局及其派出机构依据国家有关规定予以处罚。

第二十二条 对于因违反本规定，造成电力监控系统故障的，由其上级单位按相关规程规定进行处理；发生电力设备事故或者造成电力安全事故（事件）的，按国家有关事故（事件）调查规定进行处理。

第六章 附 则

第二十三条 本规定下列用语的含义或范围：

（一）电力监控系统具体包括电力数据采集与监控系统、能量管理系统、变电站自动化系统、换流站计算机监控系统、发电厂计算机监控系统、配电自动化系统、微机继电保护和安全自动装置、广域相量测量系统、负荷控制系统、水调自动化系统和水电梯级调度自动化系统、电能量计量系统、实时电力市场的辅助控制系统、电力调度数据网络等。

（二）电力调度数据网络，是指各级电力调度专用广域数据网络、电力生产专用拨号网络等。

（三）控制区，是指由具有实时监控功能、纵向连接使用电力调度数据网的实时子网或者专用通道的各业务系统构成的安全区域。

（四）非控制区，是指在生产控制范围内由在线运行但不直接参与控制、是电力生产过程的必要环节、纵向连接使用电力调度数据网的非实时子网的各业务系统构成的安全区域。

第二十四条 本规定自2014年9月1日起施行。2004年12月20日原国家电力监管委员会发布的《电力二次系统安全防护规定》（国家电力监管委员会令第5号）同时废止。

参 考 文 献

[1] PATTON R. Software Testing [M]. znd ed. 北京：机械工业出版社，2006.

[2] 钟德明，王成志. 软件测试与评价的关系研究 [J]. 测控技术，2009，28 (4)：77-82.

[3] 齐治昌，谭庆平，宁洪. 软件工程 [M]. 北京：高等教育出版社，2001.

[4] MYERS G J M，BADGETTT，SANDLER. C，et al. 软件测试的艺术 [M]. 张晓明，黄琳，译. 3 版. 北京：机械工业出版社，2012.

[5] 熊策. 软件质量控制技术的研究与应用 [D]. 长沙：中南大学，2004.

[6] 石昊苏. 软件开发过程中的软件测试的思考 [J]. 煤矿现代化，2005，(69)：48-49.

[7] 胡仁胜. 软件可靠性和软件最优发布问题的研究 [D]. 合肥：合肥工业大学，2001.

[8] 曲朝阳，刘志颖. 软件测试技术 [M]. 北京：中国水利水电出版社，2006.

[9] 田美冬. 面向网络的电力信息系统 [D]. 武汉：武汉理工大学，2004.

[10] 王青. 基于 ISO 9000 的软件质量保证模型 [J]. 软件学报，2001. 12 (12)：1837-1841.

[11] 杨芙清. 软件工程技术发展思索 [J]. 软件学报，2005，16 (1)：1-7.

[12] 陈宏福. 基于 CMMi 的软件质量度量研究 [D]. 哈尔滨：哈尔滨工程大学，2007.

[13] PRESSMAN R S. 软件工程实践者的研究方法 [M]. 黄柏素，梅宏，译. 4 版. 北京：机械工业出版社，1999.

[14] GRYNA F M. Quality Planning and Analysis. from product development through use [M]. New York：McGraw-Hill，2001.

[15] 戴建华. PDCA 循环在软件质量管理中的应用 [D]. 杭州：浙江行政学院，2011.

[16] 杨琳. 中小型软件项目质量管理方法与应用探讨 [J]. 软件产业与工程，2012，14 (2)：42-43.

[17] PERRY W E. Effective Methods for Sofwtare Testing [M]. znd ed. New Jersey：John Wiley& Sons，Inc. 1999.

[18] 黄锡滋. 软件可靠性、安全性与质量保证 [M]. 北京：电子工业出版社，2002.

[19] 朱少民. 软件测试方法和技术 [M]. 北京：清华大学出版社，2005.

[20] 应杭. 软件自动化测试技术及应用研究 [D]. 杭州：浙江大学，2006.

[21] MICHAEL C C，MCGRAW G，SCHATZ MA. Generating software test data by evolution [J]. IEEE Transaction on Software Engineer，2001，27 (12)：110-1085.

[22] MCMINN P. Search-based software test data generation：a survey [J]. Software Testing，Vervification and Reliability，2004，14 (2)：56-105.

[23] MANTERE T，ALANDER J T. Evolutionary software engineering，a review [J]. Applied soft computing，2005，5 (3)：315-318.

[24] ALbA E CHICANO F. Observations in using parallel and sequential evolutionary algorithms for automatic software testing [J]. Computers & Operations Research，2008，35 (10)：3161-3183.

[25] 袁玉宇. 软件测试与质量保证 [M]. 北京：北京邮电大学出版社，2008.

[26] 何新贵，王纬，王方德，等. 软件能力成熟度模型 [M]. 北京：清华大学出版社，2000.

[27] 康一梅，张永革，李志军，等. 嵌入式软件测试 [M]. 北京：机械工业出版社，2008.

[28] GLENFORD J.MYERS. 软件测试的艺术 王峰，陈杰，译. 2版. 北京：机械工业出版社，2006.
[29] 汤红霞，方木云，刘明，等. 基于正交法的软件测试用例生成 [J]. 计算机工程与设计，2008，29（14）：3673-3676.
[30] 徐仁佐. 软件可靠性工程 [M]. 北京：清华大学出版社，2007.
[31] 封亮，严少清. 软件白盒测试的方法与实践 [J]. 计算机工程，2000，26（12）：87-90.
[32] 李秋英，刘斌，阮镰. 灰盒测试方法在软件可靠性测试中的应用 [J]. 航空学报，2002，23（5）：456-457.
[33] MARICK B. 软件测试V模型之不足 [J]. 王雪莉，薛瑞芳，邓安琴，等译. 程序员，2005（5）：74-76.
[34] 黄龙水，黄诚学. 软件测试模型介绍 [J]. 舰船电子工程，2004，24（3）：35-38.
[35] 张茂林. 软件自动测试的研究与程序实现 [J]. 北京航空航天大学学报，1997，23（1）：74-80.
[36] 姚实颖，肖沙里，谭霞，等. 软件测试自动化中建立可维护脚本的技术 [J]. 计算机工程，2003，29（11）：79-80.
[37] 王莉，殷锋，李奇. 软件自动化测试脚本设计研究 [J]. 西南民族大学学报，2006，32（2）：357-358.
[38] 李志峥，杨社堂. 基于B/S结构下的软件系统测试研究 [J]. 科技情报开发与经济，2006，16（7）：232-234.
[39] 林闯. 计算机网络和计算机系统的性能评价 [M]. 北京：清华大学出版社，2001.
[40] 杨雅辉，李小东. IP网络性能指标体系的研究 [J]. 通信学报，2002，23（11）：1-7.
[41] CANDEA G，CUTLER J，F xA. Improving availability with recursive microreboots：a soft-state system case study [J]. Performance Evaluation Journal，2004，56（1-3）：213-248.
[42] DONGARRA J J，LUSZCZEK P，PETITET A. The LINPACK Benchmark：Past，Present and Future [J]. CONCURRENCY AND COMPUTATION：PRACTICE AND E×PERIENCE，2003，(15)：803-820.
[43] EDGAR R C O. MUSCLE：multiple sequence alignment with high accuracy and high throughput [J]. Nucleic Acids Research，2004，32（5）：1792-1797.
[44] EECKHOUT L，BELL J RH，STOUGIE B，et al. In：Proceedings of the 31st Annual International Symposium on Computer Architecture （ISCA）[C]，München，Germany，2004.
[45] EMER J，AHUJA P，BORCH E，et al. ASIM：A performance model framework [J]. IEEE Computer，2002，35（2）：68-76.
[46] HASSAPIS GEORGE，ANANIDou D. Modeling and verification of a class of real-time systems by the use of high level petri nets [J]. Journal of Systems and Software，2003，68（2）：153-165.
[47] JOHN L K，EECKOUT L. Performance Evaluation and Benchmarking [M]. Boca Raton：CRC Press，2005.
[48] KAO H P，HSIEH B，Y Y. A petri-net based approach for scheduling and rescheduling resource-constrained multiple projects [J]. Journal of the Chinese Institute of Industrial Engineers，2006，23（6）：468-477.
[49] KLEINOSOWSKI A J，LILJA D J. MinneSPEC：A new SPEC benchmark workload for simulation-based computer architecture research [J]. Computer Architecture Letters，2002，1（2）：10-13.
[50] KOUNEV S. Performance modeling and evaluation of distributed component-based systems using queueing petri nets [J]. IEEE Transactions on Software Engineering，2006，32（7）：486-502.
[51] MANJIKIAN N. Multiprocessor enhancements of the SimpleScalar tool set [J]. SIGARCH Computer Architecture News，2001，29（1）：8-15.

[52] MARSAN M A，BALBO G，CONET G．Performance models of multiprocessor systems [M]．Cambridge MA：The MIT Press，1987．
[53] MENASCE DA，DOWDY LW ALMEIDA VAF．Performance by Design：Computer Capacity Planning by Example [M]．New Jerey：Prentice Hall PTR，2004．
[54] OSKIN M，CHONG FT，FARRENS M．HLS：Combining statistical and symbolic simulation to guide microprocessor design [J]．Proceedings of the 27th Annual International Symposium on Computer Architecture，2000：71-82．
[55] RANDOLPH DN．The mathematics of product form queuing networks [J]，ACM Computing Surveys，1993， 25（3）：339-369．
[56] UHLIG RA，MUDGE TN．Trace-driven memory simulation：a survey [J]．ACM Computing Surveys，1997，29（2）：128-170．
[57] SHAFI H，BOHRER PJ，PHELAN J，et al．Design and validation of a performance and power simulator for PowerPC systems [J]．IBM Journal of Research，2003，47（5/6）：641-651．
[58] TUNCEL G，BAYHAN GM．Applications of Petri nets in production scheduling：a review [J]．Journal of Advanced Manufacturing Technology，2006，34（7）：762-773．
[59] WISMULLER R，BUBAK M，FUNIKA W．High-level application-specific performance analysis using the G-PM tool [J]．Future Generation Computer Systems，2007，24（2）：121-132．
[60] SHENDE，SS，MALONY，AD．The Tau Parallel Performance System [J]．International Journal of High Performance Computing Applications，2006，20（2）：287-331．
[61] 黄波．基于 Petri 网的 FMS 建模与调度研究 [D]．南京：南京理工大学，2006．
[62] 林闯．随机 Petri 网和系统性能评价 [M]．2 版．北京：清华大学出版社，2005．
[63] 林闯，李雅娟，王忠民．性能评价形式化方法的现状和发展 [J]．电子学报，2002，30（12A）： 1917-1922．
[64] 林闯，魏丫丫．随机进程代数与随机 Petri 网 [J]．软件学报，2002，13（2）：203-213．
[65] 张焕国，王丽娜，黄传河，等．全国计算机系主任（院长）会议论文集 [C]．北京：高等教育出版社，2005．
[66] PFLEEGER C P，PFLEEGER S L．Security in Computing [M]．3rd ed. New Jersey：Prentice Hall PTK，2003．
[67] 斯托林斯．密码编码学与网络安全原理与实践．4 版．孟庆树，王丽娜，傅建明，等译．西安：电子工业出版社，2006．
[68] 卿斯汉，刘文清，温红予．操作系统安全 [M]．北京：清华大学出版社，2004．
[69] MAO W．Modern Cryptography：Theory and Practice [M]．New Jersey：Prentice Hall PTR，2003．
[70] 冯登国．国内外密码学研究现状及发展趋势 [J]．通信学报，2002，23（5）：18-26．
[71] 曹珍富，薛庆水．密码学的发展方向与最新进展 [J]，计算机教育，2005（1）：19-21．
[72] WANG XY，LAIJ，FENG DG，et al．In：Advance in Cryptology-Eurocrypt'05，LNCS 3494 [C]．Berlin：Springer-Verlag，2005．
[73] WANG XY，YU HB．In：Advance in Cryptology-Eurocrypt'05，LNCS 3494 [C]．Berlin：Springer-Verlag，2005．
[74] WANG XY，YU HB，Yin YL．In：Advance in Cryptology （Crypto 05），LNCS 3621 [C]．Berlin：Springer-Verlag，2005．
[75] WANG XY，YIN YL，YU HB．In：Advance in Cryptology-Crypto 05，LNCS 3621 [C]．Berlin：

Springer-Verlag，2005.
[76] 张焕国，冯秀涛，覃中平，等. 演化密码与DES的演化研究[J]. 计算机学报，2003，26(12)：1 678-1 684.
[77] 孟庆树，张焕国，王张宜，等. Bent 函数的演化设计 [J]. 电子学报，2004，32（11）：1 901-1 903.
[78] ZHANG HG，WANG YH，WANG BJ，et al. Evolutionary random number generator based on LFSR [J]. Wuhan University Journal of Natural Science，2007，12（1）：179-182.
[79] 罗启彬，张键，周颉. 第九届中国密码学学术会议论文集 [C]. 北京：中国科学技术出版社，2006.
[80] 陶仁骥，陈世华. 一种有限自动机公开钥密码体制和数字签名 [J]. 计算机学报，1985，8（6）：401-409.
[81] 曹珍富. 公钥密码学 [M]. 哈尔滨：黑龙江教育出版社，1993.
[82] BONEH D，GENTRY C，LYNN B，et al. In：Advances in Cryp tography – Eurocrypt 2003，LNCS 2656 [C]. Berlin：Springer-Verlag，2003.
[83] BELLARE M，MINER S. In：CRYPTO'99，LNCS 1666 [C]. Berlin：Springer-Verlag，1999.
[84] DODIS Y，KATZ J，XU S，et al. In：Public Key Cryptography-PKC 2003，LNCS 2567 [C]. Berlin：Springer-Verlag，2003.
[85] SHAMIR A，TAUMAN Y. In：Proceedings of Advances in Cryptology：Crypto'01，LNCS 2139 [C]. Berlin：Springer-Verlag，2001.
[86] RIVEST R，SHAMIR A，TAUMAN Y. In：ASIACRYPT 2001，LNCS 2248 [C]. Berlin：Springer-Verlag，2001.
[87] BONEH D，FRANKLIN M. Identity-based encryption from the Weil pairing [J]. SIAM，J Comput，2003，32（3）：586-615.
[88] BAEK J，ZHENG Y. Identity-Based Threshold Decryption，Practice and Theory in：Public Key Cryptography-PKC'2004，Sin-gapore（SG），March 2004，LNCS 2947 [C]. Berlin：Springer-Verlag，2004.
[89] AL-RIYAMI S S，PATERSON K G. In：Cryptology - Asiacrypt'2003，LNCS2894 [C]. Berlin：Springer-Verlag，2003.
[90] BELLARE M，POINTCHEVAL D，ROGAWAY P. In：Advances in Cryptology-Eurocrypt 2000 LNCS 1807 [C]. Berlin：Springer-Verlay，2000.
[91] CANETTI R，KRAWCZYK H. In：Advances in Cryptology-Eurocrypt 2001 LNCS 2045 [C]. Berlin：Springer-Verlag，2001.
[92] CHOO K K R，BOYD C，HITCHCOCK Y. In：Advances in Cryptology-Asiacrypt 2005，LNCS 3788 [C]. Berlin：Springer-Verlag，2005.
[93] AVIZIENIS A，LAPRIE J C，RANDELL B，et al.Basic concepts of dependable and secure computing [J]. IEEE Trans actions on Dependable and Secure Computing，2004，1（1）：11-33.
[94] SESHADRI A，LUK M，SHI E，et al. In：Proc of the 12th ACM Symp on Operating Systems Principles [C]. New York：ACM，2005.
[95] JAEGER T，SAILER R，SHANKAR U. In：Proc of the 11th ACM Symp on Access Control Models and Technologies [C]. New York：ACM，2006.
[96] SHI E，PERRIG A，DOORN L V. In：Proc of the 2005 IEEE Symp on Security and Privacy [C]. Los Alamitos：IEEE Computer Society，2005.
[97] PENG GUOJUN，PANXCH，ZHANG HG，et al. In：Proc of the 9th Int Conf for Young Computer Scientists

［C］. Los Alamitos：IEEE Computer Society，2008.
［98］XU ZY，HE YP，DENG LL. In：Proc of Information Security and Crytology［C］. Berlin：Springer，2009.
［99］CHENXF，FENG DG. Direct anonymous attestation for ne×t generation TPM［J］. Journal of Computers，2008，43（50）：43-50.
［100］CEHN L. In：Proc of the third Int Conf on Trust and Trustworthy Computing［C］. Berlin：Springer Verlag，2010.
［101］CEHN L，PAGE D，SMART N P. On the design and implementation of an efficient DAA schemep：Proc of Smary Card Research and Advanced Application Conf CARDIS 2010［C］. Berlin：Springer Verlag，2010.
［102］张焕国，陈璐，张立强. 可信网络连接研究［J］. 计算机学报，2010，33（4）：706-717.
［103］GOLDMAN K，PEREZ R，SAILER R. In：Proc of the 2006 ACM Workshop on Scalable Trusted Computing［C］. New York：ACM，2006.
［104］GASMI Y，SADEGHI AR，STEWIN P，et al. In：Proc of the 2007 ACM Workshop on Scalable Trusted Computing［C］. NewYork：ACM，2007.
［105］ARMKNECHT F，GASMI Y，SADEGHI AR，et al. In：Proc of the 2008 ACM Workshop on Scalable Trusted Computing［C］. New York：ACM，2008.
［106］SADEGHI A R，SELHORST C，STUBLE C，et al. In：Proc of the 2006 ACM Workshop on Scalable Trusted Computing［C］. New York：ACM，2006.
［107］张焕国，严飞，傅建明，等. 可信计算平台测评理论与关键技术研究［J］. 中国科学：信息科学，2010，40（2）：167-188.
［108］付沙. 信息系统安全模型的分析与设计［J］. 计算机安全，2010（10）： 51-53.
［109］于新斋. 基于 IT 基础设施的风险分析方法研究［J］. 中国电子商务，2011（9）： 17-19.
［110］周佑源. 基于 ISO27001 的信息安全风险评估研究与实现［D］. 北京：北京交通大学，2007.
［111］司应硕. 信息安全风险评估技术的研究［D］. 贵州：贵州大学，2008.
［112］彭国军，张焕国，王丽娜，等. Windows PE 病毒中的关键技术分析［J］. 计算机应用研究，2006（5）：92-95.
［113］张然，钱德沛，过晓兵. 防火墙与入侵检测技术［J］. 计算机应用研究，2001，18（1）：4-7.
［114］冯登国. 计算机通信网络安全［M］. 北京：清华大学出版社，2001.
［115］DEWRI R，RAY I，POOLSAPPASIT N，et al. Optimal security hardening on attack tree models of networks：A cost-benefit analysis［J］. International Journal of Information Security，2012，11（3）:167-168.
［116］OUXM， BOYER WF，MCQUEEN MA. In：Proc of the 13th ACM Conference on Computer and Communications Security［C］. Alexandria，2006.
［117］INGOLS K，LIPPMANN R，PIWOWARSKI K. In：Proc of the 22nd Annual Computer Security Applications Conference［C］. Miami Beach，Florida，2006.
［118］OU XM，GOVINDAVAJHALA S，APPEL AW. In：Proceedings of the 14th USENIX Security Symposium［C］. Baltimore，MD,USA，2005.
［119］陈峰，张怡，苏金树，等. 攻击图的两种形式化分析［J］. 软件学报，2010，32（4）：838-848.

［120］叶云，徐锡山，贾焰，等. 基于攻击图的网络安全概率计算方法［J］. 计算机学报，2010，33（10）：1 987-1 996.
［121］WANG LY，NOEL S，JAJODIA S. Minimum-cost network hardening using attack graphs［J］. Computer Communications，2006，29（18）：3 812-3 824.
［122］吴金宇，金舒原，杨智，等. 基于网络流的攻击图分析方法［J］. 计算机研究与发展，2011，48（8）：1497-1505.
［123］崔志磊，房岚，陶文林. 一种全新的网络安全策略——蜜罐及其技术［J］. 计算机应用与软件，2004（2）：99-100.
［124］赵伟锋，曾启铭. 一种了解黑客的有效手段——蜜罐［J］. 计算机应用，2004（S1）：259-261.
［125］檀玉恒，马建峰. 蜜罐系统在入侵检测系统中的研究与设计［J］. 电子科技，2003（24）：36-39.
［126］张文科，张文政，陈雷霆.蜜罐技术在防御分布式拒绝服务攻击中的应用［J］. 通信技术，2003（5）：21-26.
［127］赵双红，刘寿强，夏娟. 基于诱骗式蜜罐系统设计与应用［M］. 计算机安全，2003（10）：19-22.
［128］李辉，张斌，崔炜. 蜜罐技术及其应用［J］. 网络安全技术与应用，2004（8）：40-41.
［129］张根周，赵永柱. 国家电网公司“十二五”信息化建设思路探讨［J］. 电力信息化，2012，6（3）：24-28.
［130］张健，文爱军. 国家电网公司信息化建设一级部署方案［J］. 电力信息化，2011，7（4）：10-13.
［131］蔡昱，张玉清，冯登国. 基于 GB 17859—1999 标准体系的风险评估方法［J］. 计算机工程与应用，2005（12）：134-137.
［132］高翔. 数字化变电站应用展望［J］. 华东电力，2006，34（8）：23-26.
［133］易永辉. 基于 IEC 61850 标准的变电站自动化若干关键技术研究［D］. 杭州：浙江大学电气工程学院，2008.
［134］李兰欣，苗培青，王俊芳，基于 IEC 61850 的数字化变电站系统解决方案的研究［J］. 电网技术，2006，30（S2）：321-324.
［135］王阳光，尹项根，游大海，等. 遵循 IEC 61850 标准的广域电流差动保护 IED［J］. 电力系统自动化，2008，32（2）：53-57.
［136］崔厚坤，汤效军，梁志成，等. IEC 61850 一致性测试研究［J］. 电力系统自动化，2006，30（8）：80-83.
［137］CUI H，TANG XJ，LIANG Z，et al.The study on IEC61850 conformance testing［J］. Automation of Electric Power Sys- tems，2006，30（8）：80-83.
［138］KOSTIC T，PREISS O，FREI C. Understanding and using the IEC 61850：a case for meta-modelling［J］. Computer Standards & Interfaces，2005，27（6）： 679-695.
［139］ZUO Q，ZHANG Y.Study and application of IEC 61850 protocol test technology［J］. Relay，2007，35（2）： 68-71.
［140］ZHONG J，ZHENG R，YANG W，et al. Construction of smart grid at information age［J］. Power System Technology，2009，33（13）：12-18.
［141］赵江河，王立岩. 智能配电网的信息构架［J］. 电网技术，2009，33（15）：26-29.
［142］马健丽. 信息系统安全功能符合性检验关键技术研究［D］. 北京：北京邮电大学，2010.
［143］冯博. 软件安全开发关键技术的研究和实现［D］. 北京：北京邮电大学，2010.
［144］BRAENDELAND G，STOLEN K，et a. In：Proceedings of the 2nd ACM workshop on Quality of

protection [C]. Alexandria：ACM Press，2006.

[145] 卢继军. 网络攻击及其形式化建模的研究 [D]. 合肥：中国科学技术大学，2003.

[146] MOORE AP，ELLISON RJ，LINGER RC. Attack Modeling for Information Security and Survivability [J]. Attack Modeling for Information Security & Survivability，2001.

[147] 史觊，蒋明瑜，郑健超，等. 核电站仪表与控制（I&C）系统数字化关键技术研究现状 [J]. 测控技术，2004，23（2）：29-32.

[148] 李臻. AP1000 和 EPR 仪控系统简介与对比 [J]. 电力科学与工程，2009，25（10）：74-78.